Funktionelle Anatomie

Ihr Bonus als Käufer dieses Buches

Als Käufer dieses Buches können Sie kostenlos unsere Flashcard-App „SN Flashcards" mit Fragen zur Wissensüberprüfung und zum Lernen von Buchinhalten nutzen. Für die Nutzung folgen Sie bitte den folgenden Anweisungen:

1. Gehen Sie auf **https://flashcards.springernature.com/login**
2. Erstellen Sie ein Benutzerkonto, indem Sie Ihre Mailadresse angeben, ein Passwort vergeben und den Coupon-Code einfügen.

Ihr persönlicher „SN Flashcards"-App Code   9203D-D3703-AA9F7-013A1-6FA98

Sollte der Code fehlen oder nicht funktionieren, senden Sie uns bitte eine E-Mail mit dem Betreff **„SN Flashcards"** und dem Buchtitel an **customerservice@springernature.com.**

Philipp Zimmer • Hans-Joachim Appell

Funktionelle Anatomie

Grundlagen sportlicher Leistung und Bewegung

5., vollständig überarbeitete Auflage

 Springer

Philipp Zimmer
Institut für Sport und Sportwissenschaft
Abteilung für Leistung und Gesundheit
(Sportmedizin)
Technische Universität Dortmund
Dortmund, Deutschland

Hans-Joachim Appell
Deutsche Sporthochschule Köln
Köln, Deutschland

ISBN 978-3-662-61481-5   ISBN 978-3-662-61482-2   (eBook)
https://doi.org/10.1007/978-3-662-61482-2

Die Deutsche Nationalbibliothek verzeichnet diese Publikation in der Deutschen Nationalbibliografie; detaillierte bibliografische Daten sind im Internet über http://dnb.d-nb.de abrufbar.

Springer

Umschlagabbildung: (c) Adobe Stock Orlando Florin Ruso
Umschlaggestaltung: deblik Berlin

Springer ist ein Imprint der eingetragenen Gesellschaft Springer-Verlag GmbH, DE und ist ein Teil von Springer Nature.
Die Anschrift der Gesellschaft ist: Heidelberger Platz 3, 14197 Berlin, Germany

Funktionelle Anatomie

3

3.2   Obere Extremität

🛈 Lernziele

In diesem Abschnitt werden der Schultergürtel und der
Arm behandelt. Sie sollen erkennen, dass die bewegliche
Konstruktion des Schultergürtels im Dienste der Beweglichkeit und Reichweite von Arm- und Handbewegungen steht. Von besonderer funktioneller Bedeutung
ist außerdem das Zusammenwirken von Schultergürtel
und Schultergelenk über vielfältige Muskelsysteme.

3.2.1   Schultergürtel und Schultergelenk

Die Skelettelemente des Schultergürtels vermitteln die
Verbindung der oberen Extremität zum Rumpf. Im Vergleich zum Beckengürtel, der als Verbindung zum Bein
eine starre und hoch belastbare Einheit mit der Wirbelsäule bildet, stellt der Schultergürtel eine in hohem
Maße bewegliche Konstruktion dar, die mit dem Rumpfskelett nur zum Brustbein hin gelenkig verbunden ist.
Seine Anteile sind das Schlüsselbein (*Clavicula*) und das
Schulterblatt (*Scapula*), welches die Pfanne des Schultergelenks für die Aufnahme des Oberarms trägt
(🖿 Abb. 3.29). Nach hinten ist der Schultergürtel offen;

❗ Das Schultergelenk ist aufgrund seiner Konstruktion
das beweglichste Gelenk des Körpers. Da es keine knöcherne und eine zu vernachlässigende ligamentäre Sicherung besitzt, ist seine funktionelle Integrität in hohem Maß von den umgebenden Muskeln abhängig.

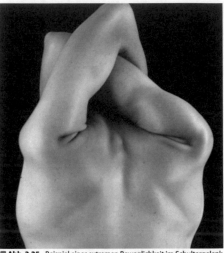

🖿 Abb. 3.35. Beispiel einer extremen Beweglichkeit im Schultergelenk

Schultergürtel offen; er stellt also keinen knöchernen Ring
dar wie der Beckengürtel. Die Verbindung zur Wirbelsäule
wird durch Muskelzüge hergestellt. Sie haben in all den
Sportarten eine große funktionelle Bedeutung, bei denen
eine Kraftübertragung von der oberen Extremität auf den
Rumpf oder umgekehrt erfolgt (z. B. Turnen, Rudern,
Schwimmen). Der größte Teil dieser Muskeln setzt am
Schulterblatt an, dessen Gestalt dieser Anforderung Rechnung trägt.

🖿 Tab. 1.1   Vereinfachte Übersicht über die Organsysteme

System	Lage	Organe	Hauptfunktion
Bewegungssystem	Rumpfwand, Extremitäten	Skelettmuskulatur (mit Knochen und Gelenken)	Haltung, Fortbewegung
Blutkreislauf	Im gesamten Körper, Herz im Brustraum	Blut, Gefäße, Herz	Verteilung von Gasen, Nährstoffen, Botenstoffen, Wärme
Immunsystem	Im gesamten Körper	lymphatische Organe, Blut	Abwehr von körperfremden Stoffen
Atmungssystem	Brustraum	Lungen	Gaswechsel (O_2/CO_2) in das/aus dem Blut
Verdauungssystem	Hauptsächlich Bauchraum	Magen, Darm mit Leber und Pankreas	Aufnahme verdauter Nährstoffe ins Blut
Ausscheidungssystem	hinterer Bauchraum	Nieren und abführende Teile	Filtration des Blutes, Ausscheidung von Schadstoffen
Nervensystem	Zentren in Schädel und Spinal- kanal, sonst im gesamten Körper	Gehirn, Rückenmark und periphere Nerven	Reizverarbeitung und -beantwortung, Motorik

Navigation
Wo bin ich? Seitenzahl und Kapitelnummer für die schnelle Orientierung?

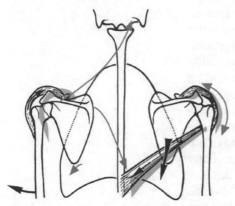

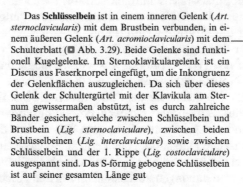

Das **Schlüsselbein** ist in einem inneren Gelenk (*Art. sternoclavicularis*) mit dem Brustbein verbunden, in einem äußeren Gelenk (*Art. acromioclavicularis*) mit dem Schulterblatt (■ Abb. 3.29). Beide Gelenke sind funktionell Kugelgelenke. Im Sternoklavikulargelenk ist ein Discus aus Faserknorpel eingefügt, um die Inkongruenz der Gelenkflächen auszugleichen. Da sich über dieses Gelenk der Schultergürtel mit der Klavikula am Sternum gewissermaßen abstützt, ist es durch zahlreiche Bänder gesichert, welche zwischen Schlüsselbein und Brustbein (*Lig. sternoclaviculare*), zwischen beiden Schlüsselbeinen (*Lig. interclaviculare*) sowie zwischen Schlüsselbein und der 1. Rippe (*Lig. costoclaviculare*) ausgespannt sind. Das S-förmig gebogene Schlüsselbein ist auf seiner gesamten Länge gut

Schlüsselbegriffe sind fett hervorgehoben

Abb. 3.36 Zusammenwirken der Muskeln des Schultergürtels und des Schultergelenks bei der Abduktion des Armes und dem Senken des Schultergürtels (die farbigen Pfeile bezeichnen die fixierenden Muskeln, die schwarzen Pfeile die Bewegungsrichtung)

Praxis

Bei Stürzen auf die Schulter ist häufig das äußere Schlüsselbeingelenk (auch als Schultereckgelenk bezeichnet) betroffen. Dabei wird der Schultergürtel in unterschiedlichem Ausmaß instabil, je nachdem, ob einzelne oder mehrere Bänder dieses Gelenks gerissen sind oder sogar die Klavikula frakturiert ist.

Praxis: Informationen zu praktischen Anwendungen anatomischen Wissens – im Alltag oder beim Training

Abb. 3.37 Anatomisches Muskelpräparat des Rückens. (Präparat und Aufnahme von J. Koebke, Köln)

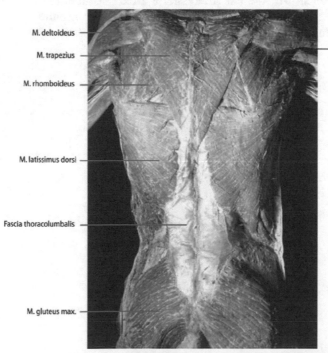

M. deltoideus

M. trapezius

M. rhomboideus

M. latissimus dorsi

Fascia thoracolumbalis

M. gluteus max.

Abbildungen: Bilder sagen mehr als 1000 Worte.

Vorwort zur 1. Auflage

„Was man nicht weiß, das eben braucht man, und was man weiß, kann man nicht brauchen." Dieses Wort aus Goethes „Faust" spiegelt angesichts des heterogenen Schrifttums zu den anatomischen Grundlagen des Sports wohl treffend die Lage wider, in der sich Lehrende in diesem Bereich befinden. Die hauptsächlich für Mediziner verfassten Lehrbücher der Anatomie behandeln das Fach überwiegend nach deskriptiven und topographischen Gesichtspunkten, andere „Sportanatomien" scheinen gelegentlich im Bestreben nach Praxisnähe allzu populärwissenschaftlich verfaßt. Dies war Anlaß genug, den außerordentlichen umfangreichen Stoff der Anatomie des Bewegungsapparates, des Nervensystems (soweit für die Motorik wichtig) und der Organsysteme unter funktionellen Gesichtspunkten für den Sport darzustellen. Die gewählte Vorgehensweise beschränkt sich nicht nur auf das „Wie", sondern versucht wo möglich und nötig auch das „Warum" zu erläutern. Notwendigerweise mussten Kompromisse zwischen Vollständigkeit und Übersichtlichkeit gemacht werden. So wurden die histologischen Grundlagen nur für die Gewebe des aktiven und passiven Bewegungsapparates ausführlicher behandelt und in den anderen Kapiteln, sofern zum Verständnis der Funktion erforderlich, nur kurz umrissen. Die Darstellung des Zentralnervensystems orientiert sich eng an der Motorik, wobei die Abhandlung anatomischer Einzelheiten hinter den physiologischen Funktionszusammenhängen zurückstehen musste. Auch das Kapitel über die Organsysteme konnte nur jene berücksichtigen, die für weiterführende Studien zur Anpassung des Organismus an Leistung innerhalb der Sportmedizin von Bedeutung sind. Die Beantwortung der Fragen nach biochemischen und komplexen physiologischen Prozessen muß den Lehrbüchern jener Disziplinen vorbehalten bleiben.

Somit wendet sich dieses Buch vor allem an Studenten der Sportwissenschaften, die sich möglichst umfassend und dennoch mit einem gewissen Praxisbezug über die Funktionelle Anatomie informieren wollen. Aber auch interessierte Medizinstudenten, Krankengymnasten und Trainer werden einen funktionellen Einstieg in die Anatomie des menschlichen Körpers gewinnen können.

Vorwort zur 5. Auflage

Dieses Lehrbuch der Funktionellen Anatomie hat mich seit über 15 Jahren begleitet, zunächst in meiner Studentenzeit, später als anatomischer Tutor und seit jüngerer Vergangenheit als Leitfaden meiner eigenen Lehrveranstaltungen in diesem Bereich. Ebenso durfte ich an den Vorlesungen und Seminaren von Professor Appell teilnehmen, der später meine akademische Entwicklung begleitet und gefördert hat. Nachdem er sich nunmehr im Ruhestand befindet und der Springer-Verlag an ihn den Wunsch nach einer Neuauflage dieses Buches herangetragen hatte, hat er diese Aufgabe vertrauensvoll in meine Hände gegeben, was für mich gleichermaßen Verpflichtung und Freude bedeutet. Gleichwohl ist die Überarbeitung im engen konzeptionellen und inhaltlichen Austausch mit Professor Appell erfolgt.

Die funktionelle Anatomie verbindet in besonderer Weise Form und Funktion, später hat sich daraus aufgrund fortschreitender Erkenntnisse die Physiologie als eigenständiges Fach entwickelt. Folgerichtig haben wir bei der inhaltlichen Überarbeitung zunehmend physiologische Aspekte einfließen lassen, gewissermaßen als einfacher Einstieg in dieses Fach, dessen detailreichen Inhalte den entsprechenden Fachlehrbüchern vorbehalten bleiben müssen. Insofern ist dieses Buch nicht nur für Studierende der Sportwissenschaft oder der Physiotherapie, sondern auch denen der Medizin als einfacher Einstieg oder ergänzende Lektüre zu empfehlen.

Die bereits in der letzten Auflage erfolgte didaktische Bereicherung mit Kurzübersichten und praktischen Aspekten wurde in der vorliegenden Auflage um einen weiteren Baustein ergänzt, nämlich einer Kollektion von Multiple-choice-Fragen zu allen Kapiteln. Hierdurch soll eine sinnvolle Kontrolle des Lernfortschritts gewährleistet werden und bei Wissenslücken oder Unsicherheiten können die entsprechenden Inhalte leicht anhand des Stichwortverzeichnisses nachgearbeitet werden.

Wir haben Anlass zu der Hoffnung und Erwartung, dass diese inhaltlichen und konzeptionellen Ergänzungen der „Funktionelle Anatomie" weiter ihren wichtigen Platz im Kanon entsprechender anderer Lehrbücher sichern können.

Philipp Zimmer
Köln/Dortmund
Mai 2020

Inhaltsverzeichnis

Über die Autoren

Prof. Habil. Dr. Dr. Philipp Zimmer
geboren am 10.07.1983 in Ostfildern-Ruit, studierte zunächst Sportwissenschaften an der Deutschen Sporthochschule Köln (DSHS) und anschließend Neurowissenschaften an der medizinischen und naturwissenschaftlichen Fakultät der Universität zu Köln. Es erfolgte 2014 die Promotion zum Dr. rer. medic. an der Universität zu Köln und 2015 die Promotion zum Dr. Sportwiss. an der DSHS. Von 2014 bis 2019 war er als Dozent und Leiter der AG „klinische Sport- (Neuro-)Immunologie" im Institut für Kreislaufforschung und Sportmedizin der DSHS tätig. Zwischen 2016 und 2019 war Herr Zimmer zusätzlich Post-Doc am Deutschen Krebsforschungszentrum in Heidelberg. 2019 habilitierte er für „biomedizinische Sportwissenschaft" an der DSHS und trat eine Vertretungsprofessur für „Sport und Gesundheit" an der Leibniz Universität Hannover an. Im März 2020 folgte er einem Ruf an die Technische Universität Dortmund, wo er im Institut für Sport und Sportwissenschaft die Abteilung für „Leistung und Gesundheit (Sportmedizin)" leitet. Wissenschaftlich beschäftigt sich Herr Zimmer mit dem Einfluss von Sport auf das menschliche Immunsystem und dessen Interaktion mit dem zentralen Nervensystem, bei Sportlern sowie Menschen mit Multipler Sklerose und Krebs.

Hans-Joachim Appell
geboren 1952 in Berlin, studierte Sportwissenschaft und Latein in Köln, danach Medizin in Aachen und Köln. 1977 wurde er mit Schwerpunkt Experimentelle Morphologie und Sportmedizin promoviert zum Dr. Sportwiss., 1981 habilitierte Herr Appell in Funktionelle Anatomie und Experimentelle Morphologie. Ernennung zum apl. Professor 1986 erfolgte die Ernennung zum apl. Professor. Neben zahlreichen internationalen Kooperationen hat Herr Appell eine ständige Gastprofessur an der Universität Porto inne, dort wurde ihm auch der Grad eines Dr.h.c. im Jahr 2006 verliehen. Neben der Tätigkeit in Forschung und Lehre erfüllt Herr Appell zahlreiche langjährige Positionen in der akademischen Selbstverwaltung (u. a. Dekan des Fachbereichs Medizin und Naturwissenschaften, Vorsitzender der Prüfungsausschüsse, Vorsitzender des Senats, Vorsitzender des Habilitationsausschusses). 2018 schied er aus dem aktiven Dienst aus und verlegte seinen Lebensmittelpunkt teilweise nach Kos, Griechenland.

Einführung

Inhaltsverzeichnis

© Der/die Herausgeber bzw. der/die Autor(en), exklusiv lizenziert durch
Springer-Verlag GmbH, DE, ein Teil von Springer Nature 2021
P. Zimmer, H.-J. Appell, *Funktionelle Anatomie*, https://doi.org/10.1007/978-3-662-61482-2_1

1

Der Begriff Anatomie leitet sich aus dem Griechischen ab: *anatemnein* bedeutet auseinanderschneiden. Die Erkenntnisse der Anatomie rühren also von Sektionen des Körpers her, seien es tierische oder menschliche. Da dieses Lehrbuch vorwiegend für Studierende der Sportwissenschaft, jedoch auch für Physiotherapeuten, Trainer und andere verwandte Berufsgruppen verfasst ist, kann nicht davon ausgegangen werden, dass dieser Personenkreis in seiner Ausbildung Präparierübungen durchführt oder durchgeführt hat. Insofern ist eine besondere Herangehensweise an die Anatomie des Menschen notwendig: die der Funktionellen Anatomie. Dieser Begriff wird nachfolgend geklärt und in das Spektrum anderer Grundlagendisziplinen der Medizin integriert. Außerdem erfolgt in dieser Einführung ein Exkurs zur anatomischen Nomenklatur und der Bauplan des menschlichen Körpers wird kursorisch erläutert, bevor in den nachfolgenden Kapiteln der Lernstoff detailliert behandelt wird.

1.1 Zur Einordnung der Funktionellen Anatomie

Innerhalb des Faches Anatomie gibt es unterschiedliche Betrachtungsweisen:

Die **Deskriptive Anatomie** beschreibt minutiös und detailreich die Strukturen und Organe des menschlichen Körpers. Sie stellt z. B. dar, wie schwer ein Organ ist, welche Form es besitzt und wo sich Erhebungen, Eindellungen, Furchen o. ä. befinden, die dieses Organ in Untereinheiten teilen lassen oder die aufgrund der Lage und Form benachbarter Organe zustande kommen. An Knochen werden aus dieser Sichtweise Höcker, Leisten oder sonstige Erhabenheiten herausgearbeitet, ohne dass zunächst ersichtlich wird, warum diese Strukturen so und nicht anders angelegt sind.

Die **Topographische Anatomie** widmet sich den Organen und anderen Strukturen innerhalb des Körpers unter Betrachtung der Lagebeziehungen zu anderen Organen oder in ihrer schichtweisen Anordnung und beachtet dabei besonders auch die Leitungsbahnen (Gefäße und Nerven) in ihrem Verlauf oder deren möglichen Durchtrittstellen durch Muskeln und andere Strukturen. Sie ist insbesondere für operativ tätige Ärzte wichtig, die genau wissen müssen, worauf sie treffen können, wenn sie das Skalpell führen.

Die **Funktionelle Anatomie** fragt immer nach dem ›Warum‹. Mit einer Struktur ist untrennbar auch eine Funktion verbunden: Die Struktur folgt der Funktion und umgekehrt. So gewinnt etwa die reine Beschreibung der Form von Knochenhöckern eine funktionelle Bedeutung, wenn bekannt wird, dass daran Muskeln an-

setzen und sie als Hebel benutzen. Mithilfe der funktionellen Anatomie kann man verstehen, wie das Zusammenspiel von Muskeln und Gelenken Bewegungsphänomene hervorbringt oder wie besondere Organfunktionen durch die Organisationsform der Organe möglich sind. Damit widmet sich die Funktionelle Anatomie nicht nur der Makroskopie (wie Deskriptive oder Topographische Anatomie), sondern in Teilen auch der mikroskopischen Anatomie. Erst durch die Betrachtung des geweblichen Feinbaus vieler Organe wird deren Funktion ersichtlich, z. B. beim Muskel durch die kontraktilen Filamente oder bei Leber und Niere durch deren besondere Gewebsarchitektur.

Damit hat die Funktionelle Anatomie im Laufe vergangener Jahrhunderte mit verfeinerten Untersuchungsmethoden einen Wissensstand über Struktur und Funktionen hervorgebracht, der zur Entwicklung neuer Disziplinen geführt hat. Dem Detailreichtum zellulärer und regulativer Funktionen widmet sich dabei die **Physiologie**, als deren Mutterwissenschaften außerdem Physik und Chemie gelten können. So beschreibt sie z. B. an Zellmembranen ablaufende Prozesse, Stoffwechselwege oder komplizierte regulative Mechanismen. Da einiges davon auch für das Verständnis des Ganzen in seiner Funktion wichtig ist, wird es nicht verwundern, dass ein Lehrbuch der Funktionellen Anatomie nicht ohne einfache physiologische Exkurse auskommt.

Die spezielle Funktionelle Anatomie des Bewegungsapparats (Muskeln, Gelenke) kann über funktionelle Aspekte hinaus auch mechanistische Betrachtungen fokussieren, indem Hebel, Momente und Kräfte, die bei Bewegungen auftreten können, modellhaft analysiert werden. Diesem Spezialgebiet der funktionellen Anatomie widmet sich die **Biomechanik**, die dabei auf Mathematik und Physik zurückgreift. Aufgrund der Komplexität dieser Modelle sind biomechanische Aspekte in diesem Buch eher weniger und in stark vereinfachter Form berücksichtigt.

1.2 Die anatomische Nomenklatur

Wie jede Fachdisziplin verfügt auch die Anatomie über eine Nomenklatur fachspezifischer Begriffe, deren Ursprünge in der lateinischen, teilweise auch altgriechischen Sprache zu finden sind. Wer über keine entsprechenden altsprachlichen Kenntnisse verfügt oder nicht, wie Mediziner, einen Terminologiekurs in der Ausbildung genossen hat, dem wird sich der Sinn anatomischer Begriffe nicht unmittelbar erschließen. Der Bestand der ›**Terminologia Anatomica**‹ wird in seiner Systematik ständig von entsprechenden Gremien überprüft und gegebenenfalls angepasst.

Abkürzungen   Ein Muskel (*Musculus*) wird allgemein M. abgekürzt; ist von mehreren Muskeln (*Musculi*) die Rede, kürzt man Mm. ab. Ähnliches gilt für Bänder (*Ligamentum/Ligamenta*; Lig., Ligg.), Arterien (Arteria/Arteriae; A., Aa.) und Venen (Vena/Venae; V., Vv.) sowie Nerven (Nervus/Nervi; N., Nn.). Gelenke werden systematisch als *Articulatio* (Art.) bezeichnet.

Beschreibung der Lage anatomischer Strukturen   Lagebeziehungen, etwa von Organen oder Muskeln zueinander, werden in Bezug auf den gesamten Körper benannt. Dabei entstehen immer Wortpaare gegensätzlicher Bedeutung. Wenn die Hand sich *distal* vom Oberarm befindet, bedeutet dies, dass sie weiter vom Körperzentrum entfernt liegt als der Oberarm; der Oberarm hingegen ist *proximal* (näher zum Körperzentrum). *Medial* (mehr zur Mitte) und *lateral* (mehr seitlich) sind ebenfalls relative Lagebezeichnungen; eine Struktur dazwischen wird als *intermedial* bezeichnet. *Anterior* (vorne) steht *posterior* (hinten) gegenüber. Weiter oben wird als *superior*, weiter unten als *inferior* bezeichnet. Lagebeziehungen in Schichten werden entweder durch die Wortpaare *externus* (weiter außen) und *internus* (weiter innen) oder *superficialis* (oberfächlich) und *profundus* (tief) beschrieben. Längere Strukturen werden im Vergleich zu kürzeren (*brevis*) als *longus* bezeichnet, kleinere als *minor* und größere als *major*; eine Verlaufsrichtung wird gelegentlich in *rectus* (gerade), *transversus* (quer) oder *obliquus* (schräg) unterschieden.

Abgrenzung gleichartiger Strukturen gegeneinander   Strukturen bekommen immer eines der o. g. Attribute, wenn es zur Abgrenzung gegen eine andere, im Prinzip gleichartige Struktur notwendig ist. Typische Beispiele sind drei breite Muskeln des Oberschenkels, die differenzierend als M. vastus medialis, M. vastus lateralis und M. vastus intermedius bezeichnet werden, oder der lange und kurze Kopf (*Caput longum, Caput breve*) des M. biceps brachii. Grundsätzlich gilt: Besitzt eine anatomische Struktur ein Attribut (oder mehrere), so gibt es wenigstens eine zweite Struktur ähnlicher Art (im einfachsten Fall z. B. obere/untere Extremität). So bezeichnet der Begriff *Spina iliaca anterior superior* einen dornartigen Vorsprung (*spina*), der zum Darmbein gehört (*iliaca*, von Os ilium); die beiden folgenden Attribute geben nicht nur darüber Auskunft, dass es neben diesem Vorsprung auf der Vorderseite (*anterior*) auch noch einen auf der Rückseite gibt, sondern darüber hinaus, dass es auf der Vorderseite zwei davon gibt, nämlich einen oberen (*superior*) und einen unteren (*inferior*).

1.3   Übersicht über den Bauplan des Körpers

Entwicklungsgeschichte und grundsätzliche Betrachtungen   Der Mensch gehört zu den Wirbeltieren und stellt als *Homo sapiens* die höchste Entwicklungsstufe der *Primaten* dar. Seine Entwicklung geht ursprünglich auf die *Chordaten* zurück, deren Kennzeichen die *Chorda dorsalis* als axialer Stützstab ist. Wirbeltiere besitzen grundsätzlich drei Regionen: den Kopf, den Rumpf und den Schwanz. Der Kopf enthält Sinnesorgane sowie das Gehirn und den Mund- und Schlundbereich; er ist über den Hals mit dem Rumpf verbunden. Der Rumpf enthält eine Leibeshöhle, die den überwiegenden Teil der Eingeweide beherbergt. Bei Säugetieren ist die Leibeshöhle durch das Zwerchfell in eine Brust- und Bauchhöhle unterteilt. Im Bereich des Rumpfes entwickeln sich Fortbewegungsorgane: bei Fischen als Flossen, bei landlebenden Wirbeltieren als Gliedmaßen. Für den Körperbau der Wirbeltiere ist die Symmetrie als typisches Ord-nungsprinzip charakteristisch. So gibt es eine **bilaterale Symmetrie** (rechte/linke Körperhälfte) und eine **segmentale Symmetrie**, die den wiederkehrenden Bauplan gleichartiger Strukturen über die Länge des Körpers beschreibt. Während beim Menschen die bilaterale Symmetrie noch recht gut nachzuvollziehen ist, ist die segmentale Symmetrie nur noch beispielsweise an den Segmenten der Wirbelsäule oder den Rippen erkennbar. Durch die Entwicklung des aufrechten Ganges beim Menschen haben sich die vorderen Gliedmaßen zu den Armen mit den Händen als Greifwerkzeugen umgeformt, während die hinteren Gliedmaßen nun als untere Extremität bzw. Beine allein für die Fortbewegung zuständig sind.

Die vorstehenden entwicklungsgeschichtlichen Betrachtungen sollen durch einige, gelegentlich stark vereinfachte Erläuterungen ergänzt werden, die den grundsätzlichen Bauplan beim Menschen leichter verstehen lassen.

Der Bauplan des Menschen   Das Achsenskelett des Menschen (zurückgehend auf die Chorda dorsalis) bildet die **Wirbelsäule.** Sie dient gleichermaßen als Stützstab für den **Rumpf** und für dessen Bewegungen; an ihrem oberen Ende trägt sie den Kopf. Über einen großen Abschnitt der Wirbelsäule sind in bilateraler wie auch segmentaler Symmetrie die Rippen angefügt, die in ihrer Gesamtheit den **Brustkorb** bilden. Mit ihrem unteren Abschnitt ist die Wirbelsäule in den **Beckengürtel** eingefügt, der durch seine Stabilität die Voraussetzung für die Fortbewegung bietet. Er nimmt in den Hüftgelenken die **Beine** auf. Am Brustkorb ist der **Schultergürtel** gelenkig angebracht, jedoch funktionell mit der Wirbelsäule hauptsächlich über Muskeln verbunden. Damit ist er im Gegensatz zum Beckengürtel sehr beweglich; so kann er den Bewegungsumfang der **oberen Extremität**, die über das Schultergelenk mit ihm verbunden ist, vergrößern. Die in verschiedensten Gelenken verbundenen Skelettelemente von Rumpf, oberer und unterer Extremität werden von **Muskeln** überzogen, sodass sich der Mensch aktiv bewegen kann. Der gesamte Körper wird von der **Haut** umhüllt, die als Schutzorgan Wasserverlust verhindert, den Wärmehaushalt regelt und außerdem ein wichtiges Sinnesorgan darstellt.

1

Der Rumpf enthält zwei durch das Zwerchfell getrennte Leibeshöhlen: die *thorakale* Leibeshöhle (**Brustraum**) und die *abdominelle* Leibeshöhle (**Bauchraum**). Der Brustraum beherbergt u. a. das Herz und die Lungen, der Bauchraum im Wesentlichen die Baucheingeweide (Abb. 1.2). Beide Leibeshöhlen sind von einer serösen Haut ausgekleidet, die auch einen Großteil der Organe überzieht und diese über Flüssigkeitsabsonderung gegeneinander und innerhalb der jeweiligen Leibeshöhle verschiebbar macht. Als dritte ›Höhle‹ kann der *cranio-spinale* Hohlraum identifiziert werden, der innerhalb des Schädels und der Wirbelsäule liegt. Auch er ist von Häuten ausgekleidet, die einen Flüssigkeitsraum begrenzen. In ihm befindet sich das **Zentralnervensystem** (Gehirn und Rückenmark) (Abb. 1.1 und 1.2 rechts).

Durch alle Teile des gesamten Körpers zieht das in sich geschlossene **Blutgefäßsystem**, welches in Form des Blutkreislaufs zentral an das Herz als Pumpe angeschlossen ist. Das Gefäßsystem stellt damit eine innere Oberfläche dar, in dessen Gefäßen das Blut zirkuliert und die in ihm enthaltenen Stoffe im Körper verteilt, Stoffe aus Organen aufnimmt oder der Ausscheidung zuführt. Für diese Aufgabe lagern sich spezialisierte Gefäßabschnitte eng an die Gewebe aller Organe, sodass über dünnste Barrieren ein Stoffaustausch erfolgen kann.

In drei Organsystemen ist der Extrakorporalraum (quasi die Außenwelt) unter erheblicher Vergrößerung seiner Oberfläche tief in den Körper eingesenkt; er steht dort mit dem Blut über die innere Oberfläche des Gefäßsystems in Verbindung. So erlaubt das **Atmungssystem** mit den Lungen den Gasaustausch. Über den **Verdauungstrakt** wird Nahrung aufgenommen und mithilfe der beiden großen Drüsen Leber und Pankreas verdaut; schließlich werden die aufgespaltenen Nahrungsstoffe ins Blut aufgenommen, ehe nicht mehr verwertbare Stoffe ausgeschieden werden. Das **harnproduzierende**

und -ableitende System verfügt mit den Nieren über ein Organ, in dem das Blut ständig filtriert wird; so werden dem Organismus nicht zuträgliche Stoffe ausgeschieden (Tab. 1.1).

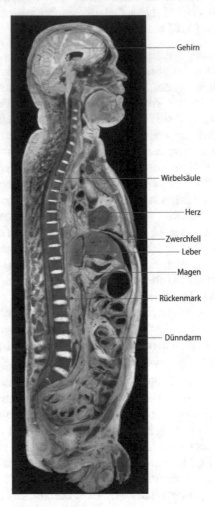

Abb. 1.1 Mediansagittalschnitt durch einen männlichen Rumpf, Ansicht von rechts (J. Koebke, Köln)

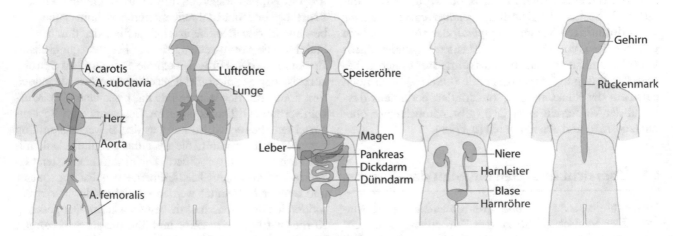

Abb. 1.2 Übersicht über die Lage der Organsysteme in den entsprechenden Körperhöhlen; von links nach rechts: Herz-Kreislauf- System, Atmungssystem, Verdauungstrakt, Ausscheidungssystem, Zentralnervensystem

◻ **Tab. 1.1**   Vereinfachte Übersicht über die Organsysteme

System	Lage	Organe	Hauptfunktion
Bewegungssystem	Rumpfwand, Extremitäten	Skelettmuskulatur (mit Knochen und Gelenken)	Haltung, Fortbewegung
Blutkreislauf	Im gesamten Körper, Herz im Brustraum	Blut, Gefäße, Herz	Verteilung von Gasen, Nährstoffen, Botenstoffen, Wärme
Immunsystem	Im gesamten Körper	lymphatische Organe, Blut	Abwehr von körperfremden Stoffen
Atmungssystem	Brustraum	Lungen	Gaswechsel (O_2/CO_2) in das/aus dem Blut
Verdauungssystem	Hauptsächlich Bauchraum	Magen, Darm mit Leber und Pankreas	Aufnahme verdauter Nährstoffe ins Blut
Ausscheidungssystem	hinterer Bauchraum	Nieren und abführende Teile	Filtration des Blutes, Ausscheidung von Schadstoffen
Nervensystem	Zentren in Schädel und Spinalkanal, sonst im gesamten Körper	Gehirn, Rückenmark und periphere Nerven	Reizverarbeitung und -beantwortung, Motorik

Die Organsysteme werden in ihren Funktionen koordiniert und über das **Hormonsystem** und das **vegetative Nervensystem** reguliert; beide Systeme ergänzen sich gegenseitig in Teilen. Dabei benutzt das Hormonsystem das Blut als Informations- und Kontrollvehikel, während die Funktion des vegetativen Nervensystems an Nervenbahnen gebunden ist. Schließlich besitzt der Mensch mit dem **Immunsystem** ein mit seinen Bestandteilen über den gesamten Körper verteiltes Abwehrorgan, mit dem körperfremde Stoffe bekämpft werden und das der Gesunderhaltung dient.

Allgemeine Anatomie des Bewegungsapparates

Inhaltsverzeichnis

P. Zimmer, H.-J. Appell, *Funktionelle Anatomie*, https://doi.org/10.1007/978-3-662-61482-2_2

2

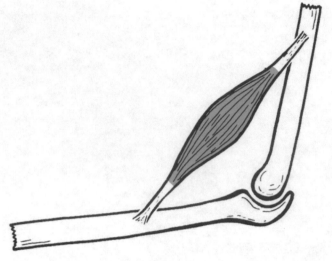

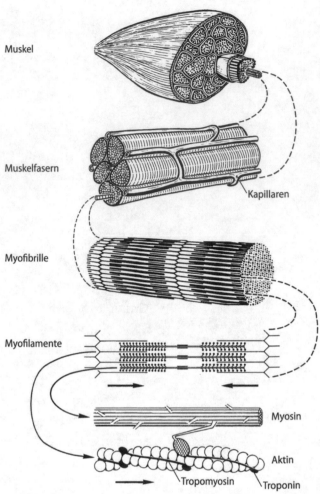

□ **Abb. 2.1**   Kinetische Kette: Knochen – Sehne – Muskel – Sehne – Knochen

□ **Abb. 2.2**   Aufbau der Skelettmuskulatur vom Gesamtmuskel bis zu den kontraktilen Filamenten

Form, Haltung und Bewegungen des menschlichen Körpers sind erst durch das Skelettsystem und die damit verbundene Muskulatur möglich. Dabei stellen die Elemente des Skeletts den passiven Bewegungsapparat dar (das, was bewegt wird). Der aktive Bewegungsapparat (das, was die Bewegungen bewirkt) wird durch die Muskulatur repräsentiert. Das Skelett besteht aus Teilstücken, den Knochen, die in unterschiedlich gebauten Gelenken gegeneinander beweglich sind und so ein komplexes Hebelsystem aufbauen. Eine Ganzkörperbewegung setzt sich stets aus Teilbewegungen zusammen, die in den einzelnen Gelenken nacheinander oder gleichzeitig ablaufen. Die Funktionsstrukturen einer Teilbewegung sind Glieder einer sog. *kinetischen Kette*, die aus der krafterzeugenden Muskulatur, der kraftübertragenden Sehne und dem im Gelenk bewegten Knochen besteht (□ Abb. 2.1). Der Bewegungsapparat des Menschen kann so als ein System koordiniert arbeitender kinetischer Ketten aufgefasst werden. Die Beweglichkeit ist dabei von dem spezifischen anatomischen Bau der Gelenke sowie der sie umgebenden Strukturen abhängig.

2.1   Skelettmuskulatur

⊜ **Lernziele**

In diesem Kapitel lernen Sie den Aufbau der Skelettmuskulatur als Grundlage der kontraktilen Funktion kennen. Sie sollen verstehen lernen, wie sich der grundlegende Kontraktionsmechanismus in unterschiedlicher Weise darstellen kann, und die Muskulatur als ein plastisches und anpassungsfähiges Organ begreifen.

Skelettmuskelgewebe besteht aus Muskelfasern, die die zellulären Einheiten bilden. Diese entstehen während der Entwicklung durch Verschmelzung hintereinander gelegener Einzelzellen (Myoblasten), aus denen durch Differenzierung schließlich die vielkernige Faser gebildet wird. Reife Skelettmuskelfasern können mehrere tausend Kerne enthalten, bis zu 15 cm lang werden und ihr Durchmesser schwankt beim Menschen zwischen 10 und 100 μm. Sie enthalten Mitochondrien, endoplasmatisches Retikulum (hier: SR, *sarko*plasmatisches Retikulum, griech. Sarx = Fleisch) sowie Filamente (hier: Myofilamente) als kontraktile Funktionsstrukturen über die gesamte Länge der Faser in spezieller und immer wiederkehrender Organisation.

Zwei für die Muskelkontraktion wesentliche Haupttypen von Myofilamenten lassen sich unterscheiden: das **Aktin** und das **Myosin** (□ Abb. 2.2). Die dünnen Filamente (Aktin) bestehen aus globulären Untereinheiten, dem G-Aktin, das nach seiner Synthese an Polyribosomen zu spiraligen Myofilamenten, dem F-Aktin, polymerisiert. In den Rinnen der Spirale liegen lang gestreckte **Tropomyosinmoleküle**, denen **Troponin** angelagert ist. Dadurch werden in Ruhe bestimmte reaktive Teile des

Aktinfilaments abgedeckt und die Struktur des F-Aktins stabilisiert. Das Myosin bildet die dicken Myofilamente. Ein Molekül besteht aus einem stäbchenförmigen Schaft (LMM = leichtes Meromyosin), dem ein Kopf über eine Art Hals beweglich angelagert ist (HMM = schweres Meromyosin). In einem Myosinfilament sind die stäbchenförmigen Anteile des LMM bündelartig zusammengefasst und die Köpfe des HMM ragen daraus hervor. Die Myosinmoleküle eines Filaments sind räumlich bipolar angeordnet, sodass die der einen Hälfte jeweils mit ihren LMM-Anteilen jenen der anderen Hälften zugewandt sind. Entsprechend sind die HMM-Köpfe zu beiden Filamentenden hin ausgerichtet. Das Myosinfilament ist also in sich spiegelbildlich gebaut.

2.1.1 Muskelkontraktion

Der Mechanismus der Muskelkontraktion beruht auf der spezifischen Interaktion des Myosinfilamets mit dem Aktinfilament. Wenn die Muskelfasermembran durch den Reiz einer motorischen Nervenendigung depolarisiert wird, kommt es zu einem Ausstrom von Kalziumionen aus dem SR in das Sarkoplasma. Hier kommt es unter dem Einfluss der Kalziumionen zu einer Konformationsänderung des Troponinkomplexes. Dadurch wirkt das Troponin derart auf das Tropomyosin, dass die reaktiven Teile des Aktinfilaments freigegeben werden. Die Köpfe des Myosins besitzen eine ATPase-Aktivität und eine natürliche Affinität zum Aktin. Sie treten unter ATP-Spaltung mit dem Aktin in Kontakt, die Hälse spreizen sich ab und das Aktinfilament wird durch einen Kippvorgang der Köpfe gegen das Myosinfilament bewegt. Es kommt hierbei also nicht zur Verkürzung von Einzelfilamenten, sondern es handelt sich um Gruppenverschiebungen unterschiedlicher Filamente gegeneinander. Demnach liegt der Muskelkontraktion der Mechanismus der sog. gleitenden Filamente zugrunde (◨ Abb. 2.2).

❗ Die Myosinfilamente sind die Motoren der Muskelkontraktion.

Die Organisation und räumliche Anordnung der Myofilamente zueinander führt zur Bildung von **Sarkomeren**, die als die eigentliche Funktionseinheit der Muskelkontraktion betrachtet werden können und eine durchschnittliche Länge von 2,5 μm besitzen. Ein Sarkomer ist durch zwei **Z-Streifen** begrenzt, die räumlich gesehen auch Z-Scheiben genannt werden und aus dichtem, zugfestem Material bestehen (◨ Abb. 2.3). Die Z-Streifen können wie eine Art mikroskopisch kleine Zwischensehne angesehen werden, die die simultane Kontraktion hintereinander geschalteter Sarkomere aufeinander überträgt. In den Z-Streifen sind die Aktin-

◨ **Abb. 2.3** Ausschnitt aus einer Skelettmuskelfaser (längsgeschnitten); 3 Myofibrillen sind zu erkennen, davon jeweils ein Sarkomer vollständig; die Sarkomere werden von den Z-Streifen begrenzt, in denen sich die Aktinfilamente verankern, die insgesamt die I-Bande bilden; die A-Bande wird von Myosinfilamenten und den teilweise zwischen sie reichenden Aktinfilamenten gebildet (vgl. dazu auch Abb. 2.2); zwischen den Myofibrillen sind Anschnitte des sarkoplasmatischen Retikulums (SR) und T-Tubuli (T) zu erkennen; in Höhe der I-Bande einige kleine Mitochondrien. Elektronenmikroskopische Aufnahme, Vergr. vor Reprod. × 37.500

filamente, sich jeweils gegenüberstehend, mit einem Ende fest verankert; ihre freien Enden ragen zwischen die Myosinfilamente. Bei der Kontraktion werden die Aktinfilamente jedes Sarkomers zwischen die Myosinfilamente hinein- und aufeinander zu gezogen, sodass sich die Z-Streifen nähern. Dadurch kommt es zur Verkürzung der Sarkomere während der Kontraktion.

❗ Sarkomere sind die kleinsten funktionellen Einheiten der Kontraktion.

In einer Muskelfaser sind die Sarkomere hintereinander gelagert und werden in Längsrichtung durch Mitochondriensäulen und die Röhrensysteme des SR in **Myofibrillen** unterteilt. Die längs und damit parallel zu den Myofibrillen verlaufenden Netze des SR (L-System) verbinden sich in regelmäßigen Abständen zu zirkulär um die Fibrillen laufenden Zisternen (◨ Abb. 2.3). Vor allem hier sind die für die Auslösung der Kontraktion erforderlichen Kalziumionen gespeichert. In diesem Bereich stülpt sich auch die Muskelfasermembran in schmalen Schläuchen in das Innere der Faser ein und umgibt jede Myofibrille ringförmig zwischen zwei SR-Zisternen (T-System). Eine Depolarisation des Sarkolemms kann so in das Innere der Faser weitergeleitet und direkt an die Kalziumdepots herangebracht werden. Diese werden durch

2

Änderung der Membrandurchlässigkeit des sarkoplasmatischen Retikulums entleert und bringen dann das Gleiten der Myofilamente in Gang. Nach Abklingen der nervösen Erregung wird das Kalzium aktiv in das sarkoplasmatische Retikulum zurücktransportiert.

Aus der charakteristischen Anordnung der Sarkomere ergibt sich die lichtmikroskopisch sichtbare **Querstreifung** der Skelettmuskelfaser im Längsschnitt, die sich noch detailreicher elektronenmikroskopisch darstellt (vgl. ◘ Abb. 2.3). Die Z-Streifen erscheinen als dunkle Mittellinien innerhalb der **I-Bande**, d. h. dem Bereich, wo die Aktinfilamente nicht mit den Myosinfilamenten überlappt sind. Die I-Bande umfasst damit immer Teile von zwei benachbarten Sarkomeren. Sie hat im polarisierten Licht schwach doppelbrechende Eigenschaften, ist damit isotrop, woraus sich ihre Bezeichnung ergibt. Die Mitte der auf die I-Bande folgenden **A-Bande** wird durch eine helle Zone (H-Zone) gebildet, in diesem Bereich liegen nur Myosinfilamente vor. Im Rest der A-Bande überlappen sich Aktin und Myosin (◘ Abb. 2.3). Die Mitte der H-Zone wird wiederum durch einen feinen dunklen Strich, den M-Streifen, markiert; hier befindet sich die Mitte der Myosinfilamente, d. h. der nur aus LMM gebildete Bereich und damit die physiologische Grenze der maximalen Muskelkontraktion. Mit Ausnahme seiner H-Zone liegen in der A-Bande die Aktinfilamente gemeinsam mit den Myosinfilamenten vor und bewirken so ihr anisotropes Verhalten in polarisiertem Licht.

Das Ausmaß der Verkürzung eines Sarkomers wird theoretisch dadurch limitiert, dass entweder die Aktinfilamente im Zentrum des Sarkomers (M-Streifen) gegeneinander- oder die Myosinfilamente gegen die Z-Scheibe stoßen. Während die Länge der A-Bande unter allen Umständen immer gleich groß bleibt, verringert sich die Länge der I-Bande mit zunehmender Verkürzung des Sarkomers, bis schließlich die I-Bande praktisch verschwinden kann. Umgekehrt ist vorstellbar, dass bei plötzlicher Dehnung eines Muskels über das physiologische Maß hinaus auf der Ebene der Sarkomere ein Kontinuitätsverlust der Überlappung von Myosin und Aktin zustande kommt, sodass die Myosinköpfe nicht mehr die Aktinfilamente erreichen können. Dieser Mechanismus wird in der Regel mehrere Fibrillen, Muskelfasern oder sogar Muskelfaserbündel erfassen, in diesem Fall würde man klinisch von einer Muskelzerrung sprechen.

2.1.2 Muskelfasern

Jede Skelettmuskelfaser ist außen von einer Basalmembran umgeben, einem feinen filzartigen Geflecht aus retikulären Fasern, das sich eng an das eigentliche Plasmalemm anlegt und der Verankerung der Muskelfasern untereinander und im umliegenden Gewebe dient. Plas-

malemm und Basalmembran zusammen bilden das eigentliche Sarkolemm der Muskelfasern. Unter der Basalmembran, aber außerhalb der Muskelfasern befinden sich die sog. Satellitenzellen. Dabei handelt es sich um noch undifferenzierte myogene Stammzellen, die einen Reservepool für Muskelwachstum und Regeneration nach Muskelverletzungen bilden. Wenn sie aktiviert werden, finden im Grundsatz die gleichen Vorgänge statt wie bei der Muskelentwicklung (Differenzierung zu Myoblasten, Fusion und Ausreifung). Neben den kontraktilen Proteinen und dem T-System des SR enthalten Muskelfasern eine variierende Menge von Mitochondrien als Organellen des oxidativen Stoffwechsels. Außerdem enthält das Sarkoplasma Myoglobin zur reversiblen Bindung von Sauerstoff sowie Glykogen und Neutralfettpartikel als Energiereserven.

Muskelfasertypen   In einem Gesamtmuskel sind die Skelettmuskelfasern prinzipiell gleich gebaut, weisen aber Unterschiede im Mengenverhältnis zwischen Myofibrillen, Mitochondrien, Sarkoplasma sowie deren Glykogen-, Fett- und Myoglobingehalt auf. Dementsprechend können Muskelfasern nach klassischer Sichtweise in drei Typen eingeteilt werden, die unterschiedliche funktionelle Eigenschaften aufweisen (◘ Abb. 2.4). Der **Fasertyp I** ist dünn und sarkoplasmareich. Die zahlreichen Mitochondrien sind reihenförmig zwischen den Myofibrillen angeordnet und das Sarkoplasma ist reich an Myoglobin und Fetteinlagerungen (dieser Typ wurde früher aufgrund des Reichtums an dem roten Muskelfarbstoff Myoglobin als rote Muskelfaser bezeichnet). Er zeichnet sich durch einen oxidativen Stoffwechsel aus, verkürzt sich langsam und ist zu lang andauernder Arbeit fähig. Bei Ausdauer-

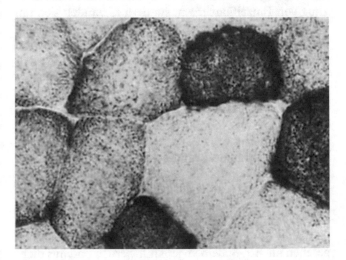

◘ **Abb. 2.4**   Fasertypen der Skelettmuskulatur im lichtmikroskopischen Querschnitt; das in den Mitochondrien lokalisierte Enzym Succinatdehydrogenase wurde histochemisch dargestellt; die mitochondrienreichen, dunkel gefärbten Fasern entsprechen Typ I, die hellen Typ II, intermediäre Fasern nehmen eine Zwischenstellung ein. Vergr. vor Reprod. × 400

sportlern überwiegt dieser Fasertyp. Beim **Fasertyp II** ist das Gesamtkaliber größer und der Myofibrillengehalt höher. Mitochondrien und Myoglobin sind dagegen in geringerem Ausmaß vorhanden („weiße" Fasern). Diese Fasern können schnell und kräftig kontrahieren, sind aber nicht für lang andauernde Arbeit geeignet, da sie überwiegend anaerob arbeiten. Bei Schnell- oder Maximalkraftsportlern ist dieser Fasertyp besonders stark ausgeprägt. Schließlich lässt sich ein **Intermediärtyp** unterscheiden, der in seinen Eigenschaften zwischen Typ I und II liegt. Die kontraktilen Eigenschaften der unterschiedlichen Fasertypen sind aufgrund der Isoformen der schweren Myosinketten festgelegt. In der Realität ist die Plastizität der Muskulatur sehr viel größer als eine schematische Einteilung in Fasertypen sie wiedergeben kann. So unterliegen alle Muskelfasern beständigen Umbauvorgängen und eine strikte Abgrenzung von Fasertypen ist innerhalb eines engen Spektrums nicht immer möglich. Fasern, die im Umbau begriffen sind, werden auch als Hybridfasern bezeichnet, da sie die Merkmale mehrerer Typen aufweisen können. In einer motorischen Einheit (▶ Abschn. 4.2) gehören alle Muskelfasern dem gleichen Typ an, da ihre funktionellen Eigenschaften wesentlich von dem sie innervierenden Motoneuron geprägt werden.

■ **Praxis**

Bei Muskelarbeit werden immer zuerst die Muskelfasern des Typ I aktiviert. Mit zunehmender Intensität werden sukzessive die motorischen Einheiten der intermediären Fasern und danach der Typ-II-Fasern rekrutiert. Zwar sind beim Menschen die Muskeln in der Regel aus allen drei Fasertypen zusammengesetzt, es gibt jedoch vor allem genetisch bedingte Unterschiede, die für bestimmte Sportarten prädisponieren (s. o.); eine wesentliche Verschiebung im Faserspektrum (sog. Faserumwandlung) von Typ-II- zu Typ-I-Fasern lässt sich vor allem durch Ausdauertraining erreichen. Mit zunehmendem Alter nimmt der relative Anteil der Fasern vom Typ I zu, während schnelle motorische Einheiten (Typ II) zugrunde gehen.

2.1.3 Bau des Muskels

Der gesamte Muskel ist nach dem Enkapsisprinzip gebaut, d. h. seine Muskelfasern werden durch Bindegewebe zu Einheiten steigender Größenordnung zusammengefasst (◘ Abb. 2.2). Schon die einzelne Muskelfaser besitzt einen sie umgebenden bindegewebigen Fibrillen"strumpf", der sie zusammen mit der Basalmembran im umgebenden Gewebe verankert. In ihm sind feine Blutkapillaren enthalten und an den Enden einer Muskelfaser setzt er sich in eine zarte Sehne fort, die innerhalb des Muskels ein funktionelles Kontinuum unter den einzelnen Fasern sicherstellt. Etwa 10–50 Muskel-

fasern bilden ein Primärbündel und vereinigen ihre Sehnen zu gemeinsamer Funktion. Die Primärbündel stellen die Faszikel dar, die man ohne mikroskopische Vergrößerung als Fleischfasern voneinander trennen kann. Die Primärbündel werden jeweils von einem bindegewebigen Hüllsystem (*Perimysium*) umgeben, das sie gegeneinander verschiebbar macht und größere Gefäße, Nerven und Muskelspindeln enthält. Weitere Bindegewebshüllen fassen die Primärbündel gruppenweise zusammen. Schließlich umgibt eine lockere Hülle aus straffem Bindegewebe, die **Faszie**, den gesamten Muskel, grenzt ihn verschiebbar von seiner Umgebung ab und sichert seine Form und Lage. Gruppenfaszien umgeben Muskeln mit gleicher Funktion.

2.1.4 Funktion des Muskels

An einem Muskel unterscheidet man Ursprung und Ansatz, über welche der Muskel in der kinetischen Kette mit den Skeletteilen verbunden ist. Dabei überzieht er ein Gelenk und bewirkt dessen Bewegung. Topographisch liegt der Ursprung immer proximal (näher zur Mitte oder Zentrum des Körpers), der Ansatz immer distal (mehr Richtung Peripherie oder seitlich). Vom funktionellen Gesichtspunkt ist es günstiger, statt der Begriffe Ursprung und Ansatz die Bezeichnung **Fixpunkt** und **Bewegungspunkt** anzuwenden; diese sind nämlich nicht strikt festgelegt, sondern können sich je nach unterschiedlichen Bewegungsformen ändern. Zum Beispiel kann die an der Vorderseite des Unterschenkels gelegene Muskulatur zum einen die Fußspitze heben, wobei der Fixpunkt am Unterschenkel und der Bewegungspunkt am Fuß liegen; andererseits kann die gleiche Muskelgruppe auch bei feststehendem Fuß den Unterschenkel nach vorne, zu den Zehen hin, ziehen, wobei sich Fix- und Bewegungspunkt umkehren. Daraus folgt, dass die Aktion des gleichen Muskels, je nachdem, wo Fix- und Bewegungspunkt liegen, zu ganz unterschiedlichen Bewegungen führen kann; besonders eindrücklich zeigt sich dies am Beispiel von Beugung und Streckung des Beines im Hüftgelenk bzw. Beckenkippung und -aufrichtung (▶ Abschn. 3.3.2).

Hubhöhe und Hubkraft In einzelnen Muskeln sind die Muskelfasern bzw. Faszikel in spezieller und nicht einheitlicher Weise angeordnet. Daraus ergibt sich jeweils eine besondere innere Mechanik der Skelettmuskulatur. Parallelfaserige Muskeln, die sich aus dem gedehnten Zustand um maximal 50 % ihrer Ausgangslänge verkürzen können, kommen im menschlichen Bewegungsapparat kaum vor. Im Allgemeinen setzen die Fasern gestaffelt unter einem mehr oder weniger großen Winkel an der Sehne an. Man spricht von einseitig oder doppelseitig gefiederten Muskeln. Bei ihrer Kontraktion wird der Fiederungswin-

2

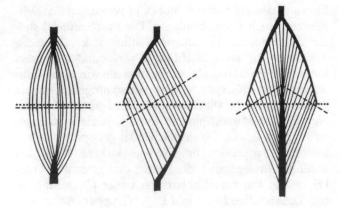

◻ **Abb. 2.5** Anatomischer (gepunktet) und physiologischer (gestrichelt) Querschnitt beim spindelförmigen, einfach und doppelt gefiederten Muskel

kel größer und der Muskel nimmt folglich an Dicke zu. Da bei gefiederten Muskeln die Fasern nicht der Richtung der Sehne und damit der Kraftlinie des Gesamtmuskels folgen, kann die Verkürzung der einzelnen Fasern nicht zu einer ebenso großen Verkürzung des ganzen Muskels führen. Die Hubhöhe solcher Muskeln nimmt also mit zunehmendem Fiederungswinkel ab. Andererseits ist ihre Gesamtkraftentfaltung entsprechend den zahlreichen an der Sehne angreifenden Fasern größer als die parallelfaseriger Muskeln gleicher Masse. Ein zuverlässiges Maß für die Muskelkraft kann somit nicht der anatomische, quer durch den Muskelbauch gelegte Querschnitt liefern, sondern nur der physiologische, der die Summe aller Faserquerschnitte umfasst (◻ Abb. 2.5).

Bewegungs- und Gelenkwirkung Aus der Wirkung der Muskeln auf die Hebelsysteme der gelenkig verbundenen Knochen ergibt sich ihre äußere Wirkungsmechanik, die jedoch maßgeblich vom Bau der Gelenke und vom Verlauf der Muskeln zu den Bewegungsachsen bestimmt wird. Um eine Bewegung hervorzurufen, muss ein Drehmoment erzielt werden, das von zwei Faktoren abhängt: Kraft des Muskels und Hebelarm des Muskels zur Gelenkachse. Ist einer dieser Faktoren Null, kann kein Drehmoment entstehen. Deshalb muss die Kraftlinie des Muskels (Hauptlinie seiner Kraftentfaltung) einen bestimmten Achsenabstand besitzen; schneidet sie die Bewegungsachse, so hat der Muskel keine Bewegungswirkung, sondern drückt die Gelenkenden nur gegeneinander. Ferner ist der Verlauf von Bewegungsachse und Kraftlinie von Bedeutung. Eine optimale Wirkung erzielt ein Muskel, dessen Kraftlinie rechtwinklig zur Bewegungsachse verläuft; verlaufen beide parallel, ist keine Muskelwirkung gegeben.

❶ Ein Muskel kann nur eine Bewegungswirkung erzielen, wenn
‒ seine Kraftlinie Abstand zur Bewegungsachse hat und wenn
‒ seine Kraftlinie nicht parallel zur Bewegungsachse verläuft.

Mit sich verändernden Gelenkstellungen kann ein Muskel auch unterschiedliche Bewegungswirkungen erzielen. Die vom Muskel geleistete Kraft lässt sich in **Drehkraft** und **Gelenkkraft** zerlegen (◻ Abb. 2.6). Während die Drehkraft die eigentliche Bewegung zustande bringt, sorgt die Gelenkkraft für den Zusammenhalt der Gelenke. In Extremstellungen kann die Muskelkraft nur als Drehkraft wirksam werden – wenn die Kraftlinie rechtwinklig am zu bewegenden Knochen angreift –, oder im anderen Extremfall presst sie als Gelenkkraft fast ausschließlich die Skelettelemente aneinander. Damit nehmen Muskeln auch eine wesentliche Aufgabe für Zusammenhalt und Sicherung von Gelenken wahr.

Mehrgelenkige Muskeln Ein Muskel kann über ein oder mehrere Gelenke hinweg ziehen und auf sie wirken; entsprechend unterscheidet man funktionell eingelenkige von mehrgelenkigen Muskeln. Bei mehrgelenkigen Muskeln reicht meistens jedoch ihre Verkürzungsgröße (Hubhöhe) nicht aus, um in allen Gelenken gleichzeitig maximale Bewegungsausschläge zu bewirken. Dieses Phänomen nennt man **aktive Insuffizienz**, weil der Muskel, obwohl er maximal aktiv ist, eine insuffiziente, d. h. unzureichende Funktion, hervorbringt. Andererseits ist auch die Dehnungsfähigkeit vieler Muskeln meist nicht ausreichend, um in den übersprungenen Gelenken Extremstellungen zuzulassen; dies wird als **passive Insuffizienz** bezeichnet, d. h. unzureichende Funktion, wenn der Muskel passiv gedehnt wird. Besonders deutlich werden diese Besonderheiten mehrgelenkiger Muskeln am Beispiel der Fingerbeuger im Zusammenhang mit dem festen Faustschluss (▶ Abschn. 3.2.7).

Arbeitsformen der Muskeln Die Muskelkontraktion führt nicht immer im engeren Sinne des Wortes zu einer Verkürzung mit Annäherung des Bewegungspunkts an den Fixpunkt. Muskeln können auch, ohne ihre Länge zu ändern, Haltearbeit leisten. Dies wird als **statische** Arbeit (physiologisch: isometrische Kontraktion) bezeichnet, wobei die vom Muskel aufzubringende Kraft genauso groß ist wie die angreifende Last. Im engeren physikalischen Sinn wird dabei keine Arbeit geleistet, da trotz u. U. großen Kraftaufwandes kein Weg zurückgelegt wird. Dennoch ist diese Kontraktionsform energetisch an-

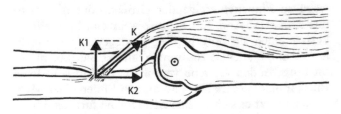

◻ **Abb. 2.6** Zerlegung der vom Muskel aufgebrachten Kraft K in Drehkraft K1 und Gelenkkraft K2

spruchsvoll und ermüdend. Da hierbei rein mechanisch die Durchblutung beeinträchtigt wird, kann diese Arbeitsform nicht lange durchgehalten werden. Demgegenüber steht die **dynamische** Arbeit, bei der eine Längenänderung des Muskels stattfindet. Man unterscheidet hierbei die *konzentrische* von der *exzentrischen* Kontraktion. Während bei konzentrischer Arbeit die Muskelenden sich einander nähern, weichen sie bei der exzentrischen Beanspruchung auseinander. Im ersten Fall überwindet die vom Muskel aufgebrachte Kraft die angreifende Last, im zweiten Fall gibt sie ihr nach. Bei Bewegungsabläufen, die sich im Schwerefeld der Erde abspielen, sind meist alle Kontraktionsformen kombiniert. So wird z. B. beim Laufen das Körpergewicht zunächst durch exzentrische Kontraktion der Beinstrecker abgefangen, darauf folgt eine kurze statische Phase und in der Abdruckphase arbeiten die gleichen Muskeln konzentrisch. Exzentrische Kontraktionen sind metabolisch „preiswerter" als konzentrische Kontraktionen gleicher Intensität, da exzentrisch ca. 20 % weniger motorische Einheiten rekrutiert werden.

■ **Praxis**
Muskelzerrungen entstehen häufig durch plötzliche exzentrische Kontraktionen hoher Intensität.

Zusammenarbeit der Muskeln Nach ihrer Funktion kann man Muskeln in Hauptbewegungsmuskeln, Antagonisten, Haltemuskeln und Synergisten einteilen. **Hauptbewegungsmuskeln** sind solche Muskeln, die eine Bewegung primär hervorrufen. Bei bestimmten Bewegungen stellt die Schwerkraft das Hauptbewegungsmoment dar, z. B. beim Absenken des nach vorne gehaltenen Armes. Die wesentliche muskuläre Aktion wäre bei diesem Beispiel nur die Kontrolle der entsprechenden Antagonisten, die durch ein dosiertes Nachgeben bei exzentrischer Kontraktion dafür sorgen, dass der Arm langsam abgesenkt wird und nicht herunterfällt. Damit ist bereits das Hauptmerkmal der **Antagonisten** genannt: dies sind jene Muskeln, die einer bestimmten Hauptbewegung entgegenwirken. Der Begriff Antagonist (Gegenspieler) ist von der Beschreibung her zwar richtig, denn er besagt, dass ein Antagonist zu einem Hauptbewegungsmuskel die gegensätzliche Bewegung machen würde. Vom funktionellen Standpunkt her wirken die Antagonisten bei einer Hauptbewegung jedoch nicht entgegen, sondern sie sorgen durch langsames Nachgeben für eine Dosierung der Bewegung bzw. durch Zunahme ihrer Spannung in der Endphase einer Bewegung für das sanfte Abbremsen der durchgeführten Hauptbewegung. Das ausgewogene Kräfteverhältnis von Agonisten und Antagonisten ist nicht nur wichtig für Bewegungen, sondern stellt auch ein wesentliches Merkmal für die Sicherung und physiologische Belastung von Gelenken dar. **Haltemuskeln** sind für die Fixierung von bestimmten Gelenken innerhalb eines intendierten Bewe-

gungsablaufs verantwortlich. In dieser Funktion ermöglichen sie auch den gezielten Einsatz der Hauptbewegungsmuskeln. Erst durch die Mitarbeit der Haltemuskeln wird nämlich für eine Muskelaktion der Fixpunkt festgelegt. So ist es z. B. für eine Bewegung im Schultergelenk notwendig, dass das Schulterblatt fixiert und durch diese Fixierung tatsächlich der Oberarm gegen das Schulterblatt bewegt wird und nicht ein Teil der Wirkung des für diese Bewegung notwendigen Hauptbewegungsmuskels in einer entgegengesetzten Bewegung des Schulterblattes verloren geht (vgl. ▶ Abb. 3.36). Unter **Synergisten** (Mitwirkern) versteht man solche Muskeln, die beim Einsatz von mehrgelenkigen Hauptbewegungsmuskeln nicht erwünschte Mitbewegungen in anderen Gelenken verhindern, sodass die Effektivität der intendierten Hauptbewegung durch aktive Insuffizienz eingeschränkt würde. Beispielsweise werden beim Faustschluss die Extensoren des Handgelenks synergistisch aktiviert, um ein gleichzeitiges Beugen im Handgelenk zu verhindern (▶ Abschn. 3.2.7).

2.1.5 Wachstum und Trainingsanpassung

Die Wachstumsmechanismen der Muskulatur sind Gegenstand zahlreicher Untersuchungen. Eine zentrale Rolle spielen dabei die Satellitenzellen, die eine zelluläre Reserve für die Zunahme der Muskelmasse, die Muskelerneuerung und Regeneration nach Muskelverletzungen bilden. Während eine ältere Hypothese davon ausging, dass bei der Geburt die Gesamtzahl der Muskelfasern bereits vorgegeben ist und das Wachstum ausschließlich auf **Hypertrophie** (Dicken- oder Längenzunahme) der einzelnen Fasern beruhe, ist inzwischen davon auszugehen, dass eine Vermehrung der Muskelfasern (**Hyperplasie**) ebenfalls den Wachstumsprozess unterstützen kann. Die Gesamtmasse der Muskulatur beträgt bei der Geburt etwa 20 % des Körpergewichts, beim untrainierten Erwachsenen dagegen 40–45 %. Bei einem trainierten Kraftsportler kann sie sogar bis 65 % erreichen (◘ Abb. 2.7). Diese Massenzunahme lässt sich nicht nur auf Hypertrophie einer vorgegebenen Faserpopulation zurückführen: Dies würde durch den zunehmenden Faserdurchmesser zu Versorgungsproblemen führen, da die Diffusionsdistanz zu den Blutkapillaren auf eine physiologisch nicht mehr vertretbare Größe anwachsen dürfte. Auch die gemessenen Dickenzunahmen einzelner Fasern bei Bodybuildern können nicht insgesamt die Volumenzunahme des Gesamtmuskels erklären. Es muss also im Trainingsprozess auch eine Faserneubildung in Betracht gezogen werden.

Der Hyperplasie liegt ein Wachstumskonzept für die Skelettmuskulatur zugrunde, das durch Befunde an embryonalen und regenerierenden Muskeln erhoben werden konnte. Es geht davon aus, dass der Muskulatur ein

2

◩ **Abb. 2.7**   Beispiel einer extremen Muskelhypertrophie durch Bodybuilding

Kontingent von Stammzellen zugrunde liegt. Danach besteht ein Muskel Zeit seines Lebens einerseits aus ausdifferenzierten Fasern, die andererseits jedoch stets von teilungsfähigen, noch nicht differenzierten, prospektiven Muskelzellen begleitet werden. Diese nennt man, weil sie der eigentlichen Muskelfaser eng angelagert sind, Satellitenzellen.

Diese Satellitenzellen sind teilungsfähig, wobei ihre Teilungsrate im Erbgut festgelegt ist; die Zahl der Satellitenzellen ist von Muskel zu Muskel und von Individuum zu Individuum unterschiedlich. Sie können proliferieren, sich differenzieren und zu neuen Muskelfasern heranreifen. Ihre Hauptaufgabe besteht darin, die wachsenden Fasern mit neuen Kernen zu versorgen, denn die darin vorhandenen sind nicht mehr teilungsfähig. Jeder Muskelfaserkern versorgt nämlich nur einen bestimmten Teilbereich des Fasersarko-plasmas und die Kern-Plasma-Relation kann nicht über einen bestimmten Grenzwert anwachsen. Wächst die Faser, so benötigt sie neue Kerne, und diese werden von den Satellitenzellen geliefert. Diese teilen sich, ein Tochterkern wird in die benachbarte Muskelfaser transferiert, der andere bleibt in der neuen Satellitenzelle außerhalb der Faser liegen. Ebenso können Satellitenzellen nach Proli-

feration über die gleichen Mechanismen und Prozesse, die der Muskelentstehung überhaupt zugrunde liegen, zu einer Neubildung (Hyperplasie) von Muskelfasern beitragen.

Als adäquater Reiz für die Teilung der Satellitenzellen wird angenommen, dass durch mechanische Belastung Mikroläsionen an den Muskelfasern zustande kommen. Hierdurch werden u. a. Wachstumsfaktoren im Muskel angereichert, auf die die Satellitenzellen mit erhöhter Proliferation reagieren. Solche Mikroläsionen werden mit der Teilung der Satellitenzellen beantwortet und zusammen mit einer Kerneinschleusung repariert. Gleichzeitig kommt es dadurch zu einer verbesserten Belastbarkeit durch erhöhte Proteinsynthesekapazität der Einzelfaser. Insgesamt ergibt sich so die belastungsadaptierte Hypertrophie der Muskulatur, die ihrem Mechanismus nach einer überschießenden Reparatur von Mikroläsionen gleichkommt.

❗ Ein adäquater, überschwelliger Trainingsreiz auf die Muskulatur stellt aus zellulärer Sicht eine Schädigung dar, die nachfolgend so repariert wird, dass es zur Adaptation im Sinne erhöhter Belastbarkeit kommt.

Muskelkater   Im englischsprachigen Raum wird dieses Beschwerdebild als „Delayed Onset of Muscle Soreness (DOMS)" bezeichnet, was ein wesentliches Charakteristikum des Muskelkaters gut beschreibt: Er tritt verspätet (ca. 24–48 Std.) und nicht unmittelbar nach der sportlichen Belastung auf. Muskelkater stellt sich nach ungewohnter Muskeltätigkeit ein, bei Neuaufnahme eines Trainings oder wenn Trainingsumfang oder Trainingsintensität plötzlich gesteigert werden. Besonders lässt er sich durch exzentrische Belastung der Muskulatur, z. B. durch Bergablaufen, provozieren. Da bei exzentrischen Kontraktionen weniger motorische Einheiten und damit Muskelfasern benötigt werden als bei vergleichbaren konzentrischen Kontraktionen, ist die einzelne Faser stärker mechanisch belastet. Demnach können bei diesem Kontraktionstyp bevorzugt mikroskopisch kleine Einrisse in den Muskelfasern entstehen. So können bei Muskelkater im Blutserum vermehrt Enzyme der Muskulatur gefunden werden. Symptome des Muskelkaters sind Muskelschmerz, verringerte Muskelkraft und eingeschränkte Beweglichkeit. In der Folge der Mikroläsionen an den Muskelfasern kommt es in der Muskulatur zunächst zu einer Entzündungsreaktion mit anschließender Regeneration. Die traditionelle Vorstellung, dass Muskelkater durch Akkumulation von Laktat im Muskel nach intensiver Belastung hervorgerufen wird, ist nach heutiger Sicht nicht mehr zu vertreten. Muskelkater hat zwar keinen Krankheitswert, stellt aber ein deutliches Signal dar, dass der Muskel überlastet worden ist, deswegen sollte dem Muskel bis zum Nachlassen der Symptome genügend Zeit zur Erholung gegeben werden.

2.2 Binde- und Stützgewebe

⊕ Lernziele

In diesem Abschnitt werden die typischen Vertreter dieses Gewebes systematisch dargestellt. Dabei sollen Sie übergreifend verstehen lernen, wie Zusammensetzung, Beschaffenheit und Organisation der Grundkomponenten des Binde- und Stützgewebes seine mechanischen Eigenschaften bestimmen.

Im Bereich einer kinetischen Kette wird die von der Muskulatur erzeugte Kraft auf andere Gewebe übertragen: zunächst auf die Sehne (Bindegewebe) und nachfolgend auf den Knochen (Stützgewebe), der dadurch im Gelenk bewegt wird.

Alle Binde- und Stützgewebe bestehen aus zwei Komponenten: erstens den Zellen, die man in ausgereifter Form entweder als *Fibrozyten* (im faserigen Bindegewebe), *Chondrozyten* (im Knorpelgewebe) oder *Osteozyten* (im Knochengewebe) bezeichnet, und zweitens ihren Produkten, die sie synthetisieren und in den Interzellularraum exportieren. Wenn diese Zellen eine besonders starke Syntheseaktivität zeigen, werden sie als Fibro-, Chondro- oder Osteo*blasten* bezeichnet. Im Gegensatz zu anderen Geweben, bei denen die Zellen hauptsächliche Träger der Funktion sind, nimmt beim Binde- und Stützgewebe der Interzellularraum ein sehr großes Volumen ein und bestimmt durch die Zusammensetzung seiner Matrix wesentlich die biomechanischen Eigenschaften. Die zwischen den Zellen liegende Interzellularsubstanz besteht aus einem ungeformten und einem geformten Anteil. Den geformten Anteil bilden Fasern (kollagene und elastische Fasern), der ungeformte Anteil besteht aus einer amorphen Grundsubstanz (⊡ Abb. 2.8, ⊡ Tab. 2.1). Diese ist hinsichtlich der chemischen Zusammensetzung und ihres physikalischen Verhaltens unterschiedlich. Insgesamt bestimmen Zusammensetzung und quantitative Relation von Grundsubstanz und Fasern die mechanischen Besonderheiten der verschiedenen Bindegewebe.

2.2.1 Grundkomponenten

Kollagene Fasern Der Begriff Kollagen leitet sich daraus ab, dass die Fasern beim Kochen eine leimartige Substanz ergeben. Nahezu ein Drittel des gesamten Körperproteins liegt in Form von Kollagen vor. Kollagenfasern bilden meist Bündel, die einen gewellten Verlauf nehmen. Ihre Struktureinheiten sind die kollagenen Fibrillen (⊡ Abb. 2.9), deren Durchmesser altersabhängig ist und im Bereich von 30–520 nm liegt. In ihrer Längsrichtung zeigen die Fibrillen ein hoch unterteiltes Querstreifungsmuster mit einer Periodik zwischen 60 und 65 nm. Diese Periodik kommt durch dunkle und dazwischen liegende helle Querstreifen zustande. Jede Fibrille setzt sich aus gestreckten Tropokollagenmolekülen zusammen, die aus Polypeptidketten mit charakteristischer Aminosäurensequenz bestehen. Je nach Zusammensetzung der Polypeptidketten werden in verschiedenen Geweben mehrere unterschiedliche Kollagentypen unterschieden. Hauptsächlich kommen Glyzin, Prolin und Hydroxyprolin vor. Untereinander sind die Tropokollagenmoleküle durch Querbrücken vernetzt. Darauf beruht die besondere Zugfestigkeit der Gesamtfaser. Die reversible Dehnbarkeit (Elastizität) der kollagenen Fasern ist dagegen nur gering und wird auf ca. 5 % beziffert. Bei weiterer Dehnung kommt es zu plastischer Verformung (sog. Fließen des Kollagens) und bei weiterer Überbelastung

⊡ **Abb. 2.8** Bindegewebe mit seinen Komponenten: Zellen, Fasern und Grundsubstanz. Elektronenmikroskopische Aufnahme, Vergr. vor Reprod. × 7000

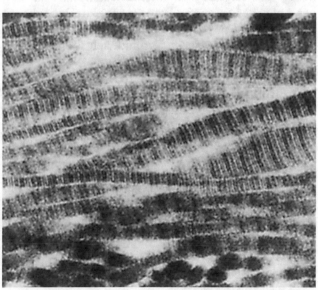

⊡ **Abb. 2.9** Kollagenfasern im Längsschnitt, unten quer; beachte die periodische Querstreifung. Elektronenmikroskopische Aufnahme, Vergr. vor Reprod. × 60.000

2

zum Kollagenfaserriss. Kollagenfasern liegen in den Geweben in der (den) Hauptrichtung(en) der größten Zugbeanspruchung vor.

Elastische Fasern   Elastische Fasern bilden dreidimensionale Netzwerke und ihr Durchmesser kann sehr variieren (0,2–5 µm). Sie bestehen aus einer amorphen, glykoproteinreichen Matrix, dem Elastin, das randständig in einen Strumpf aus Mikrofibrillen, die sog. Oxytalanfasern, eingebettet ist. Elastische Fasern sind stark dehnbar und können sich bei Zug bis auf das 2,5fache ihrer Ausgangslänge reversibel ausdehnen. Bei stärkerer Belastung können auch sie reißen. In der Regel kommen sie im Organismus zusammen mit kollagenen Fasern vor. Besonders reich an elastischen Fasern sind die Gewebe oder Organe, deren Funktion von reversibler Dehnbarkeit abhängt (z. B. Lunge, herznahe Arterien, Haut, elastischer Knorpel).

Ungeformte Interzellularsubstanz   Die Fasern und Zellen des Bindegewebes sind von einer strukturlosen Grundsubstanz umgeben. Auch sie ist ein Produkt der Bindegewebszellen; sie besteht hauptsächlich aus Glykanen und Proteinen, deren quantitative Zusammensetzung sich im Laufe des Lebens ändert. Proteoglykane können Ketten bilden und haben eine starke Wasserbindungsfähigkeit; dadurch sind sie osmotisch aktiv. Darauf beruht einerseits ihre mechanische Festigkeit, aber auch die Fähigkeit des Bindegewebes, als Diffusionsraum für wasserlösliche Substanzen zu dienen. Glykoproteine sorgen in der Matrix oder membrangebunden (als sog. Adhäsionsproteine) für den Zusammenhalt von Zellen und geformten Anteilen der Matrix. Im Alter nehmen die Menge der ungeformten Interzellularsubstanz ab und der Anteil der Fasern im Bindegewebe zu. Dies führt zu einer Entwässerung und zu einer nachlassenden Gewebsspannung, die von einem verminderten Stoffaustausch begleitet werden.

Wie bereits einleitend erwähnt, hängt die mechanische Beanspruchbarkeit der unterschiedlichen Mitglieder der Familie der Binde- und Stützgewebe weniger vom Typ der Zellen ab, als vielmehr von der Art und Menge an ungeformter und geformter Interzellularsubstanz und der Ausrichtung der Fasern ab (für den Knochen kommt der verkalkte Zustand der Grundsubstanz hinzu). Vor der detaillierten Besprechung der einzelnen Gewebsarten können diese bereits vereinfachend in ihrer Zusammensetzung charakterisiert werden (❑ Tab. 2.1).

❗ Die mechanische Belastbarkeit von Binde- und Stützgewebe wird bestimmt durch
— Menge und Zustand der Grundsubstanz,
— Menge, Art und Verlaufsrichtung der Fasern.

2.2.2 Sehnen und Faszien

In der kinetischen Kette wird die Muskelkraft über die Sehne möglichst verlustfrei auf den Knochen übertragen. Das Sehnengewebe wird zu den sog. straffen kollagenen Bindegeweben gerechnet. Eine Sehne setzt sich aus vielen Kollagenfasern zusammen, die, in der Grundsubstanz eingebettet, parallel zueinander verlaufen und Primärbündel bilden (❑ Abb. 2.10). Jedes Primärbündel ist lamellenartig vom Zytoplasma der Sehnenzellen (sog. Flügelzellen) umgeben, die in Reihen zwischen die Bündel eingelagert sind. Die Sehnenzellen stehen untereinander durch lange, feine Ausläufer in Kontakt und bilden so ein dreidimensionales Netz, das die gesamte Sehne durchzieht. So können die kollagenen Fasern und die Grundsubstanz ständig durch einen lebenden Zellverband kontrolliert und reguliert werden. Damit ist auch die Sehne ein an Belastungsunterschiede adaptierbares Gewebe. Durch Neubildung kollagener Fibrillen, Zunahme ihrer Durchmesser und Abbau überflüssigen oder verbrauchten Kollagens kann sich die Sehne an Belastungsänderungen anpassen. Auch sie ist, ähnlich der Skelettmuskulatur, nach dem Enkapsisprinzip aufgebaut. Gefäße und Nerven führende bindegewebige Septen fassen Gruppen von Primärbündeln zu sekundären größeren Einheiten zusammen.

Besonderen Beanspruchungen unterliegt die Übergangszone zwischen Muskulatur und Sehne. Einerseits dient sie als Puffer zwischen zwei Geweben mit unterschiedlichen mechanischen Eigenschaften, andererseits ist hier zelluläres Material mit extrazellulärem in höchster Festigkeit verwoben. Die kollagenen Fasern der Sehne liegen hier zwischen fingerförmigen Ausstülpungen der Muskelfaser. Sie sind an ihren Enden mit feinen Filamenten umsponnen, die mit dem Sarkolemm der Muskelfaser vernetzt sind. Im Bereich der Muskel-Sehnen-Verbindung liegen in der Regel auch die sog. Sehnenspindeln, die als Rezeptoren die Muskelspannung messen. Sehnen sind häufig in ein lockeres Bindegewebe, das ihre Verschiebbarkeit im umliegenden Gewebe sichert.

■ Praxis

Die wiederholte lokale Injektion von Kortison bei schmerzhaften Reizzuständen oder die Einnahme von Chinolon-Antibiotika kann den Stoffwechsel der Sehnen so beeinträchtigen, dass eine erhöhte Rupturgefährdung besteht.

Sehnenscheiden und Schleimbeutel   Besonders lange Sehnen, die vom geraden Verlauf abweichen und auf vorspringende Knochen oder umgebende Bänder einen stärkeren Druck ausüben, sind von einer Sehnenscheide umgeben (❑ Abb. 2.11). Darunter versteht man einen

□ Tab. 2.1 Charakteristika verschiedener Binde- und Stützgewebe

Gewebe	Zelltyp	Menge an Grundsubstanz	Dominante Faserart	Menge an Fasern	Ausrichtung der Fasern
Sehnen	Fibrozyt	+	Kollagen	++++	Parallel
Faszien	Fibrozyt	+	Kollagen	+++	Geflechtartig
Knochen	Osteozyt	++	Kollagen	+++	Spiralig
Hyaliner Knorpel	Chondrozyt	++++	Kollagen	+	Arkadenförmig
Faserknorpel	Chondrozyt	++	Kollagen	+++	In versch. Hauptverläufen
Elastischer Knorpel	Chondrozyt	+++	Elastische Fasern	++	Netzartig

bindegewebigen, an beiden Enden blind endenden Führungsschlauch, der mit einer *Vagina fibrosa* fest in der Umgebung verankert ist und so die Sehne in ihrer Lage hält. In ihm verläuft die Sehne in einem Gleitspalt, der mit Gleitflüssigkeit, der *Synovia*, gefüllt ist. Diesen Gleitspalt bezeichnet man als die *Vagina synovialis*. Seine beiden Blätter bestehen aus einem epithelialen Zellverband, der die Synovia produziert. Sie sind sowohl mit der Oberfläche der Sehne wie auch mit der Vagina fibrosa fest verbunden. Stellenweise können sie ineinander übergehen und eine lockere Verbindung bilden, welche Nerven und Gefäße führt. Einen ähnlichen Aufbau besitzen die Schleimbeutel (*Bursa*). Dabei handelt es sich um bindegewebig abgegrenzte Hohlräume, die von einer Membrana synovialis ausgekleidet sind. Sie kommen häufig dort vor, wo Muskeln oder Sehnenplatten breitflächig gegen Knochen verschoben werden und dienen so als Druckpolster.

Die **Faszien** umgeben als bindegewebige Hüllen Muskeln oder Muskelgruppen. Sie halten dabei Muskeln in ihrer Lage und ermöglichen dadurch auch ihre kontraktionsbedingte Verschiebbarkeit und Verformung; außerdem werden über sie Gefäße und Nerven zum Muskel geführt. Faszien sind häufig auch an Knochen angeheftet und bilden damit einen osteofibrösen Kanal, der als Muskelloge oder Kompartiment für einen oder mehrere Muskeln dient. Sie sind ebenfalls aus straffem kollagenem Bindegewebe aufgebaut. Da die Faszien aber in der Regel nicht in einer einzigen Hauptrichtung beansprucht werden, verlaufen die Kollagenfaserbündel nicht unidirektional parallel, sondern maschengitterartig in Geflechten.

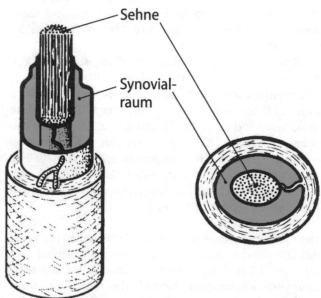

□ Abb. 2.11 Sehnenscheide, räumlich und im Querschnitt dargestellt

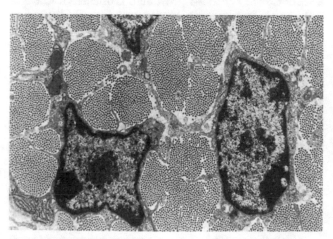

□ Abb. 2.10 Sehne quergeschnitten: Zwischen den Sehnenzellen, die durch feine Ausläufer miteinander in Verbindung stehen, liegen Bündel parallel orientierter Kollagenfibrillen. Elektronenmikroskopische Aufnahme, Vergr. vor Reprod. × 14.000

2

■ **Praxis**
Bei ungewohnter Überbeanspruchung von in Logen ge-
führten Muskeln kann es durch Schwellung zu einem
Kompartmentsyndrom kommen, bei dem der Muskel
sowie seine Gefäße und Nerven wegen fehlender Dehnbarkeit der Faszie durch Druckanstieg geschädigt werden können.

2.2.3 Knochengewebe

Das Effektororgan innerhalb der kinetischen Kette ist
der im Gelenk bewegliche Knochen. Knochen zeichnet
sich durch Zug-, Druck-, Biegungs- und Torsionsfestigkeit aus. Knochengewebe besteht, ähnlich wie andere
Binde- und Stützgewebe, aus einer Interzellularsubstanz
als eigentlichem Funktionsträger und den Knochenzellen *(Osteozyten)*. Die Knochenzellen produzieren und
regulieren die Zusammensetzung der Interzellularsubstanz. Die Interzellularsubstanz des Knochengewebes
enthält als geformten Anteil kollagene Fasern. Der ungeformte Anteil ist durch anorganische Bestandteile
(hauptsächlich kalziumreiches Hydroxylapatit) minera-
lisiert. Fast der gesamte Kalziumgehalt des Körpers findet sich in den Knochen. Kalziumeinlagerung und Ent-
kalkung der Knochen unterliegen einem hormonellen
Einfluss (Calcitonin vs. Parathormon, ▶ Abschn. 5.6.1).
Durch ständigen Umbau passt sich sein Gewebe an
wechselnde Belastungen an. Dabei bauen **Osteoklasten**
überaltertes oder nicht mehr beanspruchtes Knochengewebe ab, während **Osteoblasten** neue Knochensubstanz aufbauen. Die Knochenzellen liegen, umgeben von
der Interzellularsubstanz und quasi in diese eingemau-
ert, in kleinen Knochenhöhlen, die durch feine Kanäl-
chen untereinander in Verbindung stehen. Über dieses
zelluläre Netzwerk erfolgen Stofftransport und Stoffaustausch (◘ Abb. 2.12).

Knochengewebe entsteht entweder direkt als Produkt undifferenzierter Bindegewebszellen, die sich zu
Osteoblasten umbilden (desmale oder direkte Ossifikation – z. B. Schädelknochen), oder aber mittelbar (chon-
drale oder indirekte Ossifikation – z. B. Röhrenknochen), indem ein präformiertes Knorpelstück
schrittweise durch Knochengewebe ersetzt wird. Die zunächst geflechtartig vorliegenden Kollagenfasern nehmen unter Belastung des Knochens eine spezielle Anordnung ein (Lamellentextur).

Lamellenknochengewebe   Beim Erwachsenen entspricht
das Gewebe der meisten Knochen der Lamellenbauweise
(◘ Abb. 2.12). Unter einer einzelnen Lamelle versteht
man einen knöchernen Hohlzylinder, in dem die Kollagenfasern parallel zueinander schraubenförmig verlaufen.
Solche Knochenlamellen (⌀ 5–15 μm) sind konzentrisch

um einen Zentralkanal angeordnet und jeweils 4–15 bilden als Funktionseinheit des Knochengewebes ein **Osteon** (Havers'sches System). Die Knochenzellen liegen an
den Lamellengrenzen. Über die Knochenkanälchen stehen ihre Zellausläufer in der innersten Lamelle mit dem
Zentralkanal in Verbindung. Im Zentralkanal (Havers'scher Kanal) verlaufen feine Blutgefäße, Nerven und
Bindegewebe. Darüber hinaus liegen hier Zellen, die bei
Knochenaufbau und -abbau beteiligt sind. Vom Havers'schen Kanal erfolgt die Ernährung des Knochengewebes, aber auch Umbau und Regenerationsvorgänge
nehmen von hier ihren Ausgang. In den einzelnen Knochenlamellen eines Osteons verlaufen die Kollagenfasern
in unterschiedlichen Steigungswinkeln, sodass damit neben einer Versteifung des Materials eine hohe Biege- und
Torsionsfestigkeit erreicht wird (vergleichbar mit Sperr-
holz). Zwischen den einzelnen Osteonen liegen in Form
sog. Schaltlamellen Reste ehemaliger Osteone, die im
Laufe von Wachstumsvorgängen oder Belastungsanpas-
sungen ab- oder umgebaut worden sind.

❶ Knochengewebe kann mit Stahlbeton verglichen werden: Die verkalkte Grundsubstanz (Beton) gibt die
Grundfestigkeit, die Kollagenfasern (Stahlstäbe
oder -matten) sichern die Belastbarkeit.

An der äußeren Oberfläche ist der Knochen von einer
oder mehreren geschlossenen Generallamellen umgeben. Sie grenzen unmittelbar an das **Periost**, eine zell-,
gefäß- und nervenreiche bindegewebige Hülle, die über
kollagene Fasern fest mit dem Knochengewebe verbunden ist. Von hier aus dringen größere und kleinere Gefäße (Volkmann'sche Kanäle) oft senkrecht und unabhängig vom Verlauf der Lamellen in den Knochen ein,
um sich in die Gefäße der Zentralkanäle fortzusetzen.

Bauprinzip des Knochens   Mit dem Lamellenknochengewebe ist das Prinzip der Leichtbauweise verwirklicht, d. h.
Knochengewebe ist nur dort vorhanden, wo es gebraucht
wird. Kompaktes Gewebe bildet als *Substantia compacta*
meist nur die Rindenschicht des Knochens. In seinem Innern findet man vor allem in den gelenknahen Epiphysen
von Röhrenknochen oder in den kurzen Knochen als
Substantia spongiosa schwammartige, zarte Knochenbälkchen (◘ Abb. 2.12). Diese liegen in Richtung der
höchsten Druck- und Zugspannung, der sog. **Trajektorien**. So wird mit dem an sich schon mechanisch hoch-
wertigen Lamellenknochengewebe durch die trajektorielle Bauweise Material eingespart und damit neben
einem Gewinn an Leichtigkeit höchste Stabilität erzielt
(◘ Abb. 2.13).

Nach ihrer äußeren Form können kurze, lange und
platte Knochen unterschieden werden. Hand- und Fußwurzelknochen oder auch die Wirbelkörper als Tragstü-

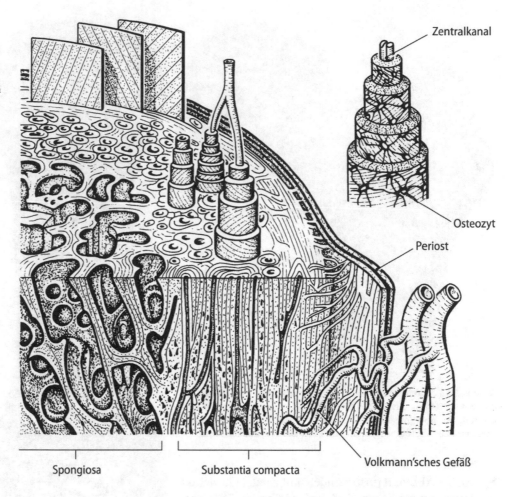

Abb. 2.12 Schema vom Aufbau des Lamellenknochens: Drei Osteone sind teleskopartig aus der Kompakta herausgezogen, ebenfalls drei Anteile aus der äußeren Generallamelle; ein einzelnes Osteon ist mit den Knochenzellen und unter Andeutung der kollagenen Faserverlaufsrichtung in den einzelnen Lamellen separat dargestellt

Zentralkanal

Osteozyt

Periost

Volkmann'sches Gefäß

Spongiosa   Substantia compacta

cke der Wirbelsäule gehören zu den kurzen Knochen. Letztere sind an der Oberfläche mit Substantia compacta überzogen. Ihr Innenraum dagegen ist mit Knochenbälkchen der Substantia spongiosa ausgefüllt. In den Spongiosahöhlen befindet sich rotes Knochenmark (Blutbildung).

Die langen Knochen, wie z. B. Oberarm- oder Oberschenkelknochen, bestehen aus einem röhrenförmigen Schaft, der die Markhöhle umschließt, in der sich das weiße Fettmark befindet (bei offenen Knochenbrüchen Gefahr einer Fettembolie!). Der Schaft wird als **Diaphyse** bezeichnet und ist aus Substantia compacta aufgebaut. Seine verdickten Endstücke, die **Epiphysen**, sind – ähnlich wie die kurzen Knochen – nur von Substantia compacta bedeckt (Abb. 2.14). In ihrem Innern sind Spongiosazüge in bogenförmiger Verlaufsrichtung angeordnet, die sich entsprechend den Druck- und Zugspannungstrajektorien kreuzen. Platte Knochen, wie z. B. Brustbein oder Schulterblatt, bestehen aus zwei Lagen kompakten Knochens, die eine mehr oder weniger ausgeprägte Spongiosaschicht einschließen.

Wachstum und Anpassung des Knochens Der Knochen zeigt, wie prinzipiell jedes Gewebe, eine funktionelle Anpassung an wechselnde Belastung. Diese erfolgt durch einen ständigen Umbau seiner Lamellensysteme durch Osteoklasten und Osteoblasten. Bei langen Röhrenknochen äußert sich eine vermehrte Beanspruchung in einer Radiuszunahme durch äußere Auflagerung von Knochensubstanz und reduziertem Abbau der Kompakta von innen sowie eine Zunahme in der Dichte und Vernetzung der Spongiosabälkchen. Fehlende Belastung, z. B. durch Aufenthalt in der Schwerelosigkeit oder längere Bettlägerigkeit, geht mit einem Materialverlust an Kompakta und Spongiosa einher. Altersbedingt, insbesondere bei postmenopausalen Frauen, kommt es aufgrund eines Ungleichgewichts der Aktivität von Osteoklasten und Osteoblasten zu einer Abnahme der Knochenmasse, die als Osteopenie oder Osteoporose eine systemische Erkrankung darstellt. Osteoporose äußert sich vor allem in den spongiösen Anteilen der Knochen, wodurch ein erhöhtes Frakturrisiko, besonders der Wirbelkörper durch Impressionsbelastung sowie des Femurhalses und des distalen Radius (durch Stürze auf Hüfte oder Hand) besteht.

2

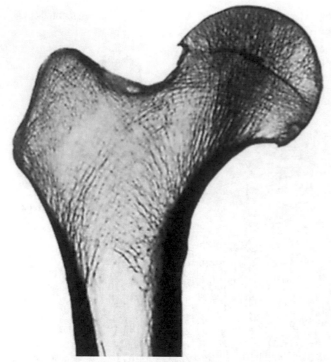

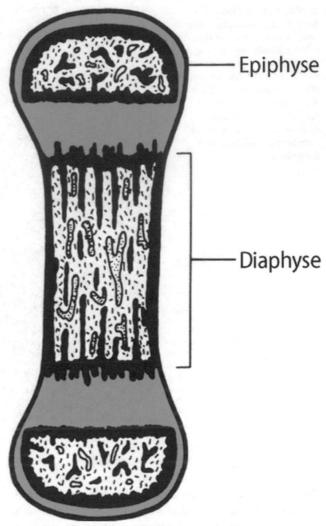

Abb. 2.13 Röntgenaufnahme eines 5 mm dicken Frontalschnitts durch das proximale Ende des Femurs; beachte die trajektorielle Anordnung der Spongiosabälkchen. (Präparat und Aufnahme freundlicherweise zur Verfügung gestellt von Prof. Dr. B. Kummer, Köln)

■ **Praxis**

Sportliche Aktivität (insbesondere mit axialer Gewichtsbelastung) im zeitlichen Umfeld der Pubertät führt zum Aufbau einer Reserveknochenmasse, die das Auftreten von Osteoporose im Alter hinauszögern kann.

Das **Längenwachstum** der Röhrenknochen kann so lange erfolgen, wie noch Knorpelgewebe vorhanden ist, das in Knochengewebe umgewandelt werden kann. Die Zonen des Längenwachstums sind die **Epiphysenfugen** (■ Abb. 2.14). Sie bestehen bis zum Abschluss der Pubertät aus teilungsfähigen Knorpelzellen. Die Epiphysen selbst verknöchern zentral unabhängig vom Längenwachstum; als Rest des ursprünglich angelegten knorpeligen Vorskeletts bleibt dort lediglich der Gelenkknorpel zeitlebens erhalten. Während des Wachstums der Röhrenknochen verknöchern die Epiphysenfugen von der diaphysären Seite aus (■ Abb. 2.15); dabei weichen die Epiphysenfugen des proximalen und distalen Knochenendes mehr und mehr auseinander. Dieser Vorgang geht zu Ende, wenn die Teilungsfähigkeit der Knorpelzellen erschöpft ist und die Epiphysenfugen vollständig knöchern durchbaut werden. Dies ist zwischen dem 20. (w) und 23. (m) Lebensjahr abgeschlossen und wird von der Hypophyse hormonell gesteuert. Schädigungen der Epiphysenfuge durch Sportverletzungen oder Infektionen können zu Minderwuchs einzelner

Abb. 2.14 Schema eines Röhrenknochens im Wachstum; Gelenkknorpel und Epiphysenknorpel blau

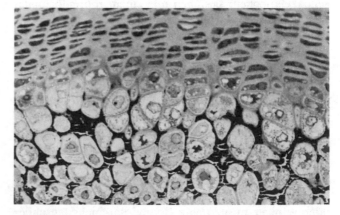

Abb. 2.15 Wachstumszone eines Röhrenknochens; oben liegt noch Knorpelgewebe vor, das nach unten zunehmend verknöchert (Knochensubstanz schwarz), Vergr. vor Reprod. × 425

Knochen bzw. des gesamten Skeletts führen. Die Verknöcherung der kurzen Knochen, wie Wirbelkörper oder Handwurzelknochen, erfolgt relativ spät. Ihr Entwicklungsstand lässt bei Kindern oder Jugendlichen recht zuverlässige Prognosen der endgültigen Körpergröße zu.

Das **Dickenwachstum** eines Knochens weicht in seinem Mechanismus von dem des Längenwachstums ab. Es vollzieht sich unter dem Einfluss der Belastung des zunehmenden Körpergewichts und der Muskelarbeit, die an den Knochen angreift. Der Durchmesser eines Röhrenknochens und die Stärke seiner Wand nehmen durch appositionelles Wachstum zu. Unter dem Periost liegen undifferenzierte Zellen, die sich zu Knochenzellen entwickeln können und außen manschettenartig neues Knochengewebe anlagern. Gleichzeitig erfolgt von der Knochenmarkshöhle aus ein ständiger Abbau von Knochenmaterial durch Osteoklasten, sodass der Gesamtdurchmesser vergrößert wird, der Knochen jedoch seine optimale Wandstärke behält.

Frakturheilung Die Heilung eines Knochenbruchs geht ebenfalls von undifferenzierten Zellen hauptsächlich des Periosts aus. Sie proliferieren und bilden zunächst einen bindegewebigen Kallus. Daraus entsteht später faseriges Osteoid, das durch Mineralisation zu Knochen umgewandelt wird. Sind die Bruchfragmente unzureichend fixiert, kann es im bindegewebigen Kallus zur Bildung einer Pseudarthrose („Falschgelenk") kommen mit der Konsequenz mangelnder Belastbarkeit. Im Falle einer optimalen Zusammenfügung der Knochenfragmente (z. B. durch Metallplatten) wird die Kallusbildung reduziert und die Regeneration erfolgt schneller.

2.2.4 Knorpelgewebe

Knorpelgewebe wird, ähnlich wie der Knochen, zu den Stützgeweben gerechnet. Es zeichnet sich durch eine besondere Druckelastizität aus; diese ist auf den Reichtum an Grundsubstanz, vor allem Proteoglykanen zurückzuführen. Damit hat Knorpelgewebe eine besondere Fähigkeit zu reversibler Wasserbindung; bei Kompression kommt es zu einer Verdrängung von Wasser, bei Entlastung nimmt der Knorpel Wasser auf. Diesen Prozess bezeichnet man als eine Durchwalkung des Knorpels und er ist wichtig für seine Ernährung. Im Gegensatz zu den meisten anderen Geweben ist Knorpelgewebe beim Erwachsenen entweder gar nicht (Gelenkknorpel) oder nur sehr spärlich durchblutet; er wird als *bradytroph* bezeichnet. Knorpelverletzungen haben deswegen eine schlechte oder sehr begrenzte Heilungschance. Die zellulären Bausteine des Knorpels sind die *Chondrozyten*. Im ausgereiften Knorpel teilen sie sich nicht mehr; sie sind aber weiter in der Lage, Interzellularsubstanz zu bilden, und sorgen so für einen langsamen, aber stetigen Umsatz der Matrix. Mehrere Knorpelzellen liegen gruppenweise in von Bindegewebsfasern umspannten Knorpelhöhlchen, die als **Chondrone** die Funktionseinheiten des Knorpels bilden (vgl. ◻ Abb. 2.16). Die Zellen stehen jedoch nicht durch Ausläufer in Verbindung. Je nach Art der Fasern und ihrem quantitativen Verhältnis zur ungeformten Interzellularsubstanz unterscheidet man Faserknorpel von hyalinem und elastischem Knorpel.

Hyaliner Gelenkknorpel Die gelenkbildenden Knochenenden werden von hyalinem Knorpel umgeben (◻ Abb. 2.16). Dieser besteht aus Chondronen, kollagenen Fasern und einer proteoglykanreichen, amorphen und sehr wasserhaltigen (60–70 %) Interzellularsubstanz. Innerhalb dieser nehmen die kollagenen Fasern einen tra-

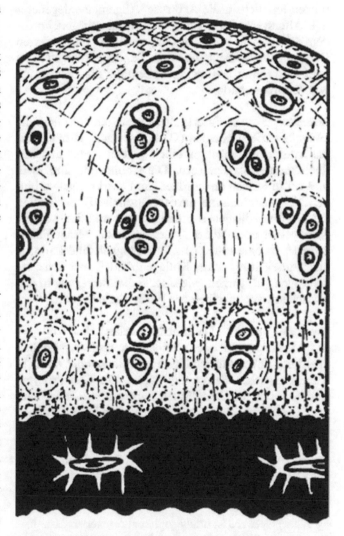

◻ **Abb. 2.16** Aufbau des Gelenkknorpels; zwischen Knochen und hyalinem Gelenkknorpel liegt die Zone des verkalkten Knorpels; beachte die Ausrichtung der Faserzüge

2

jektoriellen Verlauf. Von der Knorpel-Knochen-Grenze ziehen sie, sich bogenförmig kreuzend, zur Knorpeloberfläche, wo sie sich tangential orientieren. Um die Chondrone bilden sie zirkuläre Wickelungen. Druckbelastungen werden so in einen allseitig auf die Chondrone wirkenden Druck umgewandelt. Gegen Scherbelastung ist der Gelenkknorpel hingegen empfindlich. In den Gelenkknorpel ist am Übergang zum Knochen Kalk eingelagert.

Die Knorpelüberzüge der Gelenkenden sind fest und elastisch zugleich und machen die Knochen im Gelenk gegeneinander gleitfähig. Die Erhaltung des Gelenkknorpels ist von Bewegung abhängig, dabei wird Gelenkflüssigkeit *(Synovia)* in den Knorpel eingewalkt; die Synovia ernährt und schmiert den Gelenkknorpel. Übermäßige stoßartige Gelenkbelastung oder lange Phasen von Pressbelastung können degenerative Veränderungen des Knorpels begünstigen und führen letztlich in die Arthrose. Allgemeine degenerative Altersveränderungen gehen meist mit abnehmendem Wassergehalt einher, der von einer verminderten Druckelastizität begleitet wird. Längere Ruhigstellung oder Inaktivität begünstigen ebenfalls die Entstehung von Knorpelschäden.

Faserknorpel Aus Faserknorpel bestehen vor allem die Gelenkzwischenscheiben (Disci, Menisci). Hier enthält die Interzellularsubstanz einen großen Anteil aus verflochtenen Kollagenfasern. Die Chondrone sind klein und oft in Reihen angeordnet. Im Faserknorpel verbinden sich histologische und funktionelle Eigenschaften des straffen kollagenen Bindegewebes und des hyalinen Knorpels. Neben seiner Druckelastizität besitzt Faserknorpel so eine erhebliche Zugfestigkeit und kann, je nach Ausrichtung seiner Kollagenbündel, auch Scherbelastungen aufnehmen, wie sie z. B. bei Bewegung in den Zwischenwirbelscheiben der Wirbelsäule auftreten.

Elastischer Knorpel Die Matrix des elastischen Knorpels ist im Prinzip mit der des hyalinen Knorpels vergleichbar, allerdings sind zusätzlich Netze aus miteinander verflochtenen elastischen Fasern eingelagert. Die Chondrozyten sind ebenfalls in Chondronen angeordnet. Dieses Bauprinzip gibt dem elastischen Knorpel in allen Richtungen reversible Verformbarkeit, er ist druck- und biegeelastisch. Er ist für die Komponenten des Bewegungsapparats von untergeordneter Bedeutung; vorwiegend kommt er in der Ohrmuschel und im knorpeligen Anteil des Nasenskeletts vor.

❗ Knorpelgewebe ist bradytroph und regeneriert deshalb schlecht. Die Erhaltung und Ernährung des hyalinen Gelenkknorpels sind an maßvolle Bewegung gebunden.

2.3 Bau der Gelenke

🎯 **Lernziele**

Dieser Abschnitt stellt die konstitutionellen Elemente von echten und unechten Gelenken dar und beschreibt die Faktoren, die für die Beweglichkeit und Sicherung von Gelenken wichtig sind. Dabei sollen Sie das Arthron als Gelenkkomplex in strukturellem Aufbau und räumlicher Funktion verstehen.

Die Knochenelemente des Skeletts sind untereinander durch Gelenke verbunden. Für echte Gelenke, die nicht zwangsläufig beweglich sein müssen (Amphiarthrosen!), die sog. **Diarthrosen**, sind folgende Bestandteile typisch (❏ Abb. 2.17): Zwei Knochenenden, die mit hyalinem Gelenkknorpel überzogen sind, bilden in der Regel den **Gelenkkopf** und die **Gelenkpfanne**. Zwischen ihnen befindet sich ein kapillärer **Gelenkspalt**, der mit Gelenkschmiere, der *Synovia*, gefüllt ist. Das Gelenk ist nach außen stets von einer **Gelenkkapsel** umgeben, die als Fortsetzung des Periosts aufgefasst werden kann und aus zwei Schichten besteht. Die äußere *Membrana fibrosa* ist reich an kollagenen Fasern, die, in kräftigen Zügen als straffes kollagenes Bindegewebe angeordnet, Verstärkungsbänder bilden können. Diese sichern die Führung des Gelenks in der Bewegung und hemmen übermäßige Gelenkausschläge in bestimmte Richtungen. Die innere Schicht der Kapsel, die *Membrana synovialis*, besteht aus gefäß- und nervenreichen Zotten und Falten. An ihrer inneren Oberfläche bilden Bindegewebszellen einen epi-

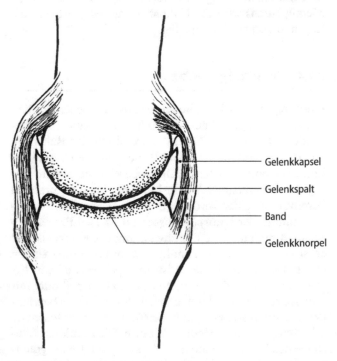

Gelenkkapsel

Gelenkspalt

Band

Gelenkknorpel

❏ **Abb. 2.17** Schema eines echten Gelenks

thelartigen Verband und produzieren die mukopolysaccharidhaltige, visköse Synovia. Diese dient als Gleitmittel und ernährt den bradytrophen Gelenkknorpel. So stellt Bewegung einen wesentlichen Faktor für die Knorpelernährung und damit die Funktionserhaltung der Gelenke dar.

Passen die Gelenkflächen nicht vollständig aufeinander, dann können diese Inkongruenzen durch Zwischenscheiben *(Disci, Menisci)* oder Pfannenlippen ausgeglichen werden. Diese Hilfsstrukturen bestehen stets aus Faserknorpel. Darüber hinaus kann ein Gelenk durch die spezielle Ausformung seiner Skelettelemente gesichert sein (Knochensicherung), oder es weist besondere Verstärkungsbänder der Kapsel auf (Bändersicherung). Grundsätzlich erfolgt der Zusammenhalt der Gelenke durch den Tonus der darüber ziehenden Muskeln bzw. ihrer Sehnen (Muskelsicherung). Echte Gelenke mit stark eingeschränktem Bewegungsumfang und allseitiger straffer Bandsicherung bezeichnet man als **Amphiarthrosen** (z. B. die Verbindung zwischen Darmbein und Kreuzbein).

Funktionell sollten Gelenke nicht isoliert mit ihren einzelnen, oben genannten Bestandteilen betrachtet werden. Vielmehr ist es sinnvoll, die das Gelenk überziehende Muskulatur in ihrer koordinierten Aktion im Wechselspiel oder Gleichgewicht der Kräfte mit einzubeziehen. Unter diesem Gesichtspunkt spricht man als Gelenkkomplex von einem **Arthron**, in dem alle diese Aspekte Berücksichtigung finden. Ein typisches Gelenk, das funktionell und klinisch als Arthron betrachtet werden muss, ist das Schultergelenk (▸ Abschn. 3.2.1 und 3.2.2).

Bei den unechten Gelenken, den **Synarthrosen** (auch Fugen oder Haften), sind die beteiligten Knochenenden durch Bindegewebsfasern, Knorpel oder sekundär entstandenen Knochen kontinuierlich verbunden (◻ Abb. 2.18); in der Regel sind keine Gelenkbewegungen möglich. Unterscheidungsmerkmal zu den Diarthrosen ist das Fehlen eines Gelenkspalts und einer Gelenkkapsel. Zwischen Tibia und Fibula des Unterschenkels besteht z. B. eine *Syndesmose* (Bandhaft) aus straffem, kollagenem Bindegewebe, die der Lastverteilung und dem Zusammenhalt der Malleolengabel dient. In der Wirbelsäule bilden die Zwischenwir-

belscheiben *Synchondrosen* (Knorpelhaften) zwischen den Wirbelkörpern; das Zwischengewebe dient hier hauptsächlich als elastische Pufferstruktur und lässt aufgrund der Elastizität des Knorpels kleine Bewegungen zu. Das Hüftbein des Beckens ist durch *Synostosen* (Knochenhaften) sekundär im Laufe des Wachstums aus ursprünglich drei getrennt angelegten Knochen zu einem Knochen verschmolzen.

Die Gelenke werden häufig nach ihrer Form oder Bewegung bezeichnet. So existieren für dasselbe Gelenk oft unterschiedliche Benennungen, z. B. Zapfen- oder Drehgelenk. Funktionell ist es sinnvoll, die Gelenktypen nach ihrer Beweglichkeit um die Raumachsen, d. h. nach der Zahl ihrer Freiheitsgrade einzuteilen.

❗ Diarthrosen enthalten immer einen Gelenkspalt und sind mit Ausnahme der Amphiarthrosen beweglich. Synarthrosen haben keinen Gelenkspalt und kommen als Bandhaft, Knorpelhaft oder Knochenhaft vor.

2.3.1 Achsen und Ebenen

Die drei Hauptachsen des Raumes stehen senkrecht aufeinander, ähnlich wie ein dreidimensionales Koordinatensystem; ihre Benennung wird jedoch auf den Körper bezogen (◻ Abb. 2.19). Die **Sagittalachse** verläuft von vorne nach hinten. Die **Transversalachse** liegt quer und verbindet z. B. beide Schultergelenke. Die **Longitudinal-**

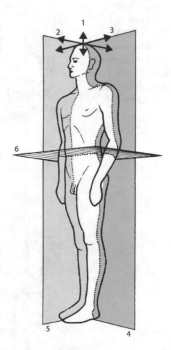

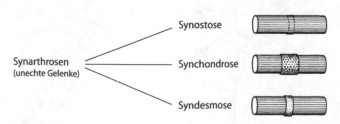

◻ **Abb. 2.18** Übersicht über die Typen unechter Gelenke

◻ **Abb. 2.19** Hauptachsen und Ebenen des menschlichen Körpers: 1. Longitudinalachse, 2. Sagittalachse, 3. Transversalachse, 4. Frontalebene, 5. (Median-)Sagittalebene, 6. Horizontalebene

2

achse entspricht der Längsachse des Körpers. Durch Kombination jeweils zweier dieser Achsen wird eine Bewegungsebene aufgespannt, auf der die dritte, verbleibende Achse senkrecht steht. Man unterscheidet die Sagittalebene, die Horizontalebene und die Frontalebene. Bewegungen finden stets in Ebenen und um Achsen herum statt.

Am Beispiel des Schultergelenks sollen die drei Hauptbewegungen beschrieben werden: In der Sagittalebene wird der Arm nach vorne (Anteversion) und hinten (Retroversion) geschwungen. Diese Bewegung erfolgt um die Transversalachse. Wenn der Arm vom Körper zur Seite abgespreizt (Abduktion) und wieder zum Körper herangeführt wird (Adduktion), erfolgt diese Bewegung in der Frontalebene und um die Sagittalachse. Schließlich kann als dritte Hauptbewegung der Arm nach innen oder außen gedreht werden (Rotation); in der Neutralstellung (hängender Arm) geschieht dies in der Horizontalebene und um die Longitudinalachse, die der Längsrichtung des Oberarmschafts entspricht. Komplexere Bewegungen können durch Kombination der Hauptbewegungen um die drei Achsen durchgeführt werden; so stellt das kreisförmige Schwingen des Arms eine Bewegungskombination um die Transversal- und Sagittalachse dar. Der Arm beschreibt dabei eine Bewegung auf einem Kegelmantel, dessen Spitze im Schultergelenk liegt und wobei die Höhe des Kegels die Bewegungsachse repräsentieren würde.

2.3.2 Formen echter Gelenke

Dreiachsige Gelenke   Die dreiachsigen Gelenke oder Kugelgelenke (◻ Abb. 2.20) erlauben Bewegungen in beliebig viele Richtungen, die sich systematisch auf die drei Hauptachsen zurückführen lassen. Sie besitzen einen kugelförmigen Gelenkkopf und eine mehr oder weniger gehöhlte Gelenkpfanne. Übergreift die Gelenkpfanne den Äquator des Gelenkkopfes, wie z. B. im Hüftgelenk, so spricht man von einem Nussgelenk. Hier wird die Stabilität durch die starke Knochenführung der Pfanne vergrößert. Beim Schultergelenk ist die Pfanne dagegen klein und flach; seine Beweglichkeit ist groß und die fehlende Knochensicherung wird durch eine starke Muskelführung kompensiert.

Zweiachsige Gelenke   Zweiachsige Gelenke sind das Ellipsoid- und das Sattelgelenk (◻ Abb. 2.20). Bei diesen Gelenken sind keine Drehbewegungen möglich. Das Ellipsoidgelenk besitzt einen eiförmigen Gelenkkopf in einer entsprechenden Gelenkpfanne (proximales Handgelenk). Beim Sattelgelenk sind beide Gelenkenden wie ein Reitersattel geformt (Handwurzel-Mittelhand-Gelenk des Daumens). Die Dreh-Winkel-Gelenke erlauben eine Winkelbewegung und eine Rotationsbewegung. So sind beim Kniegelenk neben der Scharnierbewegung in Beugestellung durch Erschlaffen der seitlichen Gelenkbänder zusätzlich Drehbewegungen möglich. Auch das Ellenbo-

◻ **Abb. 2.20**   Verschiedene Gelenktypen mit Darstellung der Bewegungsachsen und Bewegungsrichtungen: 1. Ellipsoid-gelenk (zweiachsig), 2. Sattelgelenk (zweiachsig), 3. Kugelgelenk (dreiachsig), 4. Scharniergelenk (einachsig), 5. Drehgelenk (einachsig)

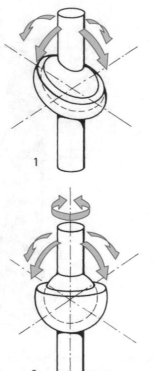

1

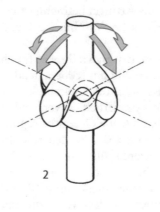

3

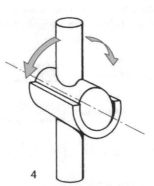

2

4

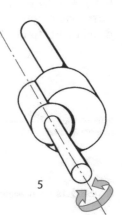

5

 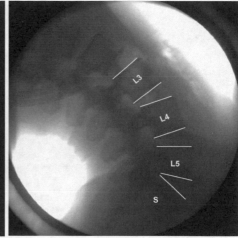

☐ **Abb. 2.21** 3-D Körperscan einer Kontorsionistin bei einer Ellenbogenbrücke, daneben das entsprechende Röntgenbild des unteren Wirbelsäulenabschnitts. (Freundlicherweise zur Verfügung gestellt von G.-P. Brüggemann, Köln)

gengelenk, bei dem als zusammengesetztem Gelenk drei Skelettelemente miteinander in Verbindung stehen, wird funktionell zu den Dreh-Winkel-Gelenken gerechnet.

Einachsige Gelenke   Einachsige Gelenke sind Scharnier- und Zapfengelenke (☐ Abb. 2.20). Beim Scharniergelenk ist der Gelenkkopf walzenförmig, die Gelenkpfanne mehr oder weniger gekehlt. Solche Gelenke haben immer eine starke Bänderführung, d. h. sie werden durch starke Seitenbänder an Verschiebungen der Gelenkenden und an Überstreckung gehindert (z. B. kleine Fingergelenke). Eine andere Ausprägung einachsiger Gelenke liegt bei den Zapfengelenken vor. Hier sind Drehbewegungen möglich und oft wird die Gelenkpfanne durch Bindegewebe ringförmig ergänzt (z. B. unteres Kopfgelenk).

■   **Praxis**
Die Beweglichkeit aller Gelenkformen kann durch Training gesteigert werden. Dabei vergrößern sich funktio-

nell die überknorpelten Berührungsflächen der Gelenkenden, die Gelenkkapsel wird weiter und die Bänder werden länger. Die Beweglichkeit hängt auch von der Dehnfähigkeit der Muskeln des Arthron ab. Extreme Gelenkbeweglichkeit, besonders der Wirbelsäule, zeigt sich bei Kontorsionisten (sog. Schlangenmenschen). In dem in ☐ Abb. 2.21 gezeigten Beispiel liegt eine extreme Überstreckfähigkeit der unteren Wirbelsäulenabschnitte vor, die nur durch entsprechende Umbauvorgänge in den Bandscheiben und den vorderen Längsbändern der Wirbelsäule (▶ Abschn. 3.1.1) zu erklären ist.

Wird die Bewegung jedoch durch Ruhigstellung auf ein Minimum reduziert, kommt es zu einer Schrumpfung der Kapsel und der Bänder. Gefäßhaltiges Bindegewebe überwuchert vom Rand her den Gelenkspalt und verbindet nach und nach die Gelenkenden, sodass der Bewegungsumfang bis zur vollständigen Versteifung eingeschränkt werden kann.

Funktionelle Anatomie des Bewegungsapparates

Inhaltsverzeichnis

© Der/die Herausgeber bzw. der/die Autor(en), exklusiv lizenziert durch
Springer-Verlag GmbH, DE, ein Teil von Springer Nature 2021
P. Zimmer, H.-J. Appell, *Funktionelle Anatomie*, https://doi.org/10.1007/978-3-662-61482-2_3

3

3.1 Rumpf

 Lernziele

In diesem Abschnitt lernen Sie einerseits die Wirbelsäule als Achsenskelett des Körperstammes kennen und andererseits ihre Stützfunktion und Bewegungsmöglichkeiten verstehen. Die Konstruktion des Beckengürtels ist in diesem Zusammenhang vor allem unter dem Aspekt der Übertragung der Rumpflast in die Beine zu betrachten. Der mit der Wirbelsäule verbundene Brustkorb soll einerseits als skelettäre Grundlage der Atmung verstanden werden, andererseits bietet er auch vielen Muskeln für Bewegungen des Rumpfes Ansatz und Ursprung.

3.1.1 Wirbelsäule

Die Wirbelsäule bildet das Achsskelett des Rumpfes und besteht aus einzelnen Wirbeln, die durch Bandscheiben und Bänder miteinander in Verbindung stehen (◘ Abb. 3.1). Sie enthält jeweils zwischen benachbarten Wirbeln Gelenke, sodass die Wirbelsäule funktionell als eine vielgliedrige Gelenkkette aufgefasst werden kann. Durch diese Gelenkkette werden die Rumpfbewegungen (Vor- und Rückneigen, Seitneigung und Drehung) ermöglicht; gleichzeitig werden diese Bewegungen jedoch durch die Bänder und die Bandscheiben, die fest mit den Wirbeln verwachsen sind, eingeschränkt. Zwei benachbarte Wirbel bilden mit allen sie verbindenden Strukturen (Wirbelgelenke, Bandscheiben, Bänder, Muskelzüge und Spinalnervenpaar) ein **Bewegungssegment**. Tritt in einem Bestandteil des Bewegungssegments eine Störung auf (z. B. Blockierung eines Wirbelgelenks), so zieht dies häufig eine Beeinträchtigung der anderen Bestandteile (Muskelverspannung und ggf. Kompression des Spinalnerven) und damit des gesamten Bewegungssegments nach sich. Die Endabschnitte der Wirbelsäule sind spezialisiert gestaltet: Die beiden ersten Wirbel besitzen für die Bewegungen des Kopfes eine gesonderte Konstruktion in Form der Kopfgelenke, der untere Endabschnitt gewährleistet über die sichere Verankerung des Achsskeletts im Beckengürtel (▶ Abschn. 3.1.2) die Übertragung der Rumpflast auf die untere Extremität.

Die Wirbelsäule kann in unterschiedliche Abschnitte gegliedert werden (◘ Abb. 3.1). Der obere Teil, die Halswirbelsäule (HWS), besteht aus sieben Wirbeln (cervical, C1–7), an die sich die Brustwirbelsäule (BWS) anschließt, bestehend aus zwölf Wirbeln (thoracal, Th 1–12). Diese tragen die Rippen, die gemeinsam mit dem Brustbein den Brustkorb bilden. Die Lendenwirbelsäule (LWS) besteht aus fünf Wirbeln (lumbal, L1–5). Die Einfügung in den Beckengürtel erfolgt durch das Kreuzbein (Os sacrum), das aus untereinander synostotisch

verschmolzenen Sakralwirbeln besteht, an die sich noch einige verkümmerte Steißbeinwirbel anschließen. Der aus Kreuzbein und Steißbein bestehende Teil der Wirbelsäule ist nicht beweglich.

In der Seitenansicht stellt die Wirbelsäule keine gerade „Säule" dar, sondern sie ist in der Sagittalebene geschwungen (◘ Abb. 3.1). Hals- und Lendenwirbelsäule bilden eine **Lordose** (nach dorsal konkav), während die Brustwirbelsäule eine **Kyphose** besitzt (dorsal konvex), ebenso wie das Kreuzbein, was wegen dessen fehlender Beweglichkeit jedoch funktionell unbedeutend ist. Diese physiologischen Schwingungen geben der Wirbelsäule Elastizität, sodass vertikale Belastungen, etwa beim Laufen und Springen, die einzelnen Wirbel nicht in vollem Maße treffen. So verformt sich die Wirbelsäule unter Verstärkung der Schwingungen bei einwirkender Vertikalbelastung und richtet sich nachfolgend durch Muskelzug und Bandelastizität wieder auf.

Das Ausmaß der Wirbelsäulenschwingungen ist individuell unterschiedlich. Über die breit gestreuten Normvarianten hinaus können jedoch Fehlhaltungen vorliegen, die als Flachrücken (bei geringer Elastizität), Hohlrücken (verstärkte Lendenlordose), Rundrücken (verstärkte Brustkyphose) oder Hohlrundrücken bezeichnet werden. Eine Formveränderung der Wirbelsäule in der Frontalebene mit seitlichen Verkrümmungen unter gleichzeitiger Verdrehung wird als Skoliose bezeichnet. Skoliosen sind pathologische Formveränderungen der Wirbelsäule, können aber auch funktionell als Kompensation einer Beinlängendifferenz mit daraus resultierendem Beckenschiefstand auftreten.

Aufbau des Wirbels   Alle Wirbel folgen einem gleichen Grundbauplan (◘ Abb. 3.2). Der größte Anteil wird durch den Wirbelkörper (*Corpus vertebrae*) gebildet; er stellt den „massivsten" Bestandteil dar. Benachbarte Wirbelkörper sind durch die Bandscheiben synchondrotisch untereinander verbunden. Der Wirbelkörper ist funktionell das Tragstück des Wirbels. Entsprechend der nach unten hin zunehmenden Belastung sind die Körper der Lendenwirbel am größten, die der Halswirbel am kleinsten.

An den Wirbelkörper schließt sich der Wirbelbogen (*Arcus vertebrae*) an. Er umgibt zusammen mit der Rückfläche des Wirbelkörpers das Wirbelloch (*Foramen vertebrale*). Räumlich bildet sich so über die gesamte Wirbelsäule betrachtet der Wirbel- oder Spinalkanal (*Canalis vertebralis*), in dem sich das Rückenmark als Anteil des Zentralnervensystems befindet. Da der Wirbelbogen den Spinalkanal knöchern umgibt, kann er funktionell als das Schutzstück (für das Rückenmark) des Wirbels aufgefasst werden. Jeder Wirbelbogen besitzt an seinem Übergang zum Wirbelkörper eine Einkerbung (*Incisura vertebralis*), die mit dem Wirbelbogen

Abb. 3.1 Wirbelsäule von **a** vorne, **b** hinten und **c** seitlich von links; beachte die Größe der Wirbelkörper sowie die Stellung der Dornfortsätze in den unterschiedlichen Wirbelsäulenabschnitten. In der Seitenansicht sind die physiologischen Wirbelsäulenschwingungen zu erkennen

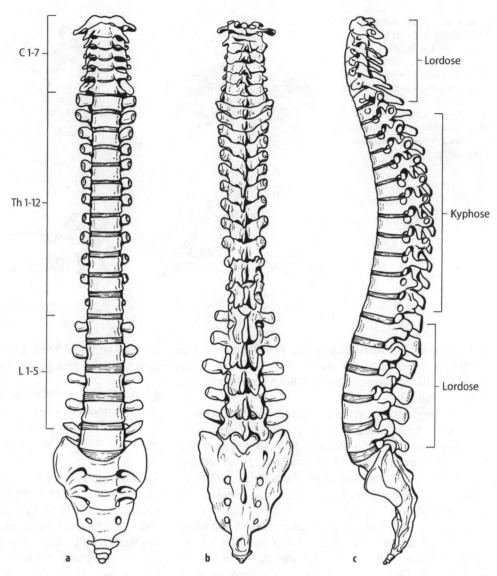

Abb. 3.2 Bestandteile eines Wirbels, am Beispiel eines Brustwirbels; obere Reihe Darstellung schematisch und von oben, untere Reihe von hinten, vorne und seitlich. Die Gelenkflächen der kleinen Wirbelgelenke sind farbig markiert

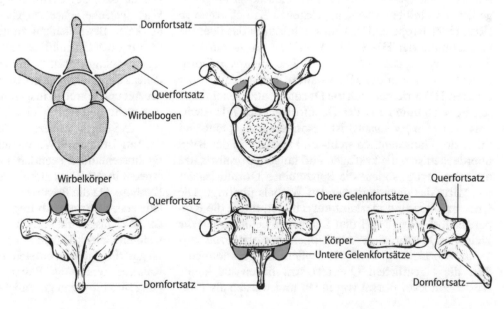

3

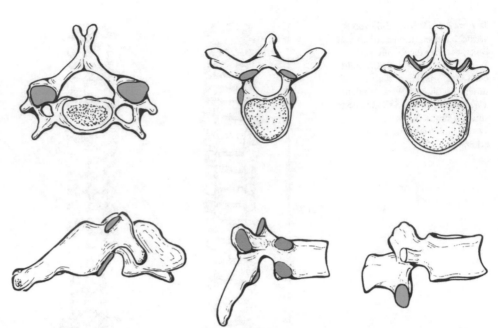

◻ **Abb. 3.3**   Vergleichende Darstellung eines Hals-, Brust- und Lendenwirbels von oben und seitlich; die Gelenkflächen der kleinen Wirbelgelenke sind farbig markiert, diejenigen zur Aufnahme der Rippen am Brustwirbel hellgrau. Beachte die unterschiedliche Ausprägung der Fortsätze und die Stellung der Gelenkflächen

des darunter liegenden Wirbels das Zwischenwirbelloch (*Foramen intervertebrale*) bildet. Durch dieses treten beidseits die Spinalnerven des Rückenmarks aus dem Wirbelkanal aus.

Der Bogen trägt sieben Fortsätze, die unterschiedliche Funktionen haben. Drei der Fortsätze dienen Muskeln als Ursprung und Ansatz. Seitlich angelegt sind paarig die Querfortsätze (*Proc. transversus*). Nach hinten gerichtet ist der unpaare Dornfortsatz (*Processus: spinosus*). Sie dienen als Hebel für die Muskeln, die die Wirbelsäule bewegen.

In Länge und Ausrichtung variieren die Muskelfortsätze in den unterschiedlichen Abschnitten der Wirbelsäule erheblich (vgl. ◻ Abb. 3.1 und 3.3). Im Halsbereich sind die Querfortsätze relativ schlank, sie umgeben gemeinsam mit einer ventral gelegenen Knochenspange (Rest einer Rippenanlage) ein Loch, durch das über die Ausdehnung der HWS eine Arterie (*A. vertebralis*) für die Versorgung des Gehirns zieht. Die schlanken Dornfortsätze stehen in der HWS nahezu horizontal. In der unteren HWS richten sich die Dornfortsätze zunehmend schräg nach unten aus, der Dornfortsatz des 7. Halswirbels (*Vertebra prominens*) ist besonders ausgeprägt und unter der Haut deutlich sicht- und tastbar. In der BWS überdecken sich die kräftigen und langen Dornfortsätze dachziegelartig, sodass die Spitze eines Dornfortsatzes die Mitte des darunterliegenden Wirbels überragt. Die Querfortsätze sind markant ausgebildet, da sie die Rippengelenke tragen. Bei den Lendenwirbeln werden die kleinen „Querfortsätze" als Rippenfortsätze (*Proc. costarius*) bezeichnet, denn sie stellen Rippenrudimente dar; die eigentlichen Querfortsätze liegen als kleine Knochenhöcker dorsal von ihnen und werden als *Proc.*

accessorius bezeichnet. Die kräftigen Dornfortsätze der Lendenwirbel sind gerade nach hinten gerichtet.

❗ Von den Bestandteilen des Wirbels sind
— die Wirbelkörper das Tragstück,
— die Wirbelbögen das Schutzstück,
— die Muskelfortsätze das Hebelwerk.

Facettengelenke und Beweglichkeit der Wirbelsäule   Neben den drei Muskelfortsätzen trägt jeder Wirbel an seinem Bogen vier Gelenkfortsätze (*Proc. articularis*), die jeweils paarig nach oben und unten gerichtet sind. Sie besitzen eine überknorpelte Gelenkfläche und bilden mit dem entsprechenden Gelenkfortsatzpaar des darüberliegenden bzw. des darunterliegenden Wirbels die kleinen Wirbelgelenke (Facettengelenke). Diese Gelenke gestatten keine Beweglichkeit zu allen Seiten, denn durch die Stellung der Gelenkflächen wird die Bewegungsrichtung regional eingeschränkt. In der HWS sind die fast ebenen Gelenkflächen schräg gegen die Horizontale nach hinten geneigt und erlauben insgesamt um alle drei Hauptachsen eine recht gute Beweglichkeit. Die Facettengelenkflächen der BWS liegen nahezu in der Frontalebene. Die Rückneigung ist in der BWS vor allem durch die dachziegelartig übereinanderliegenden Dornfortsätze behindert; sie erreicht in der Regel nur eine vollständige Abflachung der Kyphose. Da die Brustwirbel den in seiner Gesamtheit relativ starren Brustkorb tragen, ist das Bewegungsausmaß der BWS insgesamt verhältnismäßig gering. Die leicht gewölbten Gelenkflächen der Lendenwirbel sind eher sagittal gestellt, dadurch entsteht durch Verkeilung eine starke Rotationshemmung; Beugung, Streckung und Seitneigung sind hingegen gut möglich.

❶ — Die HWS ist der beweglichste Abschnitt der Wirbelsäule.
— In der BWS ist die Rückneigung eingeschränkt.
— In der LWS ist praktisch keine Rotation möglich.

Die Bandscheiben Eine weitere Beschränkung der Beweglichkeit in den einzelnen Bewegungssegmenten erfährt die Wirbelsäule durch die Zwischenwirbelscheiben (*Discus intervertebralis*), umgangssprachlich auch als Bandscheiben bezeichnet. Sie bestehen hauptsächlich aus Faserknorpel und sind fest mit den Deckplatten der Wirbelkörper verwachsen, bilden also eine Synchondrose zwischen benachbarten Wirbeln (vgl. ◨ Abb. 3.4). Die Bandscheiben sind vor allem in den unteren Wirbelsäulenabschnitten keilförmig und tragen so zur Ausbildung der Lendenlordose bei. Sie machen etwa ein Viertel der Länge der Wirbelsäule aus. Funktionell lassen sich im Faserknorpel der Zwischenwirbelscheiben zwei Anteile unterscheiden: Im *Anulus fibrosus* verlaufen zirkuläre Faserzüge aus Kollagen, die sich schraubenförmig überkreuzen und die Bandscheibe in den Wirbelkörpern verankern. Sie umschließen den *Nucleus pulposus*, einen flüssigkeitsreichen Gallertkern. Er trägt wesentlich zu den Federungseigenschaften der Wirbelsäule bei, da er wie ein Wasserkissen Druck- und Stoßbelastungen dämpft. Bei Bewegungen verschiebt sich der Nucleus pulposus geringfügig und weicht zum Ort geringerer Belastung aus. So verlagert er sich bei einer Vorbeugung der Wirbelsäule nach dorsal. Diese Bewegungen sowie der Wechsel von Entlastung und Belastung führen zu einem Flüssigkeitsaustausch innerhalb der Bandscheiben, der für die Ernährung ihres nicht durchbluteten Gewebes wichtig ist. Bei Belastung wird Flüssigkeit aus den Bandscheiben abgepresst, während der Nachtruhe nehmen sie wieder Flüssigkeit auf. Aufgrund dieses Mechanismus variiert die Körpergröße morgens und abends um 1–2 cm. Im Alter nimmt der Flüssigkeitsgehalt ab und die Bandscheiben werden flacher. Dadurch sind ihre Stoffwechselbedingungen verschlechtert, degenerative Veränderungen am Anulus fibrosus sind die Folgen. Bei hohen Belastungen können dessen Faserzüge einreißen und die Verlagerung des Nucleus pulposus führt zu einem sog. Bandscheibenvorfall, der gegen den Spinalnerven (Foramen intervertebrale!) oder dessen Wurzeln gerichtet sein kann. Besonders anfällig dafür sind die Zwischenwirbelscheiben der LWS, insbesondere die am Lordoseknick im lumbosakralen Übergang des Bewegungssegments L5 (vgl. ◨ Abb. 3.1).

▪ **Praxis**

Bei Anheben eines Gewichts von 50 kg mit vorgeneigtem Oberkörper und gestreckten Armen wirkt auf die Bandscheibe im Segment L5 ein Gewicht von mehr als 700 kg. Um allzu hohe unphysiologische Belastungen zu vermeiden, sollen Lasten achsengerecht mit aufrechtem Oberkörper gehoben werden. Das Gleiche gilt für Beschleunigungen des unbelasteten Körpers (Absprung, Niedersprung), da sich dabei allein das Gewicht des Oberkörpers vervielfachen kann.

Bänder der Wirbelsäule Eine besondere Bedeutung für die Stabilität und das Bewegungsausmaß der Wirbelsäule kommt ihren Bändern zu, die in Längsrichtung verlaufen und jeweils die einzelnen Teile der Wirbel (Körper, Bogen und Muskelfortsätze) untereinander verbinden (◨ Abb. 3.4). An der Vorder- und Rückseite der Wirbelkörper verlaufen zwei lange Bänder, das **Lig. longitudinale ant.** und das **Lig. longitudinale post.** Das vordere ist fest mit den Wirbelkörpern verbunden, während das hintere sich hauptsächlich an den Zwischenwirbelscheiben anheftet. Aufgrund seiner Lage wird das vordere Längsband vor allem bei Rückneigung auf Zug beansprucht und grenzt neben den anderen bewegungshemmenden Elementen damit diese Bewegung ein. Die Bögen werden durch die **Ligg. interarcualia** verbunden, die aufgrund ihrer gelblichen Farbe auch als **Ligg. flava** bezeichnet werden und im Gegensatz zu allen anderen Bändern (zugfestes Kollagen) fast ausschließlich aus elastischen Fasern bestehen. Gemeinsam mit den Kapseln der kleinen Wirbelgelenke schließen sie den Wirbelkanal unter Aussparung der Foramina intervertebralia ab. Sie werden vor allem bei Drehbewegungen gedehnt und führen die Wirbelsäule aufgrund ihrer Elastizität wieder in die Neutralstellung zurück. Die Muskelfortsätze werden durch die **Ligg. intertransversalia** (Querfortsätze) und **Ligg. inter-spinalia** (Dornfortsätze) verspannt. Über die Spitzen der Dornfortsätze verläuft zusätzlich vom 7. Halswirbel bis hinunter zum Sacrum das **Lig. supraspinale.** Dieses wird vor allem bei der Vorbeugung auf Zug beansprucht.

▪ **Praxis**

Innerhalb eines Bewegungssegmentes zwischen zwei benachbarten Wirbeln wirken Zwischenwirbelscheiben und Bänder zusammen. Der Nucleus pulposus besitzt

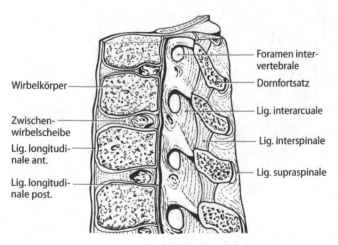

Wirbelkörper

Zwischen-
wirbelscheibe

Lig. longitudi-
nale ant.

Lig. longitudi-
nale post.

Foramen inter-
vertebrale

Dornfortsatz

Lig. interarcuale

Lig. interspinale

Lig. supraspinale

◨ **Abb. 3.4** Medianschnitt der Wirbelsäule mit ihren Bändern

3

bei Entlastung durch Wasseraufnahme einen bestimmten Quellungsdruck, der allseitig wirkt und die Wirbelkörper auseinandertreibt. Dadurch geraten die Längsbänder sowie der Anulus fibrosus der Bandscheiben unter Spannung. Quellungsdruck und Bandspannung befinden sich schließlich in einem ausgewogenen Gleichgewicht, deshalb verfügt die Wirbelsäule auch ohne Muskelzug über einen gewissen **Selbstspannungsapparat** ihrer Bewegungssegmente.

Die Kopfgelenke   Eine Ausnahme vom allgemeinen Aufbau der Bewegungssegmente machen die ersten beiden Halswirbel, die als Verbindung zum Kopf im Dienste seiner Beweglichkeit stehen (◻ Abb. 3.5). Der 1. Halswirbel, der den Kopf trägt, wird als **Atlas** bezeichnet (aus der antiken Mythologie abgeleitet vom Halbgott Atlas, der die Weltkugel auf seinen Schultern trug). Der darunterliegende 2. Halswirbel wird aufgrund seiner Form und Funktion **Axis** genannt. Sie sind untereinander durch besondere Gelenke verbunden, ebenso wie der Atlas mit dem Hinterhauptsbein (Os occipitale) des Schädels (◻ Abb. 3.6). Eine Bandscheibe ist in beiden Bewegungssegmenten nicht vorhanden. Der Atlas besitzt außerdem auch keinen Wirbelkörper. Sein ursprünglich angelegter Wirbelkörper ist mit dem Axis verschmolzen und ragt als ein zahnförmiger Knochenfortsatz (Dens axis) vom kleinen Wirbelkörper des Axis nach oben hinter den vorderen Atlasbogen. Die beiden ersten Halswirbel bilden untereinander und mit dem Hinterhauptsbein das obere (*Art. atlanto-occipitalis*) und das untere (*Art. atlanto-axialis*) Kopfgelenk.

Das untere Kopfgelenk (◻ Abb. 3.5) zwischen Atlas und Axis ist ein Drehgelenk, dessen vertikale Achse durch den Dens axis verläuft; um diesen dreht sich der Atlas mit dem Kopf. Man kann mehrere Gelenkanteile unterscheiden. Die seitlichen werden von planen, etwas abfallenden Gelenkflächen auf der Oberseite des Axis und Unterseite des Atlas gebildet, die den Gelenkfortsätzen der übrigen Wirbel entsprechen. Der mittlere Anteil kommt durch eine Gelenkfläche an der Vorderseite des Dens axis und der Rückseite des vorderen Atlasbogens zustande. Das große Wirbelloch des Atlas wird quer von einem Band (**Lig. transversum atlantis**) durchzogen, welches somit der Rückseite des Dens axis anliegt und funktionell die Gelenkpfanne ergänzt. Dieses Band ist für die Führung der Drehbewegung im unteren Kopfgelenk wichtig. Zudem verhindert es, etwa bei extremer Vorneigung des Kopfes, ein Eindringen des Dens axis in die dahinter liegenden Anteile des Zentralnervensystems. Beim ‚Genickbruch' reißt dieses Band und der Dens axis schnellt in das verlängerte Mark, sodass lebenswichtige Zentren für Atmung und Kreislauf verletzt werden können. Der Atlas trägt an seiner Oberseite zwei laterale, konkave Gelenkflächen, die mit den konvexen Gelenkflächen des Hinterhauptsbeins das obere Kopfgelenk bilden (◻ Abb. 3.5 und 3.6). Diese stellen Ausschnitte eines ellipsoiden Körpers dar, sodass dieses Gelenk um zwei Achsen beweglich ist. Um die Transversalachse kann der Kopf nach vorne und hinten geneigt werden, um die Sagittalachse erfolgt eine geringfügige Seitneigung.

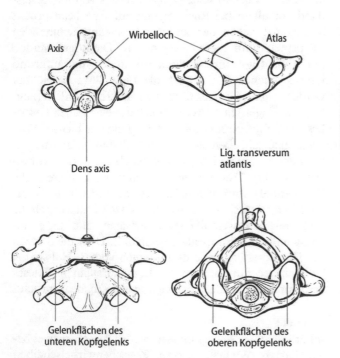

◻ **Abb. 3.5**   Atlas und Axis einzeln von oben und als unteres Kopfgelenk zusammengefügt von vorne und oben

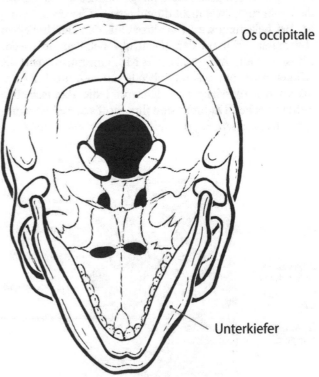

◻ **Abb. 3.6**   Schädel von unten mit den Gelenkflächen des oberen Kopfgelenks beidseits vom Hinterhauptsloch

Gemeinsam wirken beide Kopfgelenke wie ein Kugelgelenk, das allseitige Bewegungen des Kopfes gestattet. Das gesamte Bewegungsausmaß kommt jedoch durch ein Zusammenwirken mit den übrigen Bewegungssegmenten der Halswirbelsäule zustande.

Das Kreuzbein   An den letzten Lendenwirbel schließt sich das Kreuzbein (*Os sacrum*) an; hier ist der Lordoseknick ausgebildet und auf die Besonderheiten der Belastbarkeit des lumbosakralen Übergangs wurde bereits hingewiesen. Ursprünglich fünf Sakralwirbel sind synostotisch zum Kreuzbein verschmolzen (◘ Abb. 3.1 und 3.7). Es ist schaufelförmig kyphotisch gebogen und verjüngt sich im unteren Abschnitt. Am Sacrum können noch Rudimente des allgemeinen Wirbelbauplans erkannt werden, wie Dornfortsätze, Rippenanlagen, Zwischenwirbelloch, verschmolzene Gelenkfortsätze. Seitlich trägt das Kreuzbein jeweils eine große ohrförmige Gelenkfläche (*Facies auricularis*) zur Verbindung mit den beiden Hüftbeinen.

3.1.2 Beckengürtel

Das Kreuzbein schließt dorsal den knöchernen Ring des Beckengürtels und ermöglicht die Übertragung der Rumpflast auf die untere Extremität. Die Hauptbestandteile des Beckengürtels sind die beiden **Hüftbeine** (*Os coxae*), die ventral synchondrotisch miteinander und dorsal über das Sacrum verbunden sind.

Jedes Hüftbein (◘ Abb. 3.7) ist aus drei ursprünglich getrennt angelegten Knochen in Form einer Synos-tose verschmolzen, dem Darmbein (*Os ilium*), dem Sitzbein (*Os ischii*) und dem Schambein (*Os pubis*). Die ursprünglichen Grenzen der drei Hüftbeinanteile zueinander bilden einen dreizackigen Stern, dessen Zentrum in einer halbkugel-förmigen Aushöhlung liegt, dem **Acetabulum**; dies ist die Pfanne des Hüftgelenks. Das Darmbein stellt den größten Anteil des Hüftbeins. Charakteristischer Bestandteil ist die große Darmbeinschaufel, welche in ihrem ventralen Anteil glatt und vertieft ist (*Fossa iliaca*); an ihrem dorsomedialen Anteil trägt sie eine Gelenkfläche (*Facies auricularis*) für die Aufnahme des Kreuzbeins. Der obere Rand des Darmbeins (*Crista iliaca*) ist deutlich zu tasten, sein nach vorn gebogener Abschnitt endet in einem kräftigen Vorsprung (*Spina iliaca anterior superior, SIAS*); darunter liegt die *Spina iliaca anterior inferior*. Nach hinten endet die Crista iliaca in der *Spina iliaca posterior superior* (SIPS). SIPS und SIAS sind unter der Haut gut tastbar. Das Sitzbein bildet den unteren hinteren Anteil des Hüftbeins. An seinem dorsalen Rand springt die starke *Spina ischiadica* vor. Nach unten hin endet es in einem kräftigen Knochenhöcker, dem *Tuber ischiadicum*, der beim Sitzen als Unterstützungsfläche dient und tastbar ist. Das Schambein besteht aus zwei großen Knochenbalken, dem oberen und unteren Ast. Der obere beginnt im Acetabulum, wo das Schambein mit den beiden anderen Anteilen des Hüftbeins verbunden ist. Der untere schließt sich an das Tuber ischiadicum an. Beide Anteile des Schambeins vereinigen sich medial, sie umgeben damit (gemeinsam mit dem Os ischii) das große *Foramen obturatum*, welches nur durch eine Bindegewebsplatte verschlossen ist.

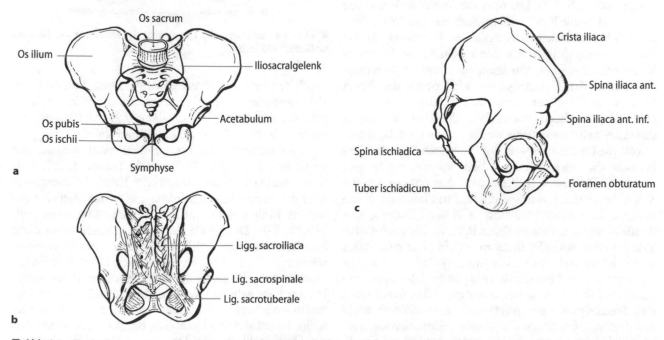

◘ **Abb. 3.7**   Becken von **a** vorne, **b** hinten und **c** seitlich; in der Ansicht von hinten sind die wichtigsten Bandsysteme des Iliosakralgelenks dargestellt

3

Das Schambein trägt an seiner Vorderseite oben einen tastbaren Höcker, das *Tuberculum pubicum*.

Beide Schambeine sind durch die **Symphysis pubica** in Form einer Knorpelhaft verbunden. Diese sehr feste Verbindung ist zusätzlich durch Bänder verstärkt. In der Schwangerschaft kommt es durch Hormoneinfluss zu einer Auflockerung des Knorpelgewebes, die eine geringfügige Weiterstellung und Beweglichkeit des Beckenrings gestattet. Dorsal wird der Beckengürtel durch Einfügung des Sacrum zwischen die beiden Hüftbeine im **Iliosakralgelenk** zu einem knöchernen Ring geschlossen (◘ Abb. 3.7). Dieses Gelenk ist als Amphiarthrose nicht oder nur geringfügig beweglich. Es besitzt zahlreiche kräftige Verstärkungsbänder, die sich entsprechend der Belastung dieses Gelenks als **Ligg. sacroiliaca** vor allem an seiner Dorsalseite ausspannen. Durch die Rumpflast wird das Kreuzbein in seinem oberen Abschnitt am Lordoseknick ständig nach vorne unten gedrückt. Dadurch geraten die hinteren Verstärkungsbänder unter Spannung und drücken die Hüftbeine stärker gegen das Sacrum. In ähnlicher Weise wirken auch die indirekten Verstärkungsbänder, die von den unteren Lendenwirbeln zum Darmbein ziehen (**Lig. iliolumbale**). Ein belastungsbedingtes Herauskippen des unteren Kreuzbeinanteils aus dem Beckengürtel nach hinten wird durch zwei kräftige Bandzüge verhindert, die vom Kreuzbein nach vorne und unten zum Darmbein ziehen. Eines befestigt sich an der Spina ischiadica (**Lig. sacrospinale**), das andere am Tuber ischiadicum (**Lig. sacrotuberale**).

Konstruktionsmerkmale des Beckens   Der Aufbau des Beckens kann mit einer Gewölbekonstruktion verglichen werden (◘ Abb. 3.8). Die über die Wirbelsäule und das Sacrum wirkende Kraft wird im Stehen bogenförmig über die kräftig entwickelten Anteile des Darmbeins in das Acetabulum (Hüftgelenk!), dann weiter über die untere Extremität abgeleitet. Ein kompensatorisches Auseinanderweichen der Gewölbepfeiler wird durch den festen Schluss der Symphyse verhindert, die den auseinanderstrebenden Zugbeanspruchungen, die über den oberen Ast des Schambeins geleitet werden, widersteht. Im Sitzen erfolgt die Lastübertragung auf die beiden Sitzbeine (Tuber ischiadicum), hier verläuft die entsprechend entgegengerichtete Zugbeanspruchung über den unteren Ast der Schambeine durch die Symphyse. Dies kann an einem vereinfachten Modell (◘ Abb. 3.8) der Hüftbeine verdeutlicht werden, welches deren Rahmen als vereinfachte Konstruktion darstellt; diese entspricht einer nach innen abgeknickten Acht, wobei die Anteile jeweils noch gegeneinander um die Längsachse verdreht sind. So kann man für die Belastung im Stehen einen gegen das Acetabulum (am Scheitelpunkt der Acht) gerichteten Sitzbeinstrahl konstruieren, der durch den oberen Schambeinstrahl ergänzt wird. Im Sitzen wird der gegen das Tuber ischiadicum gerichtete Darm-Sitzbeinstrahl belastet, ergänzt

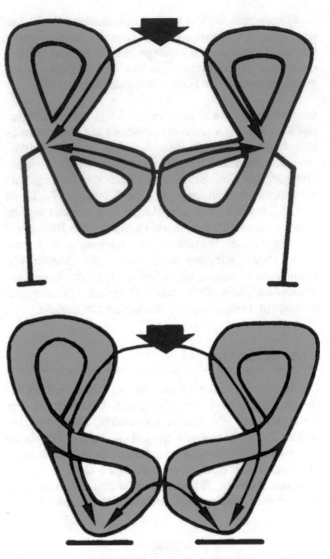

◘ **Abb. 3.8**   Schematische Darstellung der Belastung des Beckens im Stehen und im Sitzen

durch den unteren Schambeinstrahl. Diese funktionellen Belastungsmerkmale spiegeln sich strukturell in der Kompaktheit der Anteile des Os ilium und der Existenz des (nicht belasteten) Foramen obturatum wider.

Man unterscheidet beim Becken zwei Anteile, das große und das kleine Becken. Die Trennungslinie zwischen beiden verläuft vom oberen Rand der Symphyse über die oberen Schambeinäste und weiter über eine gebogene Linie des Darmbeins bis zum Kreuzbein (vgl. ◘ Abb. 3.7). Das große Becken wird nach vorne nicht knöchern begrenzt, seitlich aber durch die Darmbeinschaufeln. Es enthält die Konvolute unterschiedlicher Darmanteile, die durch die Bauchmuskulatur von vorne in ihrer Lage gehalten werden. Das kleine Becken gleicht einem knöchernen Trichter, der sich nach unten verjüngt. Es enthält den Enddarm, die Blase und einen Teil der Geschlechtsorgane. Das offene Ende des Trichters wird durch die Beckenbodenmuskulatur abgeschlossen.

Der Eingang in das kleine Becken und dessen Ausgang sind bei der Frau weiter als beim Mann. Die charakteristischen geschlechtsspezifischen Unterschiede des Beckenbaus betreffen vor allem das Darmbein, dessen Schaufeln beim Mann steiler sind, bei der Frau eher schüsselförmig. Die weibliche Symphysis pubica ist breit und niedrig und bildet mit den unteren Schambeinästen einen Bogen, während beim Mann eher ein spitzer Winkel vorhanden ist. Daraus resultiert, dass die Sitzbeinhöcker bei der Frau weiter auseinander stehen als beim Mann.

❶ Das Ilioskralgelenk sichert als Amphiarthrose die Übertragung der Rumpflast auf den Beckengürtel.

3.1.3 Brustkorb

In Höhe der Brustwirbelsäule liegt der Brustkorb (**Thorax**). Er ist fest und beweglich zugleich. In seiner ersten Funktion schützt er die darin liegenden Organe und vermittelt über den Schultergürtel die Verbindung zur oberen Extremität (vgl. ◘ Abb. 3.18); aufgrund seiner Beweglichkeit ermöglicht er die Funktion der Atmungsorgane.

Der Brustkorb besteht aus dem Brustbein (**Sternum**), aus zwölf Rippen und zwölf Brustwirbeln; die Rippen und Brustwirbel sind gelenkig miteinander verbunden. Die ersten sieben Rippenpaare setzen einzeln über leicht verformbare Knorpelspangen am Brustbein an (,echte' Rippen), während sich die darauffolgenden knorpelig vereinen. Die beiden letzten Rippenpaare enden frei in der Muskulatur der seitlichen Bauchwand (vgl. ◘ Abb. 3.18).

Jede Rippe (mit Ausnahme der beiden freien Rippenpaare) besteht aus einem knöchernen und einem knorpeligen Anteil; letzterer ist mit dem Brustbein verbunden. Der knöcherne Anteil besitzt an seinem dorsalen Ende ein Köpfchen (*Caput costae*), das sich in den Rippenhals (*Col-lum costae*) fortsetzt (◘ Abb. 3.9). Am Übergang zum eigentlichen Rippenkörper findet sich ein Höcker (*Tuberculum costae*). Beide, Caput und Tuberculum, sind an der Wirbel-Rippen-Verbindung beteiligt. Das Caput costae bildet in der Regel ein Gelenk mit entsprechend ausgebildeten Flächen am Oberrand des Körpers des dazugehörigen Brustwirbels und am Unterrand des darüber liegenden Wirbelkörpers. Das Tuberculum costae ist mit dem Querfortsatz gelenkig verbunden. So besteht die Wirbel-Rippen-Verbindung aus jeweils zwei örtlich voneinander getrennten Gelenken, die jedoch funktionell gemeinsam betrachtet werden müssen. Aufgrund zahlreicher kurzer Bänder kann sich die einzelne Rippe gegen den Wirbel nur geringfügig drehen, wobei die Bewegungsachse längs durch den Rippenhals verläuft (vgl. ◘ Abb. 3.19). Der knorpelige Teil der Rippe ist ventral mit dem Sternum verbunden und

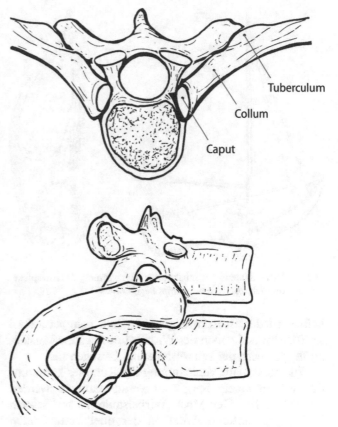

Tuberculum

Collum

Caput

◘ **Abb. 3.9** Wirbel-Rippen-Gelenke von oben und von der Seite

nur aufgrund der Elastizität des Knorpels beweglich, dabei unterliegt er Biege- und Torsionsbelastungen.

Die Bewegungen des Brustkorbes bei der Atmung werden durch die Wirbel-Rippen-Gelenke gemeinsam mit der Elastizität seines vorderen Anteils ermöglicht. Aufgrund der Lage der Bewegungsachse und des variablen Krümmungsverlaufs der einzelnen Rippen vergrößert der Brustkorb bei der Hebung der Rippen (Einatmung) vor allem im oberen Abschnitt seinen sagittalen Durchmesser, im unteren Abschnitt stärker den transversalen Durchmesser. Durch diese Vergrößerung des Thoraxvolumens wird die Atmung ermöglicht (Brustatmung). Senken sich die Rippen, so erfolgt aufgrund der Volumenabnahme des Thorax die Ausatmung.

3.1.4 Muskeln des Rumpfes

Die Bewegungen des Rumpfes erfolgen durch große Muskelgruppen, die auf die Wirbelsäule wirken. Im Stand vermitteln sie die Bewegungen der Wirbelsäule gegen das festgestellte Becken. Der Brustkorb dient dabei als Widerlager für die vordere und seitliche Bauchmuskulatur und gibt ihr einen großen Hebelarm zu den Bewegungsachsen der Wirbelsäule. Durch die vom Brustkorb zur HWS aufsteigenden vorderen Halsmus-

3

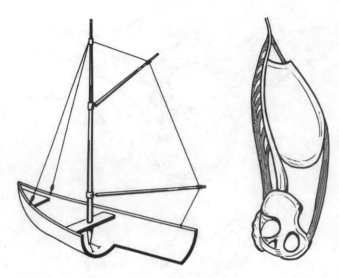

◘ Abb. 3.10 Schema der muskulären Verspannung des Rumpfskeletts in Analogie zur Takelung eines Segelbootes

keln wird der Brustkorb gehalten und gehoben. Zwei kräftige, dorsal neben der Wirbelsäule liegende Muskelstränge sichern die Wirbelsäule und bewegen sie.

Die muskuläre Verspannung des Rumpfes kann modellhaft an einem Segelboot veranschaulicht werden (◘ Abb. 3.10). Der Mast (Wirbelsäule) ist mit seinem kräftigsten, unteren Anteil in der quer verlaufenden Bank im Boot (Becken) verankert. Das Gaffelsegel repräsentiert den Brustkorb, wobei der obere, schräg abstehende Gaffelbaum die erste, der Großbaum die letzte Rippe darstellt. Das Segeltuch spannt sich dazwischen wie die Muskulatur zwischen den Rippen. Das ganze Segel wird durch ein von der Mastspitze kommendes Seil (Großfall) gehalten, ebenso wie Muskeln der Halswirbelsäule den Brustkorb heben und halten. Die Großschot, welche den Großbaum mit dem Bootskörper verbindet, findet am Rumpf ihre Entsprechung in der Bauchmuskulatur, die sich zwischen Thorax und Becken ausspannt. Durch das Gewicht des Segels allein und noch mehr bei Zug an der Großschot würde jedoch der Mast gebogen werden und umkippen. Dem wirken die bugwärtigen Wanten entgegen, die ihn zur Gegenseite verspannen. Eine entsprechende Muskelgruppe findet man am Körper in Form der Rückenmuskulatur, welche als zwei Stränge vom Becken an der Wirbelsäule entlang bis zum Kopf zieht. An diesem einfachen Modell wird klar, dass der Zug einer der Muskelgruppen immer eine Dehnung in einer anderen erzeugt. Kontrahiert sich z. B. die Bauchmuskulatur, so zieht sie einerseits den Brustkorb herunter und die vorderen Halsmuskeln, die ihn halten, müssen der Spannung widerstehen oder nachgeben. Andererseits kann sich die Wirbelsäule nach vorne biegen und die Rückenmuskulatur wird gedehnt.

Für das Verständnis der Funktion der Rumpfmuskeln kann man den einzelnen Bewegungen bestimmte Verlaufsrichtungen der Muskeln zuordnen. Gerade in Längsrichtung des Körpers ziehende Muskelanteile werden, je nach Lage vor oder hinter der Wirbelsäule, den Körper nach vorne beugen oder ihn aufrichten bzw. nach hinten neigen. Schräg angeordnete Muskeln können zu schraubig um den Rumpf ziehenden Gurtungssystemen kombiniert werden und tragen zur Rumpfdrehung bei. Daneben gibt es noch quer verlaufende Rumpfmuskeln, die für die Bewegungen von untergeordneter Bedeutung sind, jedoch die Rippen zusammenziehen oder den Bauch einschnüren.

Rückenmuskeln (Erector spinae)   Für die Bewegungen des Rumpfes und insbesondere für die Aufrichtung und Stützung der Wirbelsäule ist die Rückenmuskulatur von besonderer Bedeutung. Der Begriff „Rückenmuskulatur" bezeichnet dabei nicht topographisch alle Muskeln, die am Rücken liegen, sondern die ursprünglichen, tiefliegenden Muskelzüge, welche nach funktionellen Gesichtspunkten ausschließlich die Bewegung der Wirbelsäule bewirken (sog. autochthone Rückenmuskulatur), während andere, in der Entwicklung zum aufrechten Gang des Menschen eingewanderte „Rückenmuskeln" (z. B. M. latissimus dorsi, M. trapezius, ▶ Abschn. 3.2.2, vgl. ◘ Abb. 3.37) primär den Schultergürtel und die obere Extremität bewegen und die Wirbelsäule nur als Widerlager benutzen. Die Rückenmuskulatur verläuft in zwei Strängen neben der Wirbelsäule vom Becken bis zum Hinterhaupt und wird wegen ihrer aufrichtenden Wirkung auf den Rumpf funktionell unter dem Namen *Erector spinae* zusammengefasst. Besonders deutlich springt sie im Lendenbereich hervor (◘ Abb. 3.38), wo sie nur von einer derben bindegewebigen Hülle, der **Fascia thoracolumbalis** (vgl. ◘ Abb. 3.37), überdeckt wird, während im Brust- und Halsbereich die eingewanderten Rückenmuskeln darüber liegen. Insgesamt ist sie in einen osteofibrösen Kanal eingebettet, der knöchern jeweils aus Dornfortsätzen und Querfortsätzen gebildet wird, deren Spitzen der fibrösen Fascia thoracolumbalis als Anheftungsstellen dienen (vgl. ◘ Abb. 3.22 und 3.37).

Von der räumlichen Anordnung und funktionell lassen sich beim Erector spinae zwei Anteile unterscheiden, der **mediale** und der **laterale Trakt**. Der mediale Trakt liegt am tiefsten, seine Anteile verbinden die einzelnen Wirbel direkt. Er besitzt vorwiegend Halte- und Stützfunktionen für die Wirbelsäule, seine Mitwirkung bei Bewegungen ist aufgrund des geringen Abstandes seiner Anteile zu den entsprechenden Bewegungsachsen der Wirbelgelenke nicht sehr groß. Demgegenüber spielt der laterale Trakt bei Bewegungen der Wirbelsäule eine wichtigere Rolle. Er erstreckt sich vom Becken bis zum Kopf und reicht dabei weit auf die Rippen. Er gewinnt dadurch nicht nur einen großen seitlichen Achsenabstand für die Seitneigebewegungen um die Sagittalachse,

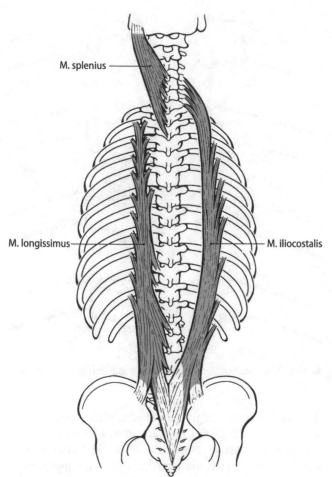

Abb. 3.11 Erector spinae, Muskeln des lateralen Trakts

M. splenius

M. longissimus

M. iliocostalis

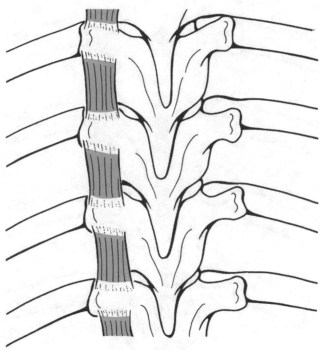

Abb. 3.12 Erector spinae, Mm. intertransversarii

sondern aufgrund der dorsalen Krümmung der Rippen auch einen großen Hebelarm für die Aufrichtbewegung um die Transversalachse. Sein Querschnitt nimmt aufgrund der Belastung von oben nach unten hin zu.

Zum **lateralen Trakt** (□ Abb. 3.11) gehören drei große Muskelsysteme.

Der **M. iliocostalis** entspringt vom Kreuzbein und hinteren Anteil des Darmbeins. Seine langen Faserzüge setzen an den Rippen an. Von dort erstreckt er sich weiter aufwärts bis an die Querfortsätze der unteren Halswirbel. Etwas weiter medial von ihm liegt der **M. longissimus**, welcher eine ähnliche Ursprungsregion besitzt und zu den Rippen und den Querfortsätzen der Wirbel zieht. Sein Halsanteil setzt hinten lateral am Schädel an (*Proc. mastoideus*). Beide Muskeln üben eine kräftige Bewegungswirkung auf die Wirbelsäule aus. Bei gemeinsamer Kontraktion richten sie den Rumpf auf oder geben dem Vorbeugen langsam nach. Einseitig kontrahiert, neigen sie den Rumpf zur Seite bzw. richten ihn aus der Seitneigung wieder auf, wenn sie auf der Gegenseite kontrahieren. Im Halsbereich liegt der **M. splenius** als ein kräftiger, riemenartiger Muskel, der an den Bewegungen des Halses und Kopfes maßgeblich beteiligt

ist und die labile Halswirbelsäule stützt. Er verläuft *spinotransversal*, d. h. von Dornfortsätzen (obere Brustwirbelsäule und untere Halswirbelsäule) nach oben zu den Querfortsätzen der oberen Halswirbel und dem lateralen Anteil des hinteren Schädels (Proc. mastoideus). Er neigt bei gleichzeitiger Streckung der Halswirbelsäule den Kopf nach hinten und dreht bei einseitiger Kontraktion den Kopf zur gleichen Seite.

Die Muskelzüge des **medialen Traktes** der Rückenmuskulatur setzen sich aus vielen kleinen Muskeln zusammen, die teils nur ein Bewegungssegment überspringen, teils über mehrere hinwegziehen. Zweckmäßigerweise werden nach ihrem Verlauf ein Geradsystem und ein Schrägsystem unterschieden. Die Muskeln des Geradsystems verbinden gleichartige Knochenanteile der Wirbel, also immer Querfortsätze (**Mm. intertransversarii**, □ Abb. 3.12) oder Dornfortsätze (**Mm. interspinales, M. spinalis**, □ Abb. 3.13). Das Schrägsystem zieht *transversospinal* (vgl. im Gegensatz den Verlauf des spinotransversalen M. splenius!) von Querfortsätzen zu höher gelegenen Dornfortsätzen (□ Abb. 3.14). Es besteht aus kurzen Muskeln, die nur ein oder zwei Bewegungssegmente überbrücken, den **Mm. rotatores** (□ Abb. 3.15), und längeren, mehrfach gefiederten, welche bis zu sechs Segmente überspringen, wie dem **M. semispinalis** im Thorakal- und Halsbereich (vgl. □ Abb. 3.14). Im Lumbalbereich ist vom Schrägsystem der **M. multifidus** besonders kräftig entwickelt (□ Abb. 3.14), dessen transversospinalen Züge zwei bis vier Segmente überbrücken. Das Schrägsystem hilft insbesondere im Halsbereich bei der Drehbewegung mit,

3

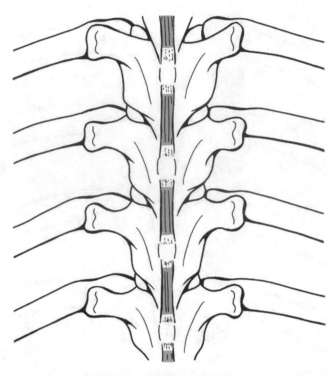

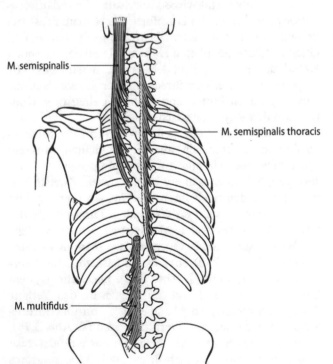

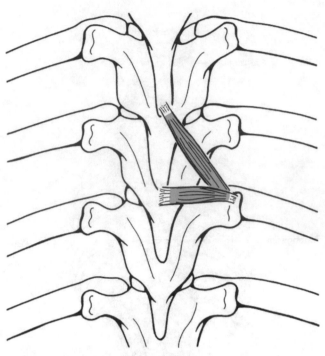

◧ **Abb. 3.13**   Erector spinae, Mm. interspinales

◧ **Abb. 3.14**   Erector spinae, Muskeln des Schrägsystems aus dem medialen Trakt; der M. semispinalis links nach lateral geklappt

◧ **Abb. 3.15**   Erector spinae, transversospinales System der Mm. rotatores

der Wirbelsäule. Aufgrund der komplexen Anordnung der einzelnen Züge des Schrägsystems ist jeder Wirbel mit mehreren seiner Nachbarn über die Fortsätze verbunden, sodass sich die einzelnen Bewegungssegmente gegenseitig stützen.

Über die Bedeutung des M. splenius als spinotransversaler Muskel der oberen Rückenmuskulatur für Haltung und Bewegungen des Kopfes hinaus sind einige der cervico-cranialen Anteile des Erector spinae speziell für diese Aufgabe differenziert. Zahlreiche andere, nicht zur Rückenmuskulatur gehörige Muskeln wirken dabei mit, die aufgrund des Funktionszusammenhanges an dieser Stelle wenigstens erwähnt werden sollen.

■ Praxis

Die Bewegungen des Kopfes sind für die Orientierung im Raum, die Sinnesaufnahme und Kommunikation von besonderer Bedeutung. Auch für die Bewegungssteuerung (z. B. Vorbeugen des Kopfes zur Einleitung einer Rumpfrotation um die Querachse beim Salto) ist eine besondere Beweglichkeit notwendig, die ihre gelenkige Entsprechung in den beiden Kopfgelenken und spezialisierter Muskulatur findet.

Die tiefen **Nackenmuskeln** gehören aufgrund ihres Verlaufs teils dem medialen, teils dem lateralen Trakt der Rückenmuskulatur an. Sie verbinden Atlas und Axis untereinander und mit dem Hinterhauptsbein (◧ Abb. 3.16). Zwei von ihnen können den Muskeln des Geradsystems, die anderen beiden dem Schrägsystem zugeordnet werden. Der **M. rectus capitis posterior mi-**

wenn es sich auf der einen Seite kontrahiert und von spinotransversalen Muskeln der anderen Seite (M. splenius) ergänzt wird. Seine Hauptaufgabe liegt, wie die des Geradsystems auch, jedoch besonders in der Sicherung

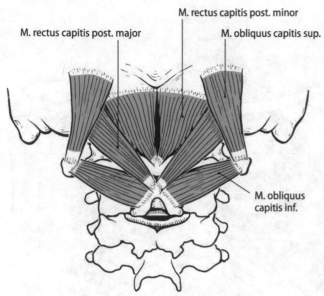

M. rectus capitis post. major

M. rectus capitis post. minor

M. obliquus capitis sup.

M. obliquus capitis inf.

Abb. 3.16   Kurze Nackenmuskeln

nor ist als oberster M. interspinalis anzusehen, er verläuft vom hinteren Atlasbogen zum Hinterhaupt. Der **M. rectus capitis posterior major** zieht vom Dornfortsatz des Axis schräg aufwärts und setzt am Hinterhaupt lateral vom vorgenannten Muskel an. In dieser Anordnung führt er isoliert Drehbewegungen im unteren Kopfgelenk aus. Als letzter M. intertransversarius zieht der **M. obliquus capitis superior** von den seitlichen Anteilen des Atlas zum Hinterhaupt, er bewirkt die Seitneigung des Kopfes im oberen Kopfgelenk. Zur Ursprungsstelle dieses Muskels seitlich am Atlas zieht der **M. obliquus capitis inferior** mit spinotransversalem Verlauf vom Dornfortsatz des Axis schräg aufwärts. So unterstützt er den M. rectus capitis posterior major bei der Drehung im unteren Kopfgelenk. Aufgrund des größeren Muskelquerschnitts, seines größeren Achsenabstandes und der Einbeziehung auch der Bewegungssegmente der Halswirbelsäule wird diese Bewegung jedoch am wirkungsvollsten vom M. splenius durchgeführt. Außerdem ist an der Drehung des Kopfes ein Muskel an der Vorderseite des Halses beteiligt, der als kräftiger Strang vom Brustbein (teilweise auch vom Schlüsselbein) schräg aufwärts zieht. Er setzt an einem kräftigen Knochenvorsprung hinter dem Ohr (Proc. mastoideus) an: Der **M. sternocleidomastoideus** (Abb. 3.17 und 3.25) dreht den Kopf bei einseitiger Kontraktion zur Gegenseite, wobei er deutlich unter der Haut vorspringt. In Abhängigkeit von der Stellung der HWS kann er das Vorneigen oder Rückneigen des Kopfes unterstützen.

Die Rückneigung des Kopfes wird hauptsächlich durch die Nackenmuskeln bewirkt, von denen die schräg verlaufenden auch die Drehbewegung unterstützen; je weiter sie seitlich ansetzen, umso weiter können sie den Kopf zur Seite neigen, wobei eine Drehwirkung durch

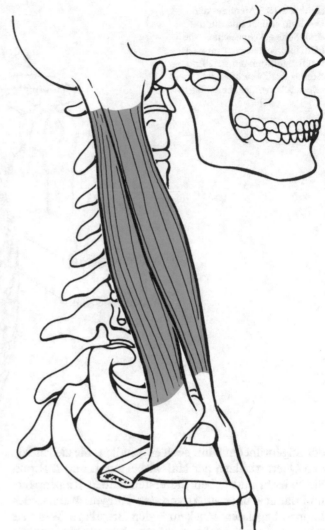

Abb. 3.17   M. sternocleidomastoideus

Kontraktion anderer Hilfsmuskeln unter Umständen kompensiert werden muss. Außerdem bewegen weitere Muskeln, die an der Halswirbelsäule oder am Hinterhaupt ansetzen, Kopf und Hals. Diese sind jedoch primär Atemmuskeln (*Mm. scaleni*) oder wirken hauptsächlich auf den Schultergürtel (*M. trapezius*, *M. levator scapulae*).

 Von den Muskelzügen des Erector spinae
 — kann der laterale Trakt am wirkungsvollsten die Wirbelsäule aufrichten oder zur Seite neigen,
 — kann der mediale Trakt die Wirbelsäule stützen und stabilisieren und
 — können die Schrägsysteme beider Anteile bei der Rotation mitwirken.

Atemmuskeln. Die Brustkorbmuskulatur ist für die Bewegungen des Thorax und damit für die Atmung verantwortlich (Abb. 3.18). Der Brustkorb wird von oben muskulär durch die drei treppenartig hintereinan-

3

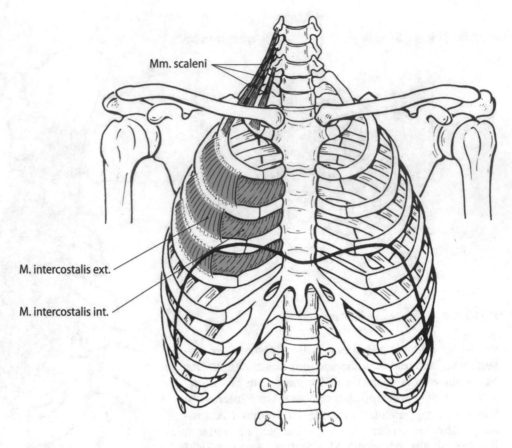

Abb. 3.18 Atemmuskeln: Die Mm. scaleni sind nur auf einer Seite gekennzeichnet, die Mm. intercostales nur im 2.–4. Interkostalraum dargestellt; die Kontur des Zwerchfells ist schwarz hervorgehoben

Mm. scaleni

M. intercostalis ext.

M. intercostalis int.

der angeordneten **Mm. scaleni** gehalten. Sie ziehen von den Querfortsätzen der Halswirbel zur 1. und 2. Rippe. Sie fixieren und heben die ersten beiden Rippenpaare und damit – unterstützt von den übrigen zwischen den Rippen liegenden Muskeln – den Brustkorb. Wenn sie nur auf einer Seite kontrahieren, können sie auch die Halswirbelsäule und damit den Kopf zur Seite neigen. Zwischen den Rippen verlaufen jeweils kurze Muskelzüge, die in zwei Schichten angeordnet und unterschiedlich ausgerichtet sind. Die oberflächlicheren **Mm. intercostales externi** ziehen schräg abwärts nach vorne zur jeweils nächst unteren Rippe; von vorne betrachtet verlaufen sie in ihrer Gesamtheit entsprechend den Schenkeln eines V. Etwa rechtwinklig dazu, entsprechend den Schenkeln eines A, liegen darunter die **Mm. intercostales interni**. Aufgrund des Verlaufs der Muskeln und unter Beachtung der Hebelverhältnisse (**Abb. 3.19**) ist bei Kontraktion der Mm. intercostales externi immer die obere Rippe Fixpunkt, die darunter liegende Bewegungspunkt, sie heben also insgesamt den Brustkorb (Einatmung). Bei den Mm. intercostales interni ist es genau umgekehrt, sie senken die Rippen, werden jedoch nur bei verstärkter Ausatmung benötigt. Die Muskeln können auch geringfügig die Rumpfdrehung unterstützen, wirken also dann mit dem Schrägsystem der Rückenmuskulatur zusammen. An der Innenseite des Brustkorbes liegt der **M. transversus thoracis**, der die

Rippenknorpel mit dem Brustbein verbindet, er zieht die Rippen gegen das Sternum, hilft also bei der kräftigen Ausatmung mit. Bei normaler Atemlage werden für die Ausatmung jedoch keine Muskeln benötigt, sondern der Brustkorb senkt sich passiv unter Nachgeben der Inspirationsmuskeln, unterstützt durch die elastischen Eigenschaften der Lunge. Bei verstärkter Einatmung kommen Atemhilfmuskeln zum Einsatz, die zwischen Brustkorb und Schultergürtel bzw. Oberarm verlaufen (▶ Abschn. 3.2.2).

Bei der Brustatmung wird durch die vorgenannten primären Atemmuskeln (Mm. scaleni und Mm. intercostales externi) das Brustraumvolumen durch Bewegungsexkursion des Thorax vergrößert. Es kann aber auch in Richtung des Bauchraumes erweitert werden (Bauchatmung). Dies geschieht durch eine quer verlaufende, nach oben gewölbte Muskelplatte, das **Zwerchfell** (*Diaphragma*). Seine Muskelfasern entspringen vom unteren Brustbein in der inneren Rumpfwand, den unteren Rippen und mit zwei kräftigen Schenkeln von den Lendenwirbelkörpern (**Abb. 3.20**, vgl. auch **Abb. 5.32**). Die Fasern laufen zu einem sehnigen Zentrum zusammen. So bildet das Zwerchfell den Boden des Brustraumes und das Dach des Bauchraumes und trennt beide Körperhöhlen vollständig voneinander; es wird jedoch von den großen Gefäßen und der Speiseröhre durchzogen. Bei Kontraktion des Zwerchfells flacht sich die Kuppel ab,

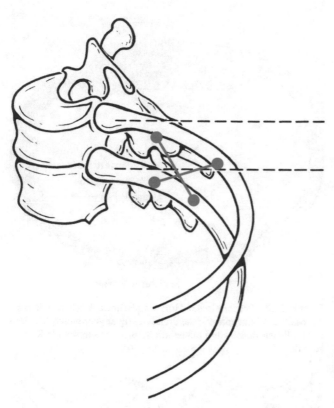

Abb. 3.19 Darstellung des Verlaufs der Mm. intercostales (blau) und ihrer unterschiedlichen Wirkung um die Achse der Wirbel-Rippen-Gelenke (gestrichelt); die Mm. intercostales externi besitzen an der unteren Rippe einen größeren Achsenabstand und heben deshalb die Rippen, bei den Mm. intercostales interni ist es umgekehrt

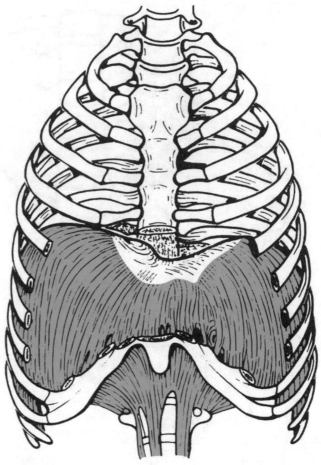

Abb. 3.20 Einbau des Zwerchfells in den Brustkorb (5.–8. Rippe zum Teil entfernt)

sodass sich das Brustraumvolumen nach unten erweitert (vgl. ◻ Abb. 5.22). Demnach kann so die Einatmung erfolgen, auch ohne dass sich der Brustkorb bewegt. Erkennbar wird die Arbeit des Zwerchfells nur an den Bewegungen der Bauchdecke, die sich unter dem Druck der Baucheingeweide nach vorne wölbt. **Bauchmuskeln.** Die Bauchmuskeln schließen die Rumpfwand zwischen Brustkorb und Becken. Als elastische und stützende Muskelschichtung halten sie die Baucheingeweide und wirken ihrem Druck entgegen. Bei gemeinsamer Kontraktion aller Bauchmuskeln wird der Bauchraum verkleinert und das Zwerchfell nach oben gewölbt; dadurch kann – auch unterstützt durch den Zug an den Rippen – die Ausatmung begünstigt werden. Bei gleichzeitig fixiertem Zwerchfell wird durch die sog. Bauchpresse die Entleerung von Darm und Blase unterstützt. An der Bildung der hinteren, seitlichen und vorderen Bauchwand sind unterschiedliche Muskeln beteiligt, wobei die seitliche und vordere ein komplexes Funktionsgefüge darstellen.

■ **Praxis**

Bei ruhiger Atemlage ist die Bauchatmung dominant, die energetisch weniger anspruchsvoll ist als die Brustatmung (Bewältigung des Thoraxgewichts). Bei Klein-

kindern und alten Menschen herrscht ebenfalls die Bauchatmung vor, im Fall der Älteren vor allem aufgrund einer eingeschränkten Beweglichkeit des Thorax.

Die hintere Bauchwand ist wegen der relativ weiten Annäherung der 12. Rippe zum Darmbein nur über einen kurzen Raum muskulär geschlossen. Der **M. quadratus lumborum** zieht von der 12. Rippe zur Crista iliaca, wobei er zusätzlich mit den Querfortsätzen der Lendenwirbel verbunden ist (◻ Abb. 3.21). Beidseitig kontrahiert, wirkt er wegen der Nähe zur queren Bewegungsachse nicht auf die Wirbelsäule, sondern zieht die Rippen herunter (Ausatmung). Bei einseitiger Anspannung neigt er den Rumpf zur Seite.

Die übrige Bauchwand ist ein Gefüge von Muskeln und ihren flächenhaften Sehnen (◻ Abb. 3.22 und 3.25). Die seitliche Bauchwand setzt sich aus drei Muskeln zusammen, die schichtweise übereinander liegen und sich durch den Verlauf ihrer Fasern unterscheiden. Sie entspringen von den Rippen, der Crista iliaca und am weitesten dorsal von der Fascia thoracolumbalis. Jeweils etwa 8 cm beidseits der ventralen Mittellinie gehen sie in flächenhafte Sehnen (Aponeurosen) über. Aus ihnen be-

3

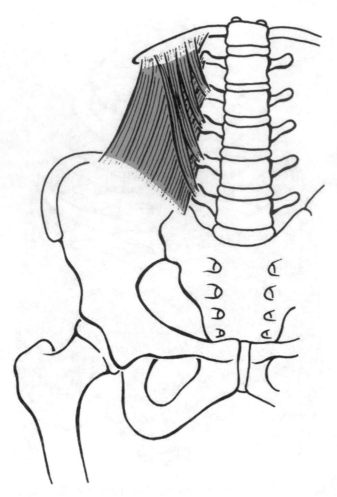

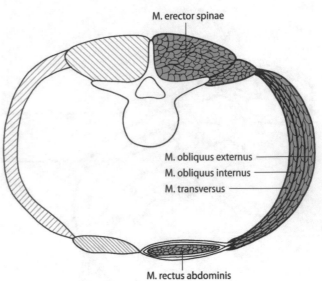

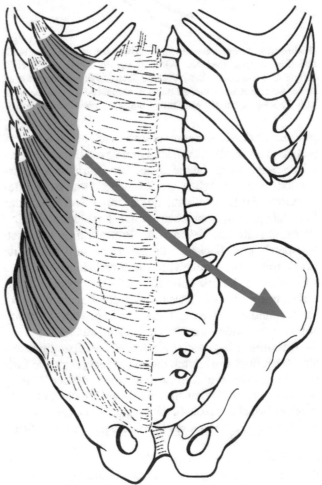

Abb. 3.21   M. quadratus lumborum

Abb. 3.22   Schematischer Horizontalschnitt durch den Rumpf oberhalb des Bauchnabels; die dreischichtig angeordneten Muskeln der seitlichen Bauchwand bilden mit ihren Aponeurosen die Rectusscheide

steht die sog. **Rectusscheide**. Die Aponeurosen sind in der Mittellinie des Bauches miteinander verbunden und bilden die Linea alba aus, welche eine vor allem über dem Nabel deutlich sichtbare Einsenkung der Haut hervorrufen kann. Über diese Verbindung wird der Zug der Muskeln der einen Seite auf der anderen Körperseite fortgeleitet und durch Muskeln gleicher Faserausrichtung ergänzt. Demnach wirkt die Rectusscheide wie eine Art Zwischensehne für eine schräge muskuläre Zuggurtung, die den unteren Rippenbogen der einen und das Darmbein der anderen Seite miteinander verbindet.

Der oberflächlichste Muskel der seitlichen Bauchwand ist der **M. obliquus externus abdominis**. Er ist nach seinem Verlauf als Fortsetzung der äußeren Zwischenrippenmuskeln aufzufassen und zieht, ebenso wie diese, von hinten oben nach vorne unten (▢ Abb. 3.23). Er entspringt von den unteren Rippen und sein größter Teil setzt sich aponeurotisch in die Rectusscheide fort, deren vorderes Blatt er bildet (▢ Abb. 3.22 und 3.25); untere Teile des Muskels setzen an der Crista iliaca an.

Die mittlere Schicht der seitlichen Bauchwand bildet der **M. obliquus internus abdominis**, der vom Verlauf den inneren Zwischenrippenmuskeln entspricht

Abb. 3.23   M. obliquus externus abdominis; seine Verlaufsrichtung setzt sich auf der Gegenseite funktionell im M. obliquus internus abdominis fort (Pfeil)

vom M. quadratus lumborum). Den zur Seite geneigten Körper richten die gleichen Muskeln der anderen Seite wieder auf. Wenn der äußere schräge Bauchmuskel der einen Seite mit dem inneren schrägen der anderen Seite zusammenwirkt, resultiert daraus eine Zuggurtung, die über die Rectusscheide hinweg die Rippen der einen Körperseite mit dem Darmbein der anderen verbindet (⬛ Abb. 3.23). Über Thorax und Becken überträgt sich der Muskelzug auf die Wirbelsäule als Gelenkkette für die Rumpfbewegungen. Im Stand dreht sich der Rumpf zu der Seite, auf der der M. obliquus internus abdominis kontrahiert.

■ **Praxis**

Die Zuggurtung der schrägen Bauchmuskeln kann durch weitere, schraubig um den Körper verlaufende Muskelzüge ergänzt werden, die schließlich am Kopf enden. Geht man von der Drehung nach rechts aus, so sind daran der rechte M. obliquus internus und der linke M. obliquus externus maßgeblich beteiligt, in Fortsetzung über den Thorax unterstützt von den entsprechenden Interkostalmuskeln. Von den an der Wirbelsäule angreifenden Muskeln sind die transversospinalen des medialen Traktes der Rückenmuskulatur unterstützend auf der linken Seite tätig und weiterhin arbeiten in diesem Sinne die spinotransversalen Muskelzüge rechts der Wirbelsäule, welche schließlich am Kopf in Form des rechten M. splenius das Ende der Muskelschraube bilden. Der linke M. sternocleidomastoideus dreht den Kopf gleichermaßen nach rechts.

Die tiefste Schicht der seitlichen Bauchwand bildet der **M. transversus abdominis**, der vom unteren Rippenbogen, von der Fascia thoracolumbalis und von der Crista iliaca entspringt (⬛ Abb. 3.27). Seine überwiegend quer verlaufenden Fasern setzen sich in einer breiten Aponeurose fort, welche das hintere Blatt der Rectusscheide bildet. Unter dem Tonus dieses Muskels entsteht die taillenförmige Einschnürung des Bauches, bei kräftiger Kontraktion trägt er vor allem zur Bauchpresse bei.

Von der durch die Aponeurosen der drei Muskeln der seitlichen Bauchwand gebildeten Rectusscheide wird der **M. rectus abdominis** umhüllt (⬛ Abb. 3.22). Er entspringt vom Brustbein und von den Rippenknorpeln und setzt am Tuberculum pubicum des Schambeins an (⬛ Abb. 3.28 und 3.25). Somit bildet er die vordere Bauchwand. Innerhalb seiner bindegewebigen Umhüllung ist er nicht vollkommen frei beweglich, sondern mit seinem medialen Rand mit der Rectusscheide verwachsen. Sein Relief, welches unter der Haut deutlich sichtbar werden kann (⬛ Abb. 3.26), wird von drei queren Einsenkungen geprägt, die durch Zwischensehnen in diesem Muskel zustande kommen und ebenfalls mit der Rectusscheide verwachsen sind. Aufgrund seines geraden Verlaufs ist der M. rectus abdominis der kräftigste

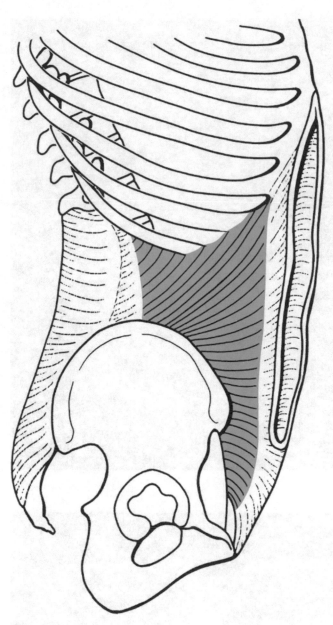

⬛ **Abb. 3.24** M. obliquus internus abdominis von der Seite (Rectusscheide eröffnet)

(⬛ Abb. 3.24). Er entspringt von der Crista iliaca, der größte Teil seiner Fasern zieht schräg aufwärts und setzt am Rippenbogen an bzw. strahlt in die Rectusscheide ein. Hier ist seine Aponeurose sowohl an der Bildung ihres vorderen wie auch hinteren Blattes beteiligt (⬛ Abb. 3.22).

Die schrägen Bauchmuskeln wirken bei allen Rumpfbewegungen mit. Bei beidseitiger Kontraktion der schrägen Bauchmuskeln wird die Rumpfbeugung nach vorne unterstützt oder bei fixierter Wirbelsäule der Brustkorb im Sinne der Ausatmung gesenkt. Am kräftigsten wirken sie auf die Seitneigung und Rumpfdrehung. Die Seitneigung wird von beiden schrägen Bauchmuskeln der gleichen Körperseite durchgeführt (unterstützt

3

◘ Abb. 3.25 Anatomisches
Präparat der vorderen
Rumpfwand; auf der linken
Körperseite ist nach Entfernung
des M. rectus abdominis das
hintere Blatt der Rectusscheide
zu sehen. (Präparat und
Aufnahme von J. Koebke, Köln)

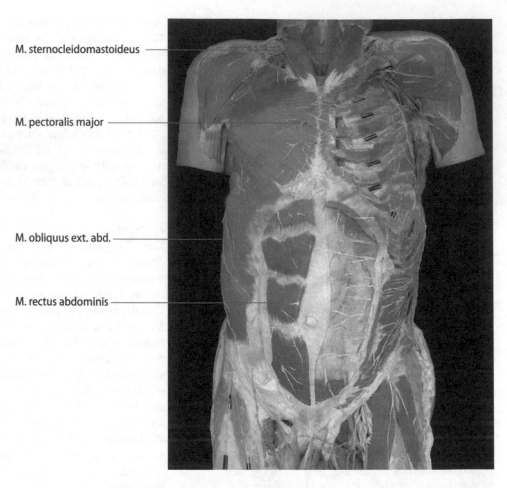

M. sternocleidomastoideus

M. pectoralis major

M. obliquus ext. abd.

M. rectus abdominis

◘ Abb. 3.26 Muskelrelief des
Rumpfes von vorn

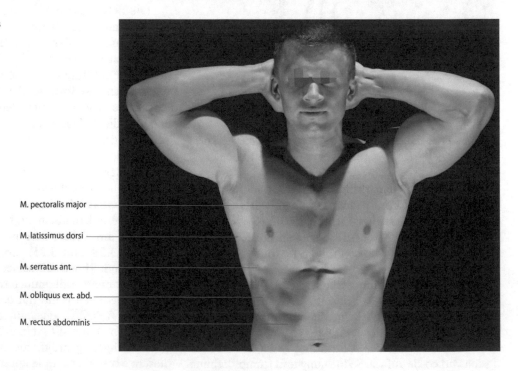

M. pectoralis major

M. latissimus dorsi

M. serratus ant.

M. obliquus ext. abd.

M. rectus abdominis

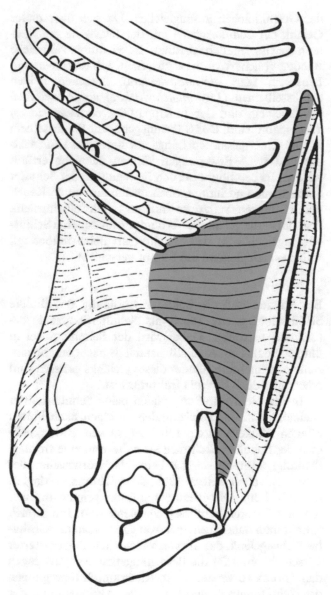

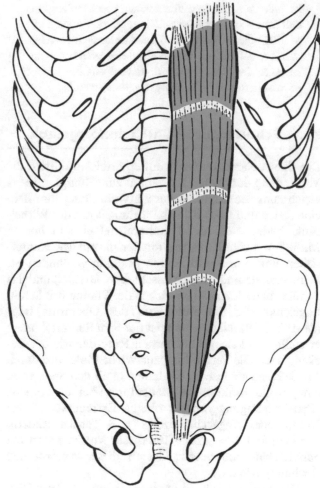

Abb. 3.28 M. rectus abdominis

 Abb. 3.27 M. transversus abdominis (Rectusscheide eröffnet)

Rumpfbeuger, aus der Rückenlage richtet er den Oberkörper auf. Bei festgestellter Wirbelsäule (Erector spinae) kann er auch den Brustkorb senken, oder durch Zug am Schambein das Becken aufrichten. Dabei flacht sich gleichzeitig aufgrund der festen Verbindung zwischen Wirbelsäule und Hüftbeinen (Iliosakralgelenk) die Lendenlordose ab (■ Abb. 3.27 und 3.28).

■ **Praxis**

Das ausgewogene Zusammenspiel der Rumpfmuskeln – vor allem Bauchmuskulatur und Rückenmuskeln – kann oft schon an der Haltung erkannt werden. Ein vorgewölbter Bauch signalisiert meistens eine zu schwache Bauchmuskulatur, deren Spannung nicht ausreicht, um dem Druck der Baucheingeweide entgegenzuwirken. Gleichzeitig schwach entwickelte Rückenmuskulatur er-

laubt so keine hinreichende muskuläre Verspannung der Wirbelsäule, vor allem im Lendenbereich. Kennzeichen zu schwacher Bauchmuskeln bei normal entwickelten Rückenmuskeln ist neben dem vorgewölbten Bauch das Hohlkreuz, durch die überwiegende Spannung des Erector spinae wird die Lendenwirbelsäule stark lordosiert. Wenn die Bauchmuskeln kräftig genug sind, sollte es in der Rückenlage gelingen, die Lendenwirbelsäule bei gestreckten Beinen flach auf den Boden zu drücken. In diesem Zusammenhang ist die Mitwirkung der Hüftmuskulatur zu beachten (▶ Abschn. 3.3.2).

3.2 Obere Extremität

🔄 **Lernziele**

In diesem Abschnitt werden der Schultergürtel und der Arm behandelt. Sie sollen erkennen, dass die bewegliche Konstruktion des Schultergürtels im Dienste der Beweglichkeit und Reichweite von Arm- und Handbewegungen steht. Von besonderer funktioneller Bedeutung ist außerdem das Zusammenwirken von Schultergürtel und Schultergelenk über vielfältige Muskelsysteme. Die Muskeln dieser Region sind auch unter dem Gesichtspunkt zu betrachten, dass sie einerseits den Schultergürtel gegen den Rumpf sichern, andererseits den Rumpf im Schultergürtel (z. B. Hang) tragen können.

3.2.1 Schultergürtel und Schultergelenk

Die Skelettelemente des Schultergürtels vermitteln die Verbindung der oberen Extremität zum Rumpf. Im Vergleich zum Beckengürtel, der als Verbindung zum Bein eine starre und hoch belastbare Einheit mit der Wirbelsäule bildet, stellt der Schultergürtel eine in hohem Maße bewegliche Konstruktion dar, die mit dem Rumpfskelett nur zum Brustbein hin gelenkig verbunden ist. Seine Anteile sind das Schlüsselbein (*Clavicula*) und das Schulterblatt (*Scapula*), welches die Pfanne des Schultergelenks für die Aufnahme des Oberarms trägt (□ Abb. 3.29). Nach hinten ist der Schultergürtel offen; er stellt also keinen knöchernen Ring dar wie der Beckengürtel. Die Verbindung zur Wirbelsäule wird durch Muskelzüge hergestellt. Sie haben in all den Sportarten eine große funktionelle Bedeutung, bei denen eine Kraftübertragung von der oberen Extremität auf den Rumpf oder umgekehrt erfolgt (z. B. Turnen, Rudern, Schwimmen). Der größte Teil dieser Muskeln setzt am Schulterblatt an, dessen Gestalt dieser Anforderung Rechnung trägt.

Das **Schlüsselbein** ist in einem inneren Gelenk (*Art. sternoclavicularis*) mit dem Brustbein verbunden, in einem äußeren Gelenk (*Art. acromioclavicularis*) mit dem Schulterblatt (□ Abb. 3.29). Beide Gelenke sind funktionell Kugelgelenke. Im Sternoklavikulargelenk ist ein Discus aus Faserknorpel eingefügt, um die Inkongruenz

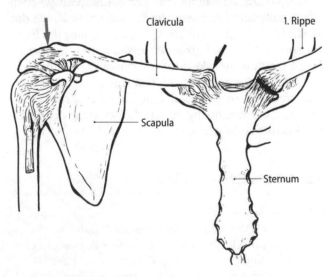

□ **Abb. 3.29**   Schultergürtel; inneres und äußeres Schlüsselbeingelenk sind durch Pfeile gekennzeichnet

der Gelenkflächen auszugleichen. Da sich über dieses Gelenk der Schultergürtel mit der Klavikula am Sternum gewissermaßen abstützt, ist es durch zahlreiche Bänder gesichert, welche zwischen Schlüsselbein und Brustbein (*Lig. sternoclaviculare*), zwischen beiden Schlüsselbeinen (*Lig. interclaviculare*) sowie zwischen Schlüsselbein und der 1. Rippe (*Lig. costoclaviculare*) ausgespannt sind. Das S-förmig gebogene Schlüsselbein ist auf seiner gesamten Länge gut unter der Haut tastbar und seine Bewegungen können demnach erfühlt werden. Es beschreibt bei den Bewegungen der Schulter (nach vorne und hinten, oben und unten) einen Kegelmantel, dessen Spitze im inneren Schlüsselbeingelenk liegt. Über die gelenkige Verbindung im äußeren Schlüsselbeingelenk wird das Schulterblatt dabei mitbewegt, wobei es sich gleitend am Rumpf verschiebt.

■ **Praxis**

Bei Stürzen auf die Schulter ist häufig das äußere Schlüsselbeingelenk (auch als Schultereckgelenk bezeichnet) betroffen. Dabei wird der Schultergürtel in unterschiedlichem Ausmaß instabil, je nachdem, ob einzelne oder mehrere Bänder dieses Gelenks gerissen sind oder sogar die Klavikula frakturiert ist.

In der Neutralstellung bilden beide Schulterblätter zueinander in der Horizontalebene einen nach hinten offenen Winkel von ca. 150°, bei starkem Zurücknehmen der Schultern kommen sie nahezu in eine frontale Stellung, während sie sich beim Nachvorneziehen der Schultern nach lateral auf dem Thorax verlagern (□ Abb. 3.30). Diese Bewegung findet primär im inneren und äußeren Schlüsselbeingelenk statt; funktionell spricht man dabei zusätzlich von einem **scapulothorakalen Nebengelenk**, das als von Weichteilen abgepolsterter Verschieberaum für die Bewegungen der Skapula gegen den Thorax zu verstehen ist. Allein durch Bewegungen des Schultergürtels wird also der Aktionsradius der Arme in der Horizontalebene erheblich vergrößert und unter Einbeziehung der Beweglichkeit der Schultergelenke übersteigt die Reichweite der oberen Extremität sogar das Gesichtsfeld (□ Abb. 3.31). Durch Bewegung im äußeren Schlüsselbeingelenk kann das Schulterblatt außerdem in der Frontalebene gedreht werden, sodass der Aktionsradius des Armes auch in dieser Ebene weiter zunimmt. Schultergürtel und Schultergelenk sind demnach als eine Funktionseinheit zu betrachten.

Das **Schulterblatt** (*Scapula*) ist ein platter Knochen, dessen Gestalt einem rechtwinkligen Dreieck ähnelt (□ Abb. 3.32). Man kann drei Kanten unterscheiden (Margo medialis, lateralis und superior), welche drei Winkel einschließen (Angulus superior, inferior und lateralis). Deren seitlicher Winkel ist kräftig aufgetrieben und bildet mit der *Cavitas gleonidalis* die Gelenkpfanne für das Schultergelenk. In diesem Bereich ragt ein hakenförmiger Knochenvorsprung (**Proc. coracoideus**)

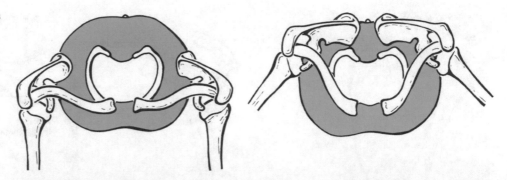

☐ **Abb. 3.30** Beweglichkeit des Schultergürtels; beachte die Stellung der Skapula und vgl. mit ☐ Abb. 3.31

☐ **Abb. 3.31** Beweglichkeit des Schultergürtels mit maximaler Bewegungsamplitude der oberen Extremität

nach vorne, der mit seiner Spitze vor dem Schultergelenk liegt. Die Rückfläche der Skapula wird von einer kräftigen, gut tastbaren Leiste (**Spina scapulae**) durchzogen, die an der Margo medialis am Übergang vom mittleren zum oberen Drittel des Schulterblattes beginnt und schräg aufwärts führt. Sie endet mit einem breiten Knochenvorsprung hinten über dem Schultergelenk, welcher den höchsten Teil der Schulter darstellt und als **Acromion** bezeichnet wird. Mit dem Acromion bildet das Schlüsselbein das äußere Schlüsselbeingelenk aus. Zwischen Proc. coracoideus und Acromion als den beiden markanten Vorsprüngen des Schulterblattes verläuft ein kräftiges Band (**Lig. coracoacromiale**), welches das Schultergelenk überdacht (☐ Abb. 3.29 und 3.52). Die Rückfläche der Skapula wird durch die Spina scapulae in zwei grubenförmige Felder unterteilt, die *Fossa supraspinata* und die *Fossa infraspinata*, aus denen die gleichnamigen Muskeln entspringen (vgl. ☐ Abb. 3.51).

Das **Schultergelenk** (*Glenohumeral-Gelenk*) wird zwischen Schulterblatt und Oberarmknochen (Humerus) gebildet. Die Cavitas glenoidalis am äußeren Schulterblattwinkel stellt eine flache Gelenkpfanne dar, die durch eine Gelenklippe vergrößert ist (☐ Abb. 3.33). Ihr gegenüber steht der halbkugelförmige Humeruskopf. Das Schultergelenk ist als typisches Kugelgelenk mit drei Freiheitsgraden das beweglichste Gelenk des Körpers. Dies wird vor allem durch die flache Pfanne erreicht, die keine typische Knochenführung (vgl. Hüftgelenk) gestattet (☐ Abb. 3.34). Die Gelenkkapsel des Schultergelenks ist weit und schlaff, sodass sie der allseitig guten Beweglichkeit keinen Widerstand entgegensetzt. In ihrem vorderen Abschnitt ist sie durch einen Bandzug verstärkt, der vom Proc. coracoideus zum Humerus zieht (**Lig. coracohumerale**). Dies ist das einzige direkte Schultergelenksband. Wegen der fehlenden Knochen- und geringen Bandsicherung steht der guten

3

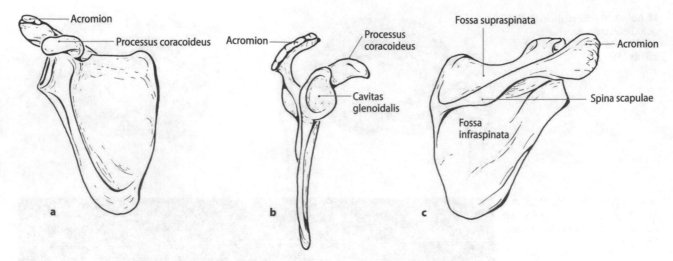

�‣ Abb. 3.32   Skapula von **a** vorne, **b** seitlich und **c** hinten

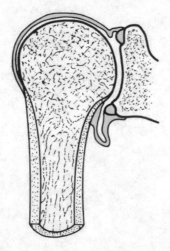

�‣ Abb. 3.33   Frontalschnitt durch das Schultergelenk; beachte die flache Pfanne und die weite Kapsel und vgl. mit **◻** Abb. 3.34

Beweglichkeit des Schultergelenks (**◻** Abb. 3.35) als negativer Aspekt eine große Labilität gegenüber, weshalb der Oberarm relativ leicht luxiert werden kann. Die Sicherung des Gelenks hängt deshalb hauptsächlich von Muskeln ab, die es mantelförmig umgeben. Das Lig. coracoacromiale, das den Humeruskopf dachartig überspannt (vgl. **◻** Abb. 3.52), sichert das Gelenk dergestalt, dass beim Aufstützen der Humeruskopf dagegen drückt und nicht nach oben aus der Pfanne gleiten kann. Auch die Abduktionsbewegung des Armes wird durch dieses Band begrenzt; sie ist nur bis zu einem Winkel von 90° möglich. Ein weiteres Heben des Armes erfordert die Mitbewegung des Schulterblattes, dessen unterer Winkel dabei nach außen gedreht wird (**◻** Abb. 3.38).

Humerus (Oberarmknochen). Am Übergang zum Humerusschaft sind am Oberarmknochen zwei kräftige Knochenhöcker ausgebildet, die den Muskeln, welche auf das Schultergelenk wirken, als Ansatz dienen (**◻** Abb. 3.34). Vorne liegt das **Tuberculum minus**, wel-

ches nach distal in eine Leiste ausläuft (*Crista tuberculi minoris*), und seitlich findet sich das kräftigere **Tuberculum majus**, welches sich ebenfalls in eine Leiste (*Crista tuberculi majoris*) fortsetzt.

❗ Das Schultergelenk ist aufgrund seiner Konstruktion das beweglichste Gelenk des Körpers. Da es keine knöcherne und eine zu vernachlässigende ligamentäre Sicherung besitzt, ist seine funktionelle Integrität in hohem Maß von den umgebenden Muskeln abhängig.

3.2.2 Muskeln des Schultergürtels

Schultergürtel und Schultergelenk wirken funktionell zusammen, ebenso müssen die beteiligten Muskeln funktionell im Zusammenspiel betrachtet werden. Aus Gründen der Übersichtlichkeit werden sie unter Berücksichtigung ihres Verlaufs nach drei Gruppen geordnet: 1. Muskeln vom Rumpf zum Schultergürtel, 2. Muskeln vom Rumpf zum Oberarm, 3. Muskeln vom Schultergürtel zum Oberarm (Schultermuskeln im engeren Sinne).

Die Zusammenarbeit einzelner Muskelzüge aus diesen drei Gruppen kann an zwei Beispielen verdeutlicht werden (**◻** Abb. 3.36). Die Abduktion des Armes wird durch einen Schultermuskel vollzogen. Besonders bei hoher Belastung (z. B. wenn man zusätzlich ein Gewicht hält) ist es wichtig, Fixpunkt und Bewegungspunkt des Agonisten durch andere Haltemuskeln zu definieren, um zu verhindern, dass bei seiner Kontraktion einfach das Schulterblatt gedreht wird und der Arm seine Lage nicht verändert. So bewegen Muskelzüge der Schultergürtelmuskulatur das Schulterblatt gleichsinnig bzw. sorgen für einen Gegenzug, der das Schulterblatt fixiert. Auch durch Muskelzüge, die eigentlich auf den Arm wirken (vom Rumpf zum Oberarm), kann der gesamte Schultergürtel bewegt werden: Wenn das Schultergelenk

Abb. 3.34 Röntgenaufnahme des Schultergelenks; beachte die im Vergleich zum Humeruskopf flache Pfanne

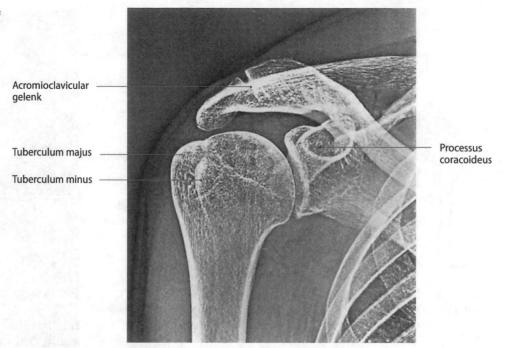

Acromioclavicular gelenk

Tuberculum majus

Tuberculum minus

Processus coracoideus

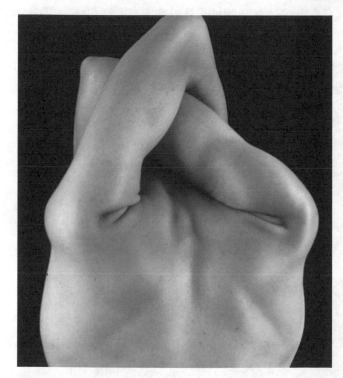

Abb. 3.35 Beispiel einer extremen Beweglichkeit im Schultergelenk

durch entsprechende andere Muskeln fixiert wird, wird der gesamte Schultergürtel heruntergezogen.

Muskeln vom Rumpf zum Schultergürtel Innerhalb dieser Gruppe kann man – ohne spezielle Kenntnisse der einzelnen Muskeln – verschiedene Zugrichtungen unterschei-

den, die die Verbindung zwischen Schultergürtel und Rumpf bei vielfältigen Belastungen sichern. **Absteigende** Züge laufen vom Kopf oder von der Halswirbelsäule zum Schulterblatt. Sie bewahren den Schultergürtel vor dem Absinken, etwa beim Tragen schwerer Lasten. **Aufsteigende** Anteile von der unteren Brustwirbelsäule ziehen das Schulterblatt nach unten; sie tragen den Rumpf beim Hängen oder Stützen. **Quere** Muskelzüge können das Schulterblatt entweder nach medial, zur Wirbelsäule hin (entspringend von der oberen BWS) oder nach lateral verspannen (von der seitlichen oder vorderen Thoraxwand kommend). Innerhalb ihrer Bewegungswirkung auf das Schulterblatt ziehen sie die Schultern dabei nach hinten oder nach vorne.

Der **M. trapezius** besitzt drei Anteile (**Abb. 3.39**, vgl. **Abb. 3.37** und 3.38), jeweils einen absteigenden, einen queren und einen aufsteigenden (*Pars descendens, transversa und ascendens*). Er entspringt vom Hinterhaupt und von den Dornfortsätzen der Hals- und Brustwirbelsäule. Seine Faserbündel laufen zur Spina scapulae zusammen, wo die aufsteigenden am weitesten medial, die absteigenden lateral am Acromion, teilweise auch am Schlüsselbein ansetzen. Bei der Kontraktion der einzelnen Teile wird das Schulterblatt nach oben, medial oder unten gezogen. Wenn er sich insgesamt anspannt, werden die Schultern zurückgezogen, der Kopf nach hinten geneigt und die Wirbelsäulenstreckung unterstützt. Die Zusammenarbeit von auf- und absteigendem Teil wirkt bei der Drehung des Schulterblattes mit (wichtig für die Elevation des Armes), wobei sein Angulus superior nach unten und das Acromion nach oben gezogen werden (vgl. **Abb. 3.38** und 3.39).

3

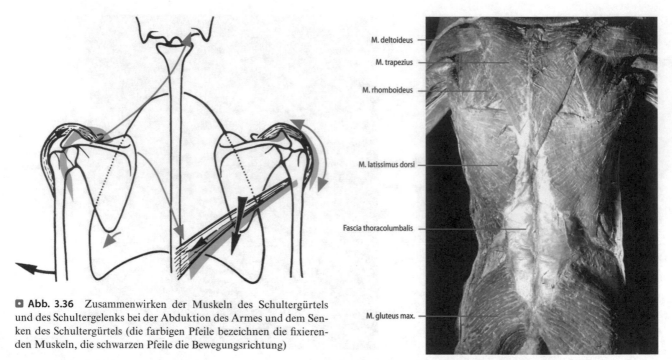

◘ **Abb. 3.36** Zusammenwirken der Muskeln des Schultergürtels und des Schultergelenks bei der Abduktion des Armes und dem Senken des Schultergürtels (die farbigen Pfeile bezeichnen die fixierenden Muskeln, die schwarzen Pfeile die Bewegungsrichtung)

◘ **Abb. 3.37** Anatomisches Muskelpräparat des Rückens. (Präparat und Aufnahme von J. Koebke, Köln)

◘ **Abb. 3.38** Muskelrelief des Rückens; beachte die Drehung der Skapula bei Elevation im Schultergelenk (gestrichelte Linie = margo medialis)

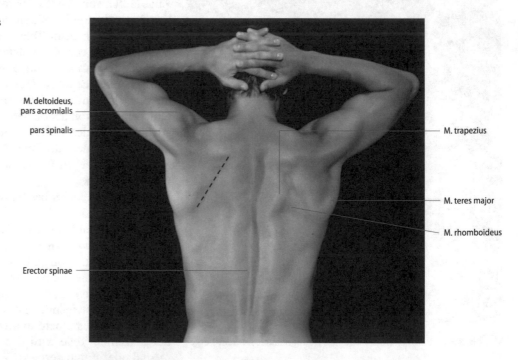

Unter dem M. trapezius liegt der **M. rhomboideus,** welcher von den Dornfortsätzen der unteren Hals- und oberen Brustwirbel schräg abwärts zum medialen Schulterblattrand zieht (◘ Abb. 3.40, vgl. ◘ Abb. 3.37). Bei seiner Kontraktion nähern sich die Schulterblätter einander und außerdem hält er die Schulterblätter gegen den Brustkorb (zusammen mit dem M. serratus anterior).

In absteigender Richtung verläuft der **M. levator scapulae** von den Querfortsätzen der Halswirbel zum oberen Schulterblattwinkel (◘ Abb. 3.41). Seine Funktion geht bereits aus seiner Benennung hervor: Er hebt die Schulterblätter. Bei einseitiger Kontraktion und festgestelltem Schultergürtel kann er außerdem bei der Seitneigung der Halswirbelsäule mitwirken.

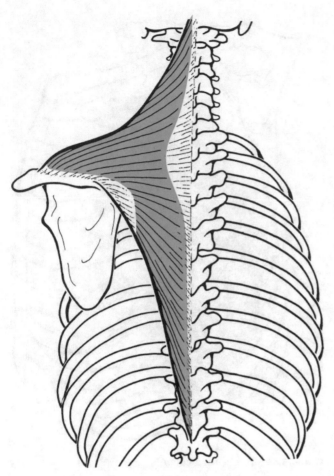

■ **Abb. 3.39**   M. trapezius

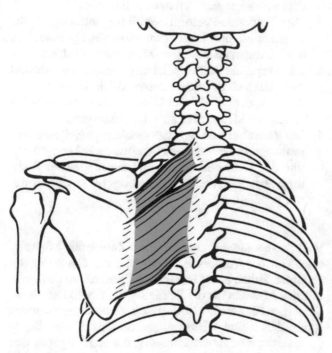

■ **Abb. 3.40**   M. rhomboideus

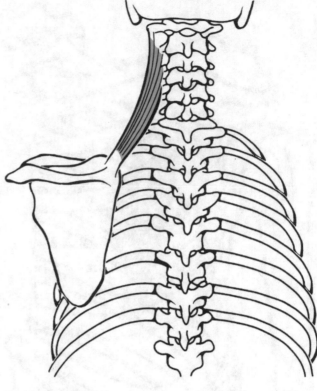

■ **Abb. 3.41**   M. levator scapulae

Vom Brustkorb ziehen zwei Muskeln zum Schulterblatt, welche aufgrund ihres Verlaufs nicht nur auf den Schultergürtel wirken; bei Umkehr von Fix- und Bewegungspunkt, wenn der Schultergürtel festgestellt wird, können sie auch als Atemhilfsmuskeln eingesetzt werden und so die tiefe Einatmung erleichtern. Der **M. pectoralis minor** entspringt mit drei kräftigen Zacken von der 3. bis 5. Rippe und zieht zum Proc. coracoideus (■ Abb. 3.42). So kann er das Schulterblatt ein wenig senken, vor allem aber gegen die hintere Thoraxwand fixieren. Der **M. serratus anterior** (■ Abb. 3.43) entspringt von den ersten neun Rippen. Seine unteren Ursprungszacken, welche mit denen des M. obliquus externus abdominis alternieren, können unter der Haut sichtbar werden (vgl. ■ Abb. 3.26). Er überdeckt die seitliche Brustwand und zieht zwischen Rippen und Schulterblatt entlang (Auspolsterung des scapulo-thorakalen Nebengelenks!), um über die gesamte Ausdehnung des medialen Schulterblattrandes anzusetzen. Dabei können die oberen, hauptsächlich quer verlaufenden Anteile des Muskels von den unteren unterschieden werden. Diese laufen schräg aufwärts und setzen vorwiegend im unteren Bereich des Schulterblattes, nahe seinem unteren Winkel, an. Sie ziehen den Angulus inferior bei der Elevation des Armes nach außen (Zusammenarbeit mit dem M. trapezius, vgl. ■ Abb. 3.38). Der M. serratus anterior insgesamt zieht die Schulterblätter nach vorne und hält sie am Brustkorb.

3

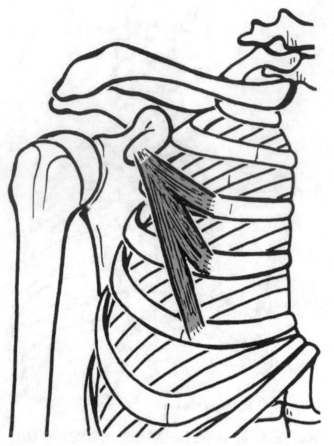

◘ **Abb. 3.42**   M. pectoralis minor

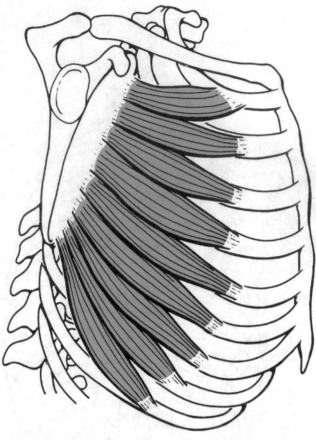

◘ **Abb. 3.43**   M. serratus anterior

■ **Praxis**

Ein zu schwach ausgebildeter M. serratus anterior (insbesondere auch bei Lähmung) ist für die Entstehung sog. Flügelschultern verantwortlich, wobei die mediale Kante der Skapula ungenügend gegen den Thorax fixiert ist und damit unter der Haut prominent wird.

Muskelschlingen des Schultergürtels   Durch die vorgenannten Muskeln, welche zwischen Rumpf und Schultergürtel verlaufen, kann das Schulterblatt in allen Richtungen bewegt werden; gleichzeitig wird es jedoch auch allseitig verspannt und damit fixiert. Entsprechend der funktionellen Überlegung, dass die Fixierung des Schultergürtels notwendig ist, um bei den Bewegungen des Armes unerwünschte Mitbewegungen des Schulterblattes zu vermeiden, können jeweils zwei Muskeln dieser Gruppe zu einer sog. Muskelschlinge kombiniert werden.

Das Prinzip der Muskelschlingen ist Folgendes: Das Zusammenwirken eines Muskels, der z. B. das Schulterblatt hebt, führt zusammen mit einem anderen, der es senkt (für die Bewegung des Schulterblattes der Antagonist), zu einer Fixierung in dieser Richtung (hier in vertikaler Richtung). So lassen sich vier Muskelschlingen des Schultergürtels formulieren (◘ Abb. 3.44):

1. Die Levator-Trapezius-Schlinge verläuft nahezu vertikal und besteht aus dem M. levator scapulae und dem aufsteigenden Teil des M. trapezius.
2. Die Trapezius-Pectoralis-Schlinge unterstützt die vorgenannte und besteht aus dem absteigenden Teil des M. trapezius und dem M. pectoralis minor.
3. Die Trapezius-Serratus-Schlinge verläuft horizontal und setzt sich aus dem queren Anteil des M. trapezius sowie dem in gleicher Richtung laufenden oberen Anteil des M. serratus anterior zusammen.
4. Die Rhomboideus-Serratus-Schlinge, welche die vorgenannte unterstützt, zieht etwas schräger; an ihr sind der M. rhomboideus und der in gleicher Richtung verlaufende untere Anteil des M. serratus anterior beteiligt.

Muskeln vom Rumpf zum Oberarm   Zwei große Muskeln, einer von der Vorderseite, einer von der Rückseite des Rumpfes, ziehen zum Oberarm und gehören zu den wirksamsten Muskeln für die Bewegungen im Schultergelenk. Sie sorgen für eine hochbelastbare Verbindung zwischen Rumpfskelett und Oberarm, sodass sie bei allen Bewegungen, die eine Be-schleunigung des Armes gegen den Rumpf bedingen (z. B. Werfen) oder den Rumpf gegen

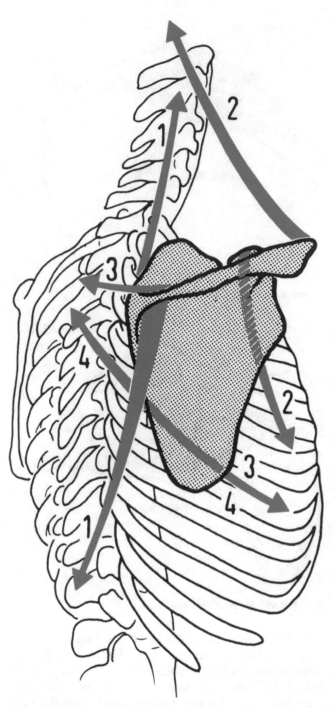

Abb. 3.44 Muskelschlingen des Schultergürtels: 1 = Levator-Trapezius, 2 = Trapezius-Pectoralis, 3 = Trapezius-Serratus, 4 = Rhomboideus-Serratus

die fixierte obere Extremität bewegen (z. B. Reckturnen), beansprucht werden.

Der **M. pectoralis major** entspringt vom Schlüsselbein, Brustbein und den Rippenknorpeln (■ Abb. 3.45). Seine Faseranteile laufen zusammen, um an der Crista tuberculi majoris anzusetzen. Er ist unter der Haut deutlich sicht- und tastbar und bildet die vordere Begrenzung der Achselhöhle (■ Abb. 3.25 und 3.26). Auf die Haupt-

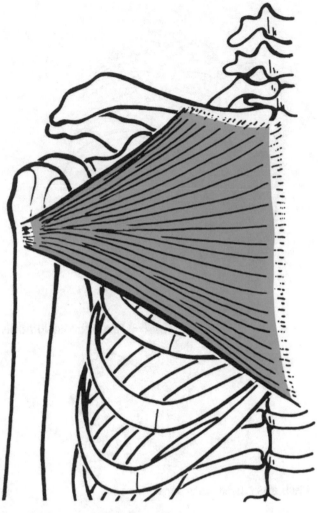

Abb. 3.45 M. pectoralis major

achsen des Schultergelenks bezogen, ist er ein kräftiger Adduktor und Innenrotator. Den erhobenen Arm zieht er kräftig nach unten (Wurf), den rückgeführten Arm zieht er nach vorn. Aufgrund seines Ursprungs an den Rippen kann er auch als Atemhilfsmuskel eingesetzt werden.

Der **M. latissimus dorsi** entspringt größtenteils breitflächig von der Fascia thoracolumbalis und damit indirekt von den Dornfortsätzen der Lenden- und unteren Brustwirbelsäule (■ Abb. 3.46, vgl. ■ Abb. 3.37). Er ist derjenige Muskel, der die hintere Kontur des Oberkörpers wesentlich prägt. Wenn er bei einem Athleten kräftig ausgebildet ist (vgl. ■ Abb. 3.26), spricht man von einem ,breiten Kreuz'. Seine konvergierenden Fasern bilden die hintere Begrenzung der Achselhöhle; er setzt an der Crista tuberculi minoris des Oberarmes an. Der M. latissimus dorsi kann den Arm adduzieren, innenrotieren und nach hinten führen. Im Hang und Stütz bildet er eine feste muskuläre Verspannung der Arme gegen den Rumpf, sodass dieser von ihm – wie in einer Tasche – getragen wird. Dabei wird er auf der Vorderseite vom M. pectoralis major ergänzt.

3

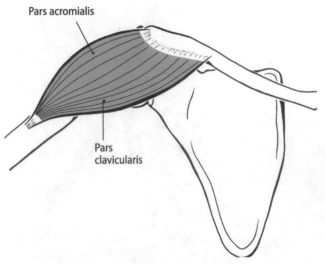

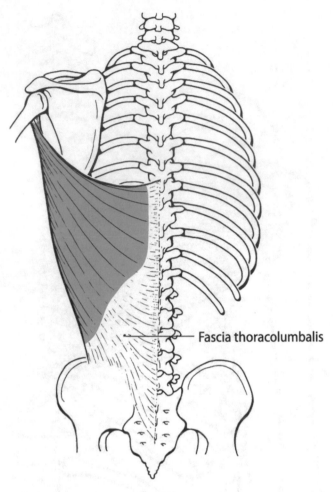

Abb. 3.46 M. latissimus dorsi

Abb. 3.47 M. deltoideus von vorne

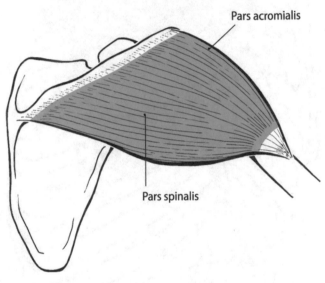

Abb. 3.48 M. deltoideus von hinten

■ **Praxis**

Diejenigen bisher besprochenen Muskeln, die vom Thorax entspringen (Mm. pectorales major und minor, M. serratus anterior) können als Hilfsmuskeln die Brustatmung unterstützen. Dabei muss ihr Fixpunkt am Schultergürtel bzw. Oberarm festgelegt werden, z. B. durch Einstützen der Hände in die Taille. Ein entsprechendes Aufstützen kann man auch bei Asthmatikern unter Atemnot beobachten.

Muskeln vom Schultergürtel zum Oberarm Die meisten Muskeln dieser Gruppe umgeben das Schulterblatt mantelförmig. Dabei besitzen einige einen relativ geringen Achsenabstand, sodass die von ihnen aufgebrachten Drehmomente und damit die Bewegungswirkung nicht sehr groß sind. Ihre wesentliche Aufgabe liegt in der Sicherung des Schultergelenks.

Der wichtigste von ihnen ist der **M. deltoideus**, denn er ist an allen Bewegungen des Armes beteiligt (■ Abb. 3.47 und 3.48, vgl. ■ Abb. 3.38 und 3.62). Er besitzt – nach den Ursprungsstellen benannt – drei Anteile: *Pars clavicularis, Pars acromialis* und *Pars spinalis* (scapulae), welche gemeinsam an der Außenseite des

Humerus ansetzen. Entsprechend ihrer Lage zu den Bewegungsachsen im Schultergelenk haben die einzelnen Teile unterschiedliche Funktionen: Der vordere, klavikuläre Teil führt den Arm nach vorne und dreht ihn nach innen. Der hintere, spinale Anteil dreht ihn nach außen und zieht ihn nach hinten. Beide gemeinsam adduzieren den Arm. Der akromiale Teil des M. deltoideus abduziert den Arm. Bei zunehmender Abduktion werden auch die klavikulären und spinalen Anteile beteiligt, da sie dabei die sagittale Bewegungsachse überwandern und somit ihre Funktion ändern. Diese Bewegung kann theoretisch jedoch nur bis zu einem Winkel von 90° durchgeführt werden, da das Lig. coracoacromiale die Abduktion einschränkt, sodass ein weiteres Anheben (Elevation) nur unter gleichzeitiger Drehung des Schulterblattes möglich ist (■ Abb. 3.38). In der Realität beginnt die Mitbewegung der Skapula schon bei ca. 60°

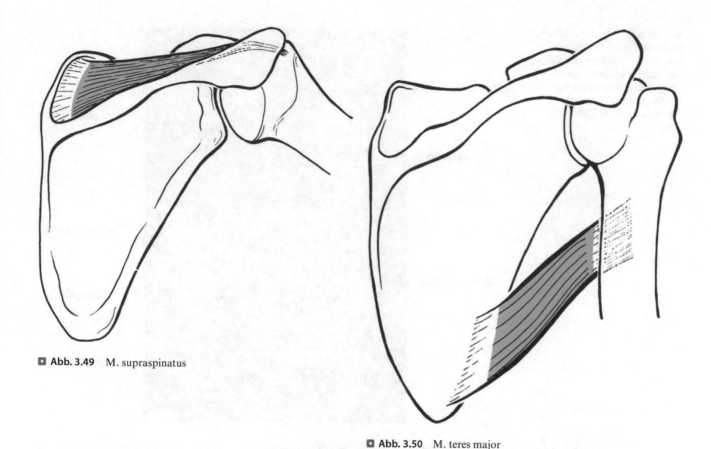

Abb. 3.49   M. supraspinatus

Abb. 3.50   M. teres major

Abb. 3.51   Anatomisches Muskelpräparat der Rotatoren-manschette in der Ansicht der rechten Skapula von dorsal (links) und ventral (rechts). (Präparat und Aufnahme von J. Koebke, Köln)

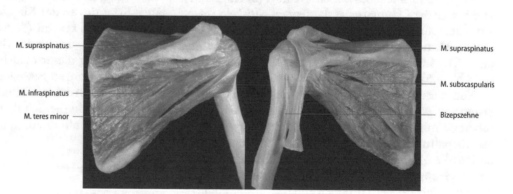

M. supraspinatus

M. infraspinatus

M. teres minor

M. supraspinatus

M. subscaspularis

Bizepszehne

Abduktion. Da der M. deltoideus mit seinen verschiedenen Anteilen sein eigener Antagonist ist, fixiert er bei gesamter Anspannung – auch schon aufgrund seines Ruhetonus – das Schultergelenk und trägt wesentlich zu dessen Sicherung bei.

Die Abduktion wird durch den **M. supraspinatus** unterstützt (◘ Abb. 3.49 und 3.51), der aus der Fossa supraspinata des Schulterblattes entspringt und über dem Schultergelenk verläuft; er setzt am Tuberculum majus humeri an, außerdem ist er mit der schlaffen Kapsel des Gelenks verwachsen, sodass er diese bei der Abduktion des Armes spannt und vor dem Einklemmen im Gelenkspalt bewahrt. In seinem Verlauf passiert er eine relative Engstelle zwischen Humeruskopf und Acromion (◘ Abb. 3.52); gegen dieses ist er durch eine Bursa abgepolstert.

■ Praxis

Im subacromialen Bereich des M. supraspinatus kann es aufgrund unterschiedlichster Ursachen zu engpass-bedingten Beschwerden kommen, die als Impingement-Syndrom bezeichnet werden. Dies ist bei Überkopf-Sport-arten (Volleyball, Tennis, Speerwurf) besonders häufig.

Die übrigen Muskeln können funktionell nach den von ihnen erzeugten Bewegungen um die Longitudinal-achse gegliedert werden; dies wird auch durch Verlauf und Ansatzstelle am Oberarm deutlich. Jene, die vom Schulterblatt vor dem Oberarm entlang ziehen und am Tuberculum minus bzw. seiner Leiste ansetzen, bewirken eine Innenrotation des Armes: **M. teres major** (◘ Abb. 3.50, vgl. ◘ Abb. 3.38) vom unteren Schulterblattwinkel und **M. subscapularis** von der den Rippen

3

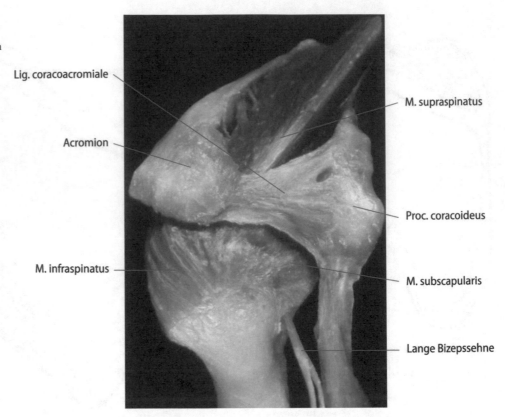

�‍ Abb. 3.52 Anatomisches
Präparat des rechten Schulter-
gelenks mit Bändern und Sehnen
der Rotatorenmanschette;
beachte den subacromialen
Engraum. (Präparat und
Aufnahme von B. Tillmann,
Kiel)

Lig. coracoacromiale

Acromion

M. infraspinatus

M. supraspinatus

Proc. coracoideus

M. subscapularis

Lange Bizepssehne

zugewandten Fläche des Schulterblattes (◯ Abb. 3.51).
Die hinter dem Humerus verlaufenden Muskeln setzen
am Tuberculum majus an und drehen den Arm nach
außen: **M. teres minor** vom lateralen Schulter-blattrand
und **M. infraspinatus** aus der Fossa infraspinata
(◯ Abb. 3.51).

Von diesen Muskeln besitzt der M. teres major aufgrund seines Achsenabstands mit Ansatz an der Crista
tuberculi minoris die größte Bewegungswirkung; er ist
als Abspaltung des M. latissimus dorsi zu verstehen und
besitzt die gleichen Funktionen. Die übrigen Muskeln
dieser Gruppe (Mm. teres minor, supraspinatus, infraspinatus, subscapularis) bilden die sog. **Rotatorenmanschette**, die den Humeruskopf allseitig umfasst
(◯ Abb. 3.52) und damit dessen Bewegungsspiel in der
flachen Gelenkpfanne maßgeblich beeinflusst.

Der **M. coracobrachialis** (◯ Abb. 3.53) zieht vom
Proc. coracoideus zum Oberarm und ist an der Anteversion beteiligt. Dabei wird er vom **M. biceps brachii** unterstützt (◯ Abb. 3.63). Beide Köpfe des M. biceps brachii, die zum Unterarm ziehen, entspringen vom
Schulterblatt; der kurze Kopf kommt vom Proc. coracoideus und besitzt so einen ähnlichen Verlauf und eine
ähnliche Wirkung wie der M. coracobrachialis. Der
lange Kopf entspringt mit einer langen Sehne von einem
Höcker oberhalb der Schultergelenkspfanne (*Tuberculum supraglenoidale*) und zieht in einer Rinne zwischen
Tuberculum majus und minus entlang (◯ Abb. 3.51).

Als Antagonist des langen Bizepskopfes kommt der
lange Kopf des an der Rückseite des Oberarmes gelegenen **M. triceps brachii** (◯ Abb. 3.61) vom *Tuberculum
infraglenoidale* unterhalb der Schultergelenkspfanne.
Die Bedeutung dieser beiden Muskelanteile liegt weniger in ihrer geringen Bewegungswirkung auf das Schultergelenk; sie drücken vielmehr durch ihren Tonus den
Oberarmkopf in die Schultergelenkspfanne hinein und
tragen so wesentlich zur muskulären Sicherung dieses
Gelenks bei.

❶ Für die muskuläre Sicherung des Schultergelenks sind
bedeutsam:
 ▬ M. deltoideus,
 ▬ lange Köpfe des M. biceps brachii und M. triceps brachii und
 ▬ Muskeln der Rotatorenmanschette.

3.2.3 Die „tragende Rolle" des Schultergürtels

Der Schultergürtel als dorsal offene Knochenkonstruk-
tion ist über vielfältige Muskelzüge mit dem Rumpfskelett verbunden. Die in dieser Region vorhandenen Muskeln können komplex interagieren (vgl. ◯ Abb. 3.36).
Bei vielen motorischen Aufgaben des täglichen Lebens
oder bei sportlichen Aktivitäten sichern sie die strukturelle und funktionelle Integrität dieser Region.

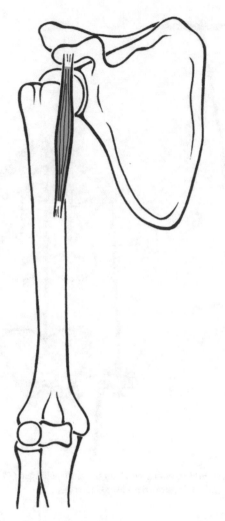

◘ Abb. 3.53 M. coracobrachialis

Bei Stütz am Barren und beim Hang am Reck stellt der Schultergürtel-Arm-Komplex aufgrund seiner Fixierung am Gerät den Fixpunkt für die angreifenden Muskeln dar, die ihrerseits verhindern müssen, dass der Rumpf durch sein Gewicht gegen den Schultergürtel nach unten gleitet. So ist der Barrenstütz bei muskelschwachen Personen dadurch charakterisiert, dass die Schultern hochgezogen erscheinen; der Rumpf kann jedoch in der Tat nicht hinreichend getragen werden. Verantwortlich hierfür sind aufsteigende Muskelzüge (◘ Abb. 3.54): Dorsal vor allem der M. latissimus dorsi zum Oberarm und der M. trapezius mit seiner unteren Pars ascendens; ventral ergänzt durch die Mm. pectorales major und minor. Die Besonderheit des Hangs am Reck liegt darüber hinaus in der Drehung der Skapula mit den Armen in Elevation; eine Sicherungsrolle zur Bewegungsbegrenzung der Skapula müsste dabei der M. rhomboideus übernehmen.

Beim Tragen schwerer Lasten würde in umgekehrter Weise der Schultergürtel nach unten gezogen werden (die funktionelle Fixierung der Schultergelenke

vorausgesetzt). Hierbei kommt Muskeln mit absteigendem Verlauf die Aufgabe zu, den Schultergürtel gegen den Rumpf zu tragen (◘ Abb. 3.54). Dorsal übernehmen vor allem der M. trapezius mit seiner oberen Pars descendens und der M. levator scapulae diese Funktion.

Bei ähnlichen Belastungssituationen in der Horizontalebene des Körpers sind vor allem quer verlaufende Muskelzüge beansprucht (◘ Abb. 3.55). So muss beim Liegestütz der Rumpf im Schultergürtel getragen werden, wobei die Schulterblätter möglichst weit seitlich über den Thorax gleiten sollen. Diese Aufgabe übernimmt der M. serratus anterior, unterstützt vom M. pectoralis major, während die dorsalen Muskelpartien des Schultergürtels keine tragende Rolle spielen. Diese würden eingesetzt werden müssen, wenn man die Situation umkehrt, sich also in den Liegehang begibt, bei dem das Körpergewicht nach dorsal zwischen die Schulterblätter wirkt. In der Position des Liegehangs würde demnach der Rumpf durch den M. trapezius und den M. rhomboideus getragen werden, wobei die Schulterblätter sich einander und der Wirbelsäule annähern sollten; auch der obere Anteil des M. latissimus dorsi sollte hierbei unterstützend wirksam sein.

3.2.4 Ellenbogengelenk

Das Skelett des Armes bilden der Oberarmknochen (*Humerus*) sowie Elle (*Ulna*) und Speiche (*Radius*) am Unterarm. Der **Humerus** trägt an seinem proximalen Ende den Kopf für das Schultergelenk und die beiden Tubercula minus und majus als Muskelansätze; sein distaler Bereich ist an der Bildung des Ellenbogengelenks beteiligt (◘ Abb. 3.56 und 3.57). Hier verbreitert er sich und trägt zwei kräftige Knorren, den *Epicondylus medialis* und *lateralis*, von denen der innere prominenter ist und unter der Haut deutlich vorspringt. Von ihnen entspringen viele Muskeln des Unterarmes. Zwischen beiden Epicondyli liegen die überknorpelten Gelenkflächen für das Ellenbogengelenk. Lateral ist ein kugelförmiges Köpfchen (*Capitulum humeri*) ausgebildet, welches die Speiche aufnimmt; medial liegt eine wesentlich größere Gelenkrolle (*Trochlea humeri*), welche in der Mitte eine Führungsrinne besitzt und mit der Elle in Verbindung steht.

■ **Praxis**

Unter dem Epicondylus medialis humeri verläuft in einer Knochenrinne ein Nerv (N. ulnaris), der unter der Haut getastet und mechanisch gereizt werden kann; dabei kommt es zu sensiblen Irritationen, die in die Kleinfingerseite und den Ringfinger ausstrahlen. Aufgrund dieses Phänomens wird der Epicondylus medialis im Volksmund als „Musikantenknochen" bezeichnet.

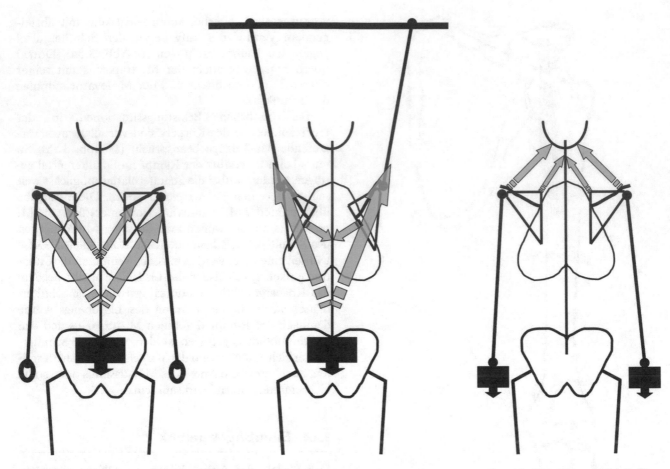

■ **Abb. 3.54** Wesentliche Muskelzüge beim Stützen (M. latissimus dorsi und M. trapezius, pars ascendens skizziert), Hängen (M. latissimus dorsi und M. rhomboideus skizziert) und Tragen (M. trapezius, pars descendens und M. levator scapulae skizziert)

■ **Abb. 3.55** Wesentliche Muskelzüge beim Liegestütz (M. serratus ant. und M. pectoralis major skizziert) und beim Liegehang (M. trapezius, pars transversa skizziert)

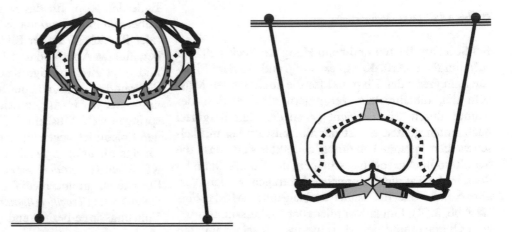

Die Elle (**Ulna**) besitzt proximal einen kräftigen, haken-förmigen Fortsatz (*Olecranon*), welcher innen eine Leiste trägt (■ Abb. 3.56 und 3.57). Dieser Fortsatz (der Ellen-„Bogen") umgreift einschließlich seiner vorderen Ausziehung (*Proc. coronoideus*) die Oberarmrolle und bildet so das Humero-Ulnar-Gelenk. Aufgrund der guten Kongruenz – die innere Leiste des Olecranon wird in der entsprechenden Rinne der Trochlea geführt – besitzt das Gelenk eine gute Knochenführung; es ist ein typisches Scharniergelenk mit einem Freiheitsgrad. Es ermöglicht Beugung und Streckung des Armes; die Bewegungsachse verläuft quer unterhalb der Epikondylen durch die Trochlea humeri. Da die Oberarmrolle in individuell unterschiedlichem Ausmaß schräg gestellt ist, weichen Oberarmachse und Unterarmachse voneinander ab. Dies ermöglicht bei starker Ausprägung ein Ne-

Abb. 3.56 Röntgenaufnahme des Ellenbogengelenks von der Seite und von vorne

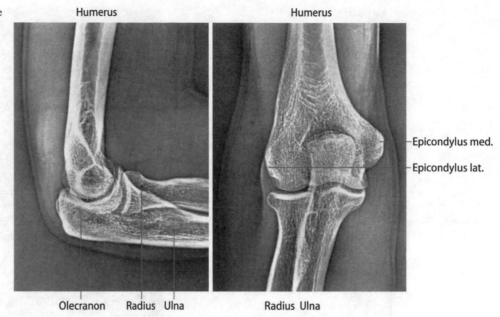

Humerus

Humerus

Epicondylus med.

Epicondylus lat.

Olecranon　Radius　Ulna

Radius　Ulna

Abb. 3.57 Vereinfachte Darstellung der Elemente des Ellenbogengelenks; die entsprechenden Gelenkflächen seiner Teilgelenke sind durch Linien verbunden: 1 = Humero-Ulnar-Gelenk, 2 = Humero-Radial-Gelenk, 3 = Radio-Ulnar-Gelenk

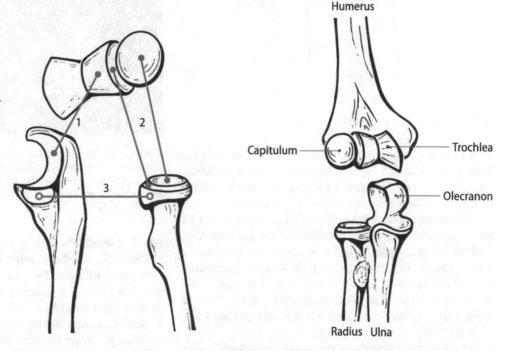

Humerus

Capitulum

Trochlea

Olecranon

Radius　Ulna

beneinanderlegen der gestreckten Unterarme vor dem Körper, wobei die Oberarme entsprechend konvergieren. Bei Frauen ist diese Achsenabweichung meist stärker ausgeprägt. Die Elle verschmälert sich nach distal und trägt dort mit einer kleinen Fläche zur Bildung des Handgelenks bei.

Im Unterschied zur Elle ist die Speiche (**Radius**) proximal schmaler, distal breiter. Mit einem kleinen, flachen Kopf (*Caput radii*), welcher oben sowie in seiner seitlichen Zirkumferenz überknorpelt ist, ist sie gelenkig mit dem rundlichen Capitulum humeri verbunden. Gleichzeitig bildet sie mit der Elle ein Gelenk, welches durch

ein Band ergänzt wird (■ Abb. 3.58 und 3.59), das ringförmig von jener um das Radiusköpfchen herumführt (**Lig. anulare radii**). Dieses Ringband schränkt das formale Kugelgelenk zwischen Oberarmknochen und Speiche zu einem funktionellen Dreh-Winkel-Gelenk ein, welches zwei Freiheitsgrade besitzt. Dabei bewegt sich die Speiche einerseits beim Beugen und Strecken des Armes gemeinsam mit der Elle. Andererseits kann sie gegen den Humerus rotieren. Diese Bewegung vollzieht sich gleichzeitig im Drehgelenk zwischen Elle und Speiche, wobei diese sich im Ringband und gegen die Elle dreht.

3

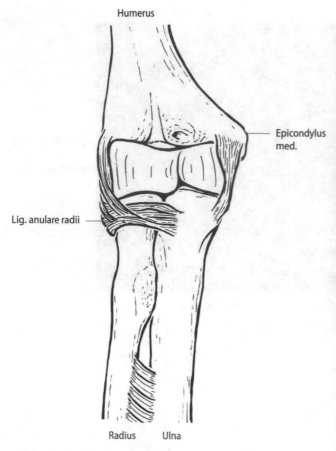

Epicondylus
med.

Lig. anulare radii

Radius   Ulna

◙ **Abb. 3.58**   Ellenbogengelenk von vorne

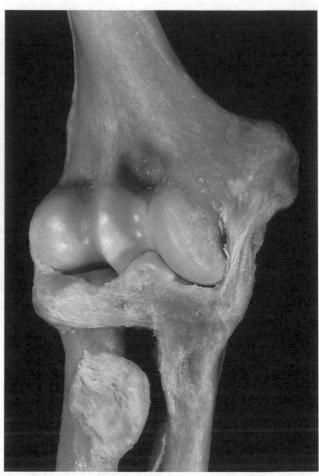

◙ **Abb. 3.59**   Anatomisches Bänderpräparat des rechten Ellenbogengelenks von vorne; vergleiche mit der Schemazeichnung ◙ Abb. 3.58 zum Auffinden der Strukturen; zusätzlich ist der Bizepssehnenstumpf am Radius zu erkennen. (Präparat und Aufnahme von B. Tillmann, Kiel)

Das Ellenbogengelenk besteht demnach aus drei Teilgelenken (◙ Abb. 3.57): dem humero-ulnaren als Scharniergelenk, dem humero-radialen als Dreh-Winkel-Gelenk und dem radio-ulnaren als Drehgelenk.

Als zusammengesetztes Gelenk kann somit das Ellenbogengelenk in seiner Gesamtheit als Dreh-Winkel-Gelenk aufgefasst werden. Es ist für seine Scharnierbewegung zusätzlich durch einen in die Kapsel eingebauten Seitenbandapparat gesichert (◙ Abb. 3.58 und 3.59); während das mediale Seitenband fächerförmig an der Ulna ansetzt, verbindet sich das laterale mit dem Lig. anulare radii.

Die Rotationsbewegung des proximalen Speichenanteils wird durch die Bewegung in einem weiteren Gelenk zwischen beiden Unterarmknochen ergänzt; man unterscheidet demnach ein *proximales* (s. o.) und ein *distales* Radio-Ulnar-Gelenk. Im handgelenknahen distalen Gelenk gleitet die Speiche um die Elle herum, sodass in der einen Stellung beide Unterarmknochen nebeneinander liegen und sich in der anderen Stellung überkreuzen (vgl. ◙ Abb. 3.67 und 3.68). Die Speiche beschreibt bei dieser Bewegung einen Kegelmantel, die Achse verläuft proximal vom Radiusköpfchen durch das distale Ende der Elle. Gleichzeitig bewegt sich die Hand aufgrund ihrer Verbindung zum Radius dabei mit und beschreibt

eine Umwendebewegung. Diese wird als *Supination* bezeichnet (Handfläche zeigt bei hängendem Arm nach vorne und Elle und Speiche liegen nebeneinander) und als *Pronation* (Handrücken zeigt nach vorne, Elle und Speiche überkreuzen sich, ◙ Abb. 3.60).

Aufgrund der Verbreiterung der Speiche distal und der Elle proximal hat die Elle einen größeren Anteil für die Verbindung zum Oberarm; die Speiche hat den größeren Anteil an der Handgelenksbildung. Die beim Stützen auf die Hand wirkenden Kräfte treffen also zunächst die Speiche und müssen zunehmend auf die Elle übertragen werden. Dies geschieht in Art einer Syndesmose durch eine derbe Bindegewebsplatte, die beide Unterarmknochen verbindet (*Membrana interossea*).

❗ Das Ellenbogengelenk besteht aus drei Teilgelenken, die gemeinsam ein funktionelles Dreh-Winkel-Gelenk bilden. In diesem erfolgen Beugung und Streckung sowie Pronation und Supination; bei diesen Umwendebewegungen der Hand bewegt sich nur der Radius.

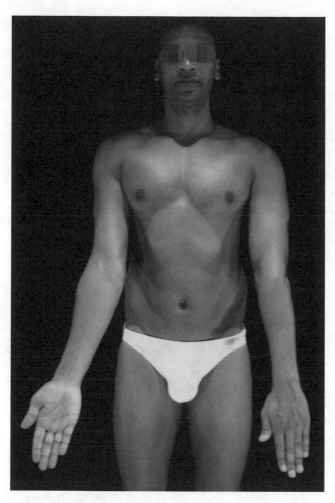

Abb. 3.60　Pronation (linker Arm) und Supination (rechter Arm)

3.2.5　Muskeln des Armes

Die auf das Ellenbogengelenk wirkenden Muskeln werden in eine Strecker- und eine Beugergruppe unterteilt. Die im Allgemeinen häufiger benötigte Beugung (Tragen, Ziehen) spiegelt sich in einem Überwiegen der Beugemuskulatur wider, was dazu führt, dass der unbelastete Arm aufgrund des stärkeren Tonus dieser Gruppe nie ganz gestreckt ist, sondern stets ein wenig angewinkelt herunterhängt.

Streckmuskulatur　Die Streckung wird durch den **M. triceps brachii** durchgeführt, der drei Köpfe besitzt (■ Abb. 3.61). Der lange Kopf entspringt vom Tuberculum infraglenoidale des Schulterblattes und ist von wesentlicher Bedeutung für die muskuläre Sicherung des Schultergelenks (s. o.). Die beiden anderen Köpfe, der mediale und laterale, entspringen direkt vom Humerus. Alle drei vereinigen sich in einer breiten Sehnenplatte, die als Endsehne am Olecranon der Elle ansetzt. Bei einem kräftig ausgebildeten Trizeps springt der Übergang seiner Köpfe in die Sehnenplatte als hufeisenförmige Kontur unter oder Haut deutlich vor (vgl. ■ Abb. 3.62).

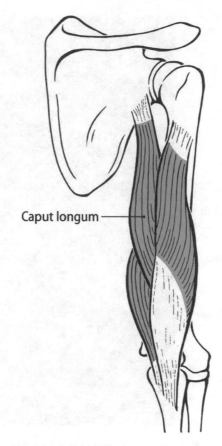

Caput longum

Abb. 3.61　M. triceps brachii

Beugemuskulatur　Die Beugergruppe des Armes besteht aus drei Muskeln. Von diesen verläuft der **M. biceps brachii** zweigelenkig (■ Abb. 3.63). Seine beiden Köpfe entspringen vom Schulterblatt (*Caput longum* vom Tuberculum supraglenoidale, *Caput breve* vom Proc. coracoideus) und unterstützen im Schultergelenk die Anteversion des Armes bzw. sichern es. Der kontrahierte Bizeps springt deutlich auf der Vorderseite des Oberarmes vor und seine Endsehne ist in der Ellenbeuge zu tasten (■ Abb. 3.64). Sie setzt am Radius an, wobei sie bei proniertem Unterarm medial um ihn herumzieht. Aufgrund dieses Verlaufes ist der Bizeps auch ein kräftiger Supinator (s. u.).

Der **M. brachialis,** der von einer breiten Fläche im mittleren Drittel des Humerus entspringt, ist wegen seines Ansatzes an der Elle ausschließlich Beuger im Ellenbogengelenk (■ Abb. 3.65 und 3.62). Der **M. brachioradialis** kommt vom distalen Ende des Oberarmes und verläuft über die radiale Seite des Unterarmes, um weit distal am Radius anzusetzen (■ Abb. 3.66). Vor allem bei statischer Anspannung springt er als deutlicher Muskelwulst im proximalen Abschnitt des Unterarmes hervor (■ Abb. 3.64). Außer seiner Beugefunktion stellt er die Hand in die Mittelstellung zwischen Pro- und Supination ein, bei der der Daumen nach oben zeigt.

3

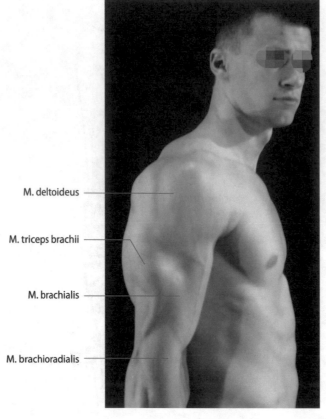

M. deltoideus

M. triceps brachii

M. brachialis

M. brachioradialis

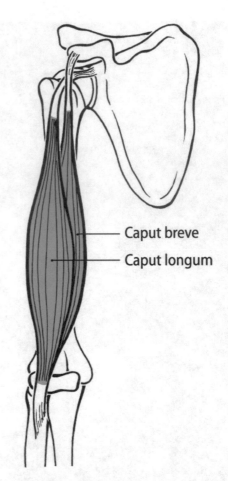

Caput breve

Caput longum

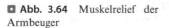
Abb. 3.62   Muskelrelief des Oberarms von der Seite

Abb. 3.63   M. biceps brachii

Abb. 3.64   Muskelrelief der Armbeuger

M. deltoideus

M. brachioradialis

M. biceps brachii

M. pectoralis maj.

■ **Praxis**

Ein Vergleich der Mm. brachialis und brachioradialis zeigt, dass der erste hauptsächlich am Oberarm liegt, der letzte am Unterarm. Betrachtet man den gebeugten Arm, der an der Hand eine Last hält, die bewegt oder nur fixiert werden soll, so wird deutlich, dass der M. brachialis aufgrund des kurzen Kraftarmes (Entfernung vom Ansatz zur Beugeachse im Ellenbogengelenk) und der guten Drehwirkung – seine Verkürzung kommt hauptsächlich der Bewegung des Unterarmes zugute –

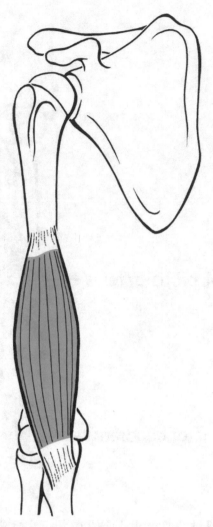

Abb. 3.65   M. brachialis

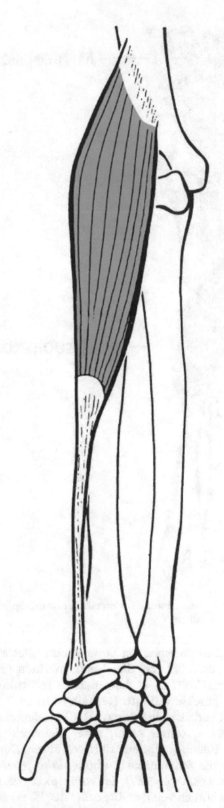

Abb. 3.66   M. brachioradialis

in der Lage ist, große Bewegungsausschläge zu erzielen. Er kann jedoch nur relativ leichte Lasten bewegen; daher wird er als Schnelligkeitsbeuger bezeichnet. Der M. brachioradialis hingegen besitzt wegen des weit distalen Ansatzes am Radius einen langen Kraftarm, man bezeichnet ihn als Lastenbeuger. Beim Halten großer Lasten wirken außerdem Verbiegungskräfte auf den Oberarm- und die Unterarmknochen, die – fixiertes Schulter- und Ellenbogengelenk vorausgesetzt – am Humerus nach hinten und bei Ulna und Radius nach unten gerichtet sind. Aufgrund ihrer Lage verspannen die Mm. brachialis und brachioradialis die Skelettelemente des Armes und wirken Biegebeanspruchungen entgegen: der M. brachialis am Oberarm und der M. brachioradialis am Unterarm.

Pro- und Supinationsmuskeln. Alle Muskeln, die von Humerus oder Ulna zum Radius laufen und deren Kraftlinie dabei einen spitzen oder im günstigsten Fall rechten Winkel zur Bewegungsachse bildet, können den Unterarm pronieren oder supinieren.

Der kräftigste Supinator (■ Abb. 3.67) ist der **M. biceps brachii**. Seine Sehne ist in Pronationsstellung um den Radius geschlungen und wickelt sich bei Kontraktion von diesem ab (vgl. ■ Abb. 3.59), wobei der proxi-

3

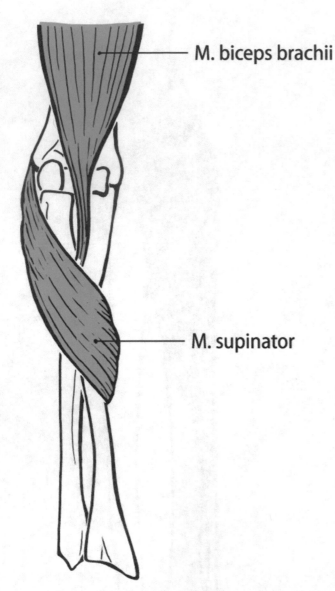

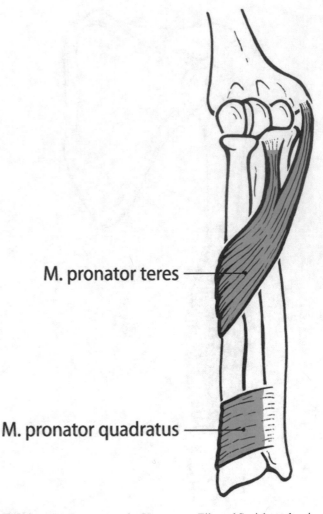

☐ **Abb. 3.68**   Pronatoren des Unterarms; Elle und Speiche stehen in Supinationsstellung

☐ **Abb. 3.67**   Supinatoren des Unterarms, Elle und Speiche stehen in Pronationsstellung

male Radius im Sinne der Supination rotiert wird. Allerdings entfaltet er die beste Wirkung nur bei gebeugtem Arm, da er dann nahezu rechtwinklig zur Bewegungsachse verläuft. Deshalb ist es auch leichter, entsprechende Bewegungen (z. B. Eindrehen eines Korkenziehers – rechter Arm!) unter gleichzeitiger Beugung im Ellenbogengelenk durchzuführen. Der Bizeps wird für die Supinationsbewegung vom **M. supinator** unterstützt (☐ Abb. 3.67), der vom Epicondylus lateralis humeri (auch von der Rückseite der Ulna) zur Speiche zieht.

Die Pronatoren führen die entgegengesetzte Bewegung aus (☐ Abb. 3.68). Der **M. pronator teres** verläuft gegensinnig zum M. supinator, also vom Epicondylus medialis (und der Vorderseite der Ulna) zur Speiche. Weiter distal am Unterarm zieht der **M. pronator quadratus** wie der Teil einer Manschette von der Außen-

kante der Elle zur Außenkante der Speiche, sodass er die Speiche um die Elle herumführt.

3.2.6   Gelenke der Hand

Die Hand ist ein vielgliedriges und vielgelenkiges System, dessen besondere Bedeutung als Greifwerkzeug vor allem auf der Beweglichkeit der Finger und insbesondere des Daumens beruht. An der Hand werden drei Anteile unterschieden: 1. die Handwurzel (*Carpus*), welche mit den Unterarmknochen gelenkig verbunden ist; 2. die Mittelhand (*Metacarpus*), die den größten Teil der Handfläche bzw. des Handrückens bildet und 3. die Finger, welche aus drei bzw. zwei (Daumen) Gliedern bestehen. Die Orientierung an der Hand richtet sich nach der Handfläche *(palmar)* und dem Handrücken *(dorsal)* sowie kleinfingerwärts nach der Elle *(ulnar)* und daumenwärts nach der Speiche *(radial)*.

Die **Handwurzel** (☐ Abb. 3.69) besteht aus acht Knochen, welche in zwei Reihen, einer proximalen und

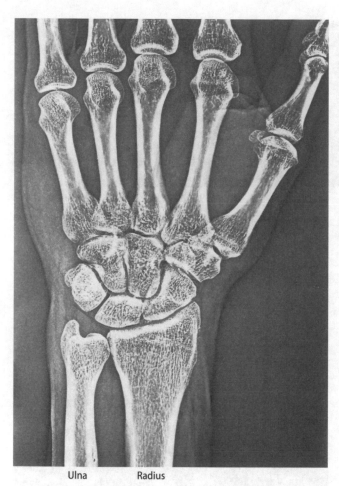

Ulna   Radius

◻ **Abb. 3.69** Röntgenaufnahme der Hand; beachte die Gelenkli-
nien vom proximalen (konturiert) und distalen (gestrichelt) Handgelenk

einer distalen, angeordnet sind. Die proximale Reihe besteht von radial nach ulnar aus dem *Os scaphoideum, Os
lunatum* und *Os triquetrum*, dem palmar das *Os pisiforme* aufgelagert ist, das nicht an der Handgelenksbildung beteiligt ist. Die proximale Reihe bildet einen zu
den Unterarmknochen hin konvexen, eiförmigen Gelenkkörper. Dieser passt sich in die entsprechend ausge-
höhlte Gelenkfläche der Speiche ein. Die Elle ist nicht
unmittelbar mit der Handwurzel verbunden; dazwischen liegt eine faserknorpelige Scheibe, die vom Radius
ausgeht und dessen Gelenkfläche vergrößert. Radius mit
Knorpelscheibe und die proximale Reihe der Handwurzelknochen bilden so das **proximale Handgelenk**, welches nach seiner Form ein Ellipsoidgelenk ist und zwei
Freiheitsgrade besitzt.

Von diesem wird das **distale Handgelenk** unterschieden, welches zwischen beiden Reihen der Handwurzelknochen liegt (◻ Abb. 3.69). Die distale Reihe besteht
von radial nach ulnar aus *Os trapezium, Os trapezoi-
deum, Os capitatum, Os hamatum.* Die Gelenklinie des
distalen Handgelenks verläuft S-förmig gebogen, sodass

beide Reihen der Handwurzelknochen hier ineinander
verzahnt scheinen. Alle Handwurzelknochen besitzen
gegen ihre jeweiligen Nachbarn überknorpelte Gelenkflächen und sind gegeneinander gering beweglich. Dabei
wird das gesamte Gefüge der Handwurzel durch viele
kleine Bänder verspannt. Durch die Anordnung der einzelnen Knochen zueinander bildet sie ein nach palmar
konkaves Gewölbe, welches durch einen kräftigen Bandzug, das *Retinaculum flexorum* vom Os trapezium und
Os scaphoideum auf der radialen Seite zum Os hamatum und Os pisiforme auf der ulnaren Seite überbrückt
wird (vgl. ◻ Abb. 3.84). Die genannten Knochen sind
als Pfeiler des Gewölbes unter der Haut tastbar. So entsteht ein osteofibröser Tunnel, der **Canalis carpi**, durch
den u. a. die Sehnen der Fingerbeuger ziehen
(◻ Abb. 3.70). Die Gewölbekonstruktion der Handwurzel ermöglicht beim Aufstützen auf die abgewin-
kelte Hand (z. B. beim Handstand) ein federndes Nachgeben, wobei die einzelnen Knochen sich unter
geringfügiger Bewegung gegeneinanderpressen und das
ganze System durch die palmaren Bandzüge verspannt
wird.

Bei den Bewegungen der Hand wirken beide Hand-
gelenke zusammen, wobei die größten Bewegungsausschläge jedoch im proximalen vorkommen. Um eine
quer durch Radius und Ulna laufende Achse erfolgen
die Palmarflexion („Beugen") und die Dorsalflexion
(„Strecken"). Durch die Verschiebung der beiden Reihen gegeneinander im distalen Handgelenk wird der
Bewegungsumfang für die Flexion erheblich vergrößert. Um eine zweite Achse, die senkrecht durch die
Handwurzel läuft, erfolgen die sog. Randbewegungen
der Hand, eine Abduktion nach radial und nach ulnar.
Aufgrund der Verzahnung der Knochen im distalen
Handgelenk erfolgt diese Bewegung praktisch nur im
proximalen Handgelenk. Kombiniert man beide Bewegungsmöglichkeiten, so kann die Hand in einer kreisel-
förmigen Bewegung geführt werden.

Die fünf **Mittelhandknochen** (*Ossa metacarpalia
I–V*) sind leicht gebogen. Am Handrücken sind sie deutlich tastbar, während sie auf der Hohlhandseite von
kurzen Muskeln, Sehnen und einer kräftigen bindegewebigen Platte, der Palmaraponeurose, überdeckt sind.
Die Mittelhandknochen II–V gehen mit der distalen
Reihe der Handwurzelknochen straffe Gelenkverbin-
dungen (Amphiarthrosen) ein, die aufgrund der sie umgebenden Bänder nicht beweglich sind.

Eine Sonderstellung nimmt die Verbindung zwischen
dem I. Mittelhandknochen und dem Os trapezium ein
(◻ Abb. 3.69 und 3.70); dieses Carpometacarpalgelenk
darf nicht mit dem Daumengrundgelenk verwechselt
werden. Es ist sattelförmig gestaltet; seine Bewegungen
können mit denen eines Reiters auf einem Pferd verglichen werden, der seinen Körper nach vorne und hinten

3

Abb. 3.70 Anatomische Schnittpräparat durch die distale Reihe der Handwurzelknochen unter Einbeziehung des Daumensattelgelenks, mit Darstellung des Carpaltunnels. (Präparat und Aufnahme von B. Tillmann, Kiel)

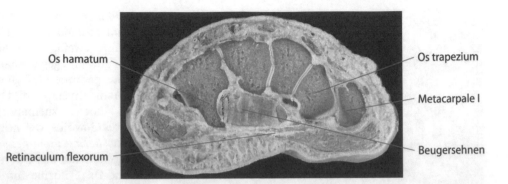

Os hamatum

Os trapezium

Metacarpale I

Beugersehnen

Retinaculum flexorum

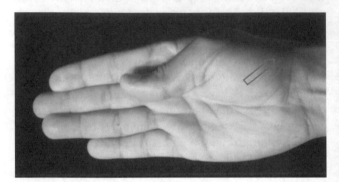

Abb. 3.71 Oppositionsstellung des Daumens; die Lage des Sattel-gelenks ist durch einen Pfeil markiert

sowie zu beiden Seiten neigen kann. Demnach besitzt das **Sattelgelenk des Daumens** zwei Freiheitsgrade und begründet die besondere Bedeutung dieses Fingers für die Bewegungen der Hand. Erst der Daumen ermöglicht durch die Bewegungen seines Mittelhandknochens gegen die Handwurzel z. B. das Greifen eines Gegenstandes, den Händedruck, den festen Schluss der Hand um die Reckstange oder das genaue Führen eines Schreibstiftes. Dabei nähert er sich der Kleinfingerseite; diese Bewegung wird als Opposition bezeichnet (■ Abb. 3.71), die Rückbewegung als Reposition. Die zweite Bewegungsmöglichkeit im Sattelgelenk besteht in einer Adduktion und Abduktion.

🛈 Das proximale Handgelenk wird gebildet aus dem Radius (und einem ulnaren Discus) und der proximalen Reihe der Handwurzelknochen; das distale Handgelenk liegt zwischen der distalen und proximalen Reihe der Handwurzelknochen. Sie erlauben Palmar- und Dorsalflexion sowie Radial- und Ulnarabduktion als Randbewegungen der Hand (nur im proximalen Handgelenk). Das Carpometacarpalgelenk des Daumens ist als Sattelgelenk von besonderer funktioneller Bedeutung.

Die **Fingergelenke** sind zwischen Mittelhandknochen und den Fingergrundgliedern, zwischen Grund- und Mittelgliedern und zwischen Mittel- und Endgliedern ausgebildet; der Daumen besitzt nur ein Grund- und Endglied. Die Fingergrundgelenke zwischen den kugel-

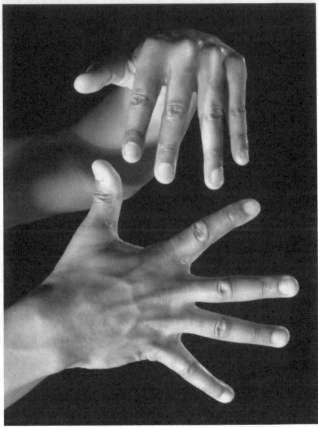

Abb. 3.72 Spreizfähigkeit der Finger bei gebeugten und gestreckten Grundgelenken

förmigen Köpfen der Mittelhandknochen und den entsprechend ausgehöhlten proximalen Gelenkflächen der Grundglieder sind anatomisch Kugelgelenke. Ihre allseitige Beweglichkeit ist jedoch nur bei gestrecktem Gelenk möglich. In dieser Stellung können die Finger neben der Beugung und Streckung gespreizt werden (Abduktion und Adduktion) und, allerdings nur passiv, rotiert werden. Mit zunehmender Beugung werden diese Bewegungen jedoch eingeschränkt, da Seitenbänder aufgrund ihres Verlaufs unter Spannung geraten; so ist es kaum noch möglich, die im Grundgelenk gebeugten Finger zu spreizen (■ Abb. 3.72). Die übrigen Fingerglieder (Mittel- und Endgelenke bzw. beim Daumen-Grund- und Endgelenk) sind reine Scharniergelenke, die durch Seitenbänder gesichert werden.

■ Praxis

Die Länge der Finger entspricht nicht der Summe der Länge aller Fingerglieder, weil die Grundglieder mit ihrer Basis noch im Bereich der Handfläche liegen; die am Handrücken bei zunehmender Beugung vor-tretenden „Knöchel" sind die Köpfe der Mittelhandknochen, von denen distal der Gelenkspalt getastet werden kann.

3.2.7 Muskeln des Unterarmes und der Hand

Der vielgliedrige Skelettaufbau der Hand findet seine Entsprechung in einer großen Zahl von Muskeln, die auf Handgelenk und Finger wirken und die deren fein abgestufte Bewegungen ermöglichen. Ein großer Teil von ihnen liegt am Unterarm: Ihre Sehnen ziehen entweder zur Handwurzel bzw. zu Mittelhandknochen und wirken damit nur auf das Handgelenk oder sie verlaufen zu den Fingern, welche sie unter gleichzeitiger Wirkung auf das Handgelenk bewegen.

Sechs Muskeln wirken ausschließlich auf das Handgelenk. Sie werden in eine Beugergruppe (Palmarflexoren) und eine Streckergruppe (Dorsalflexoren) unterteilt, die sich u. a. durch ihren Ursprung unterscheiden. Die Beuger entspringen vereinfacht vom Epicondylus **medialis** humeri und verlaufen auf der Innenseite des Unterarmes, um palmar an der Hand anzusetzen. Die Strecker entspringen dagegen vom Epicondylus **lateralis** humeri, ziehen auf der Außenseite des Armes entlang und setzen dorsal an. Beide Gruppen liegen also jeweils auf unterschiedlichen Seiten von der queren Achse des Handgelenks, woraus sich ihre Funktion für die Flexion in die eine oder andere Richtung ergibt.

■ Praxis

Da die beiden großen Muskelgruppen des Unterarms jeweils an den Epikondylen relativ schmale Ursprungsfelder haben, kann es im knöchern-sehnigen Übergangsbereich zu relativ großen Beanspruchungen kommen, die zu einer Insertionstendinose als lokaler Überreizung führen können. Im Sport spricht man, je nach Lokalisation, vom ‚Tennisellbogen' (Epicondylitis **lateralis**) bzw. vom „Werferellbogen" (Epicondylitis **medialis**).

Die Muskeln der Beuger- oder der Streckergruppe werden weiterhin danach unterschieden, ob sie vermehrt radial oder ulnar verlaufen, dementsprechend wirken sie in Bezug auf die senkrechte Achse für die Randbewegungen einmal im Sinne einer Radialabduktion, ein andermal im Sinne der Ulnarabduktion. Es lässt sich oft schon aus der Benennung der Muskeln als ein „M. fle-

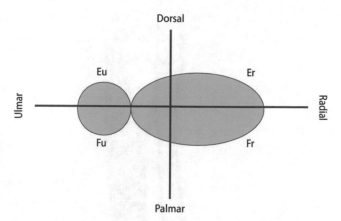

◻ Abb. 3.73 Schematische Aufsicht auf die distalen Flächen der Unterarmknochen (Pfanne des Proximalen Handgelenks) mit den Bewegungsachsen; Fu = Flexor ulnaris, Fr = Flexor radialis, Eu = Extensor ulnaris, Er = Extensor radialis

xor" ableiten, dass er palmar verläuft, oder bei einem „M. … ulnaris" kann vermutet werden, dass er die Ulnarabduktion durchführt (◻ Abb. 3.73).

Palmarflexoren der Hand Zu den vom Epicondylus medialis humeri entspringenden Beugern der Hand gehören drei Muskeln. Der **M. palmaris longus** (◻ Abb. 3.74) verläuft mit seiner Endsehne in der Mitte der palmaren Beugersehnen und springt beim entsprechenden Anwinkeln der Hand deutlich unter der Haut vor (◻ Abb. 3.75). Er liegt damit oberflächlich und strahlt in die Palmaraponeurose der Hohlhand ein. Bei seiner Kontraktion spannt er diese an, sodass z. B. beim Aufstützen auf die Hand die unter der Palmaraponeurose liegenden Weichteile geschützt werden. Aufgrund seines Verlaufs wirkt er nicht bei den Randbewegungen der Hand mit, ist jedoch bei der Palmarflexion beteiligt.

Die beiden anderen Beuger liegen jeweils seitlich von ihm und werden als **M. flexor carpi ulnaris** und **M. flexor carpi radialis** bezeichnet (◻ Abb. 3.76 und 3.77). Beide gemeinsam führen eine Palmarflexion durch. Der M. flexor carpi ulnaris setzt über das bei leicht gebeugter und ulnar abduzierter Hand tastbare Os pisiforme an der Handwurzel an, seine Sehne ist ulnar unter der Haut gut zu sehen und zu fühlen (◻ Abb. 3.75). Er ist auch ein wichtiger Abduktor der Hand nach ulnar. Der M. flexor carpi radialis setzt an der Basis des II. Mittelhandknochens an und abduziert die Hand nach radial.

Dorsalflexoren der Hand Zur Streckergruppe gehören drei Muskeln, von denen zwei radial, nämlich **Mm. extensor carpi radialis longus** und **brevis** (◻ Abb. 3.78), und einer ulnar, der **M. extensor carpi ulnaris** (◻ Abb. 3.79) verlaufen. Sie entspringen vom Epicondylus lateralis humeri und wirken analog wie die entsprechenden Handbeuger. Aufgrund ihres dorsalen Verlaufs zur Querachse des Handgelenks führen sie gemeinsam eine Dorsalfle-

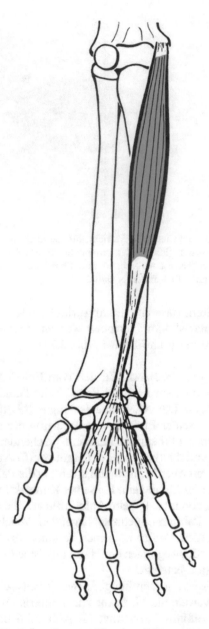

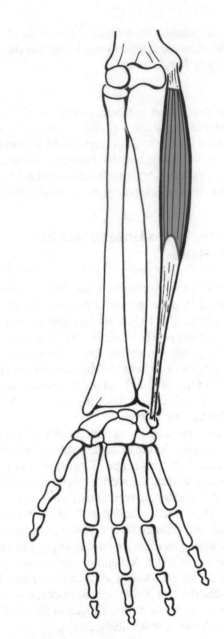

◘ **Abb. 3.74**   Palmarflexoren: M. palmaris longus

◘ **Abb. 3.76**   Palmarflexoren: M. flexor carpi ulnaris

◘ **Abb. 3.75**   Sehnenrelief der Palmarflexoren der Hand

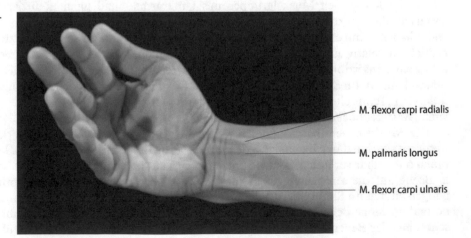

M. flexor carpi radialis

M. palmaris longus

M. flexor carpi ulnaris

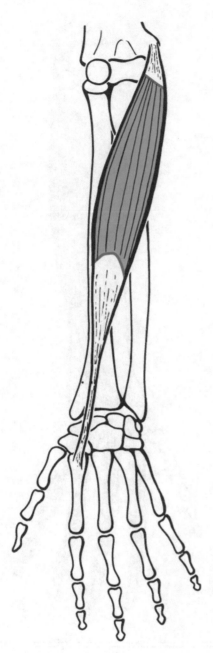

Abb. 3.77 Palmarflexoren: M. flexor carpi radialis

xion aus. Die beiden Mm. extensores carpi radiales setzen an der Basis des II. und III. Mittelhandknochens an. Sie führen die Radialabduktion aus. Der M. extensor carpi ulnaris, der außer vom Epicondylus lateralis noch eine Ursprungsfläche an der Elle besitzt, zieht zur Basis des V. Mittelhandknochens; damit ist er ein kräftiger Abduktor der Hand nach ulnar.

Lange Fingermuskeln Bei den auf die Finger (II–V, der Daumen verfügt entsprechend seiner besonderen Funktion über eigene Muskeln) wirkenden Muskeln sind die Beuger im Übergewicht, da diese Bewegung im täglichen Leben, z. B. bei allen Greifbewegungen, häufiger und mit höherer

Abb. 3.78 Dorsalflexoren: M. extensor carpi radialis longus und brevis

Belastung durchgeführt wird. Zwei Fingerbeuger stehen einem Fingerstrecker gegenüber und liegen in zwei Schichten übereinander. Der **M. flexor digitorum superficialis** (Abb. 3.80) entspringt vom Epicondylus medialis humeri und von der Ulna. Er gliedert sich in vier Endsehnen auf, die durch den Canalis carpi verlaufen (vgl. Abb. 3.70). Jede der vier Einzelsehnen spaltet sich auf und setzt an den Seiten des Fingermittelgliedes an; der Muskel beugt haupt-

3

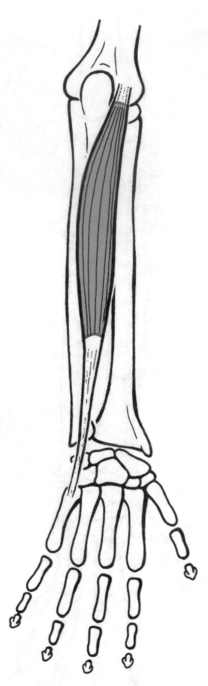

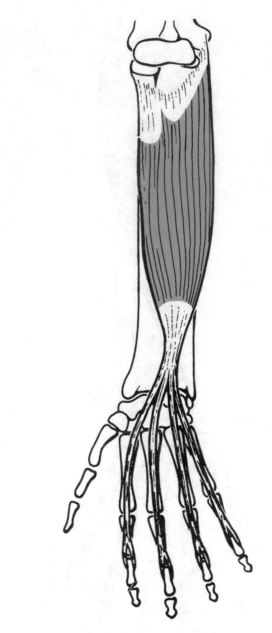

◘ **Abb. 3.80**   Palmarflexoren: M. flexor digitorum superficialis

◘ **Abb. 3.79**   Dorsalflexoren: M. extensor carpi ulnaris

◘ **Abb. 3.81**   Sehnenverlauf der Fingerbeuger (Finger von der Seite); die Sehne des M. flexor digitorum profundus durchsetzt die gespaltene Sehne des M. flexor digitorum superficialis; ein M. interosseus und ein M. lumbricalis sind teilweise dargestellt

sächlich das Fingermittelgelenk, jedoch prinzipiell auch das Fingergrundgelenk und das Handgelenk. Der **M. flexor digitorum profundus** entspringt von der Ulna; seine Sehnen nehmen einen ähnlichen Verlauf wie die des M. flexor digitorum superficialis, dessen gespaltene Endsehnen von ihnen durchzogen werden, sodass der M. flexor digitorum profundus an den Endgliedern der Finger II-V ansetzt und diese beugt (◘ Abb. 3.81). Die übereinanderliegenden Sehnen beider Muskeln werden im Bereich der Finger in bindegewebigen Röhren geführt (vgl. ◘ Abb. 3.84), die fest mit dem Fingerknochen verwachsen sind. Dadurch werden sie

auch in Beugestellung immer in ihrer Lage gehalten. Ohne diese Einrichtung würden sie hingegen bei Beugung von den Fingern abschnellen.

Der **M. extensor digitorum** entspringt als Strecker vom Epicondylus lateralis humeri (◘ Abb. 3.82). Er teilt

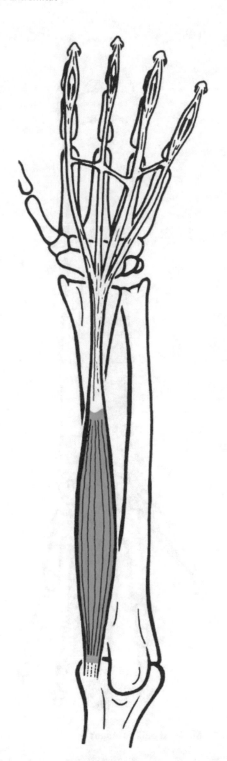

■ **Abb. 3.83** Kräftiger Faustschluss bei dorsalflektiertem Handgelenk; bei palmarflektiertem Handgelenk können die Finger nicht mehr fest zur Faust geschlossen werden

Fingerbeuger und Fingerstrecker überziehen also mehrere Gelenke, auf die sie wirken. Dabei beugt z. B. der M. flexor digitorum profundus alle drei Fingerglieder und das Handgelenk. Aufgrund der begrenzten Verkürzungsfähigkeit jedes Muskels ist er nicht in der Lage, in allen diesen Gelenken einen maximalen Bewegungsausschlag zu erzielen.

■ **Praxis**

Ein kräftiger Faustschluss bei gleichzeitig palmarflektiertem Handgelenk ist nicht möglich, da die Fingerbeuger hierbei aktiv insuffizient werden. Gleichzeitig wird bei dieser Bewegung der M. extensor digitorum gedehnt, er würde passiv insuffizient. Deswegen wird ein kräftiger Faustschluss nur unter gleichzeitiger Dorsalflexion im Handgelenk erreicht (■ Abb. 3.83). Hierbei wirken die Mm. extensores carpi radialis und ulnaris mit, die in diesem Zusammenhang als *Faustschlusshelfer* bezeichnet werden. Analog wird eine maximale Dorsalflexion des Handgelenks durch gleichzeitige Beugung der Finger begünstigt, da bei gestreckten Fingern die Fingerstrecker aktiv, die Fingerbeuger passiv insuffizient wären.

❶ Die langen Flexoren der Finger und Hand entspringen hauptsächlich vom Epicondylus medialis humeri, verlaufen an der Innenseite des Unterarms und ziehen mit ihren Sehnen durch den Canalis carpi. Die langen Extensoren entspringen im Wesentlichen vom Epicondylus lateralis humeri und verlaufen an der Außenseite des Unterarms zum Handrücken.

■ **Abb. 3.82** Dorsalflexoren: M. extensor digitorum

sich in vier Einzelsehnen zu den Fingern auf, die jedoch durch bindegewebige Querbrücken miteinander verbunden sind, sodass z. B. das isolierte Strecken des IV. Fingers schwer möglich ist. Die einzelnen Sehnen haben Verbindungen zu allen drei Fingergliedern und bilden auf diesen eine Dorsalaponeurose aus.

3

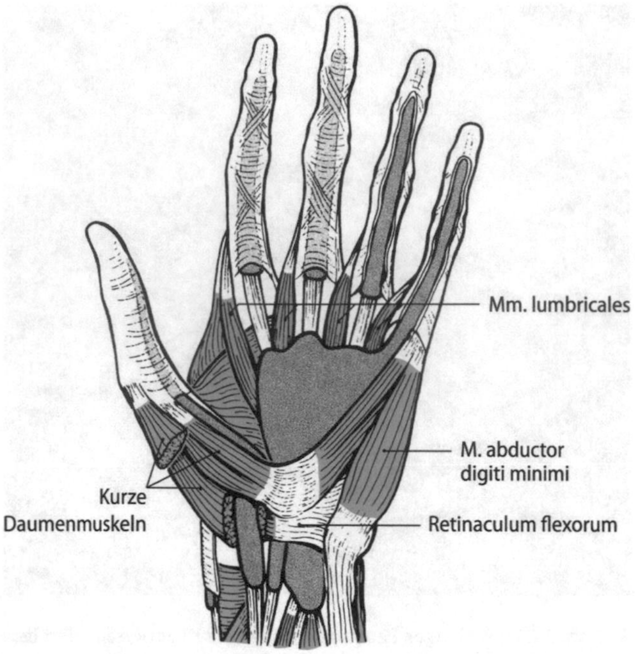

Abb. 3.84 Muskeln der Handfläche; die palmaren Sehnenscheiden sind grau hervorgehoben

Handmuskeln Durch die bisher beschriebenen Muskeln sind noch nicht alle Bewegungen zu erklären, die die Finger ausführen können, z. B. das Spreizen der Finger oder die isolierte Beugung in den Fingergrundgelenken. Diese werden durch ein System kurzer Muskeln bewirkt, die im Bereich der Mittelhand liegen und als Mm. interossei und als Mm. lumbricales bezeichnet werden.

Die **Mm. interossei** entspringen in einer palmaren und einer dorsalen Gruppe von den Mittelhandknochen, deren Zwischenräume sie ausfüllen; die **Mm. lumbricales** kommen von den Einzelsehnen des M. flexor digitorum profundus (Abb. 3.81 und 3.84). Beide Muskelsysteme haben den gleichen, eigentümlichen Verlauf. Sie liegen zunächst palmar von der Querachse der Fingergrundgelenke, ziehen dann auf die Dorsalseite der Fingergrundglieder, um in die Dorsalaponeurose des M. extensor digitorum einzustrahlen. Damit verlaufen sie dorsal von den Querachsen der Fingermittel- und der Fingerendgelenke. Sie beugen also die Fingergrundgelenke und strecken die Mittel- und Endgelenke, eine Bewegung, die z. B. beim Schreiben oder Klavierspielen von Bedeutung ist. Die Mm. interossei dorsales spreizen außerdem die Finger. Die Mm. interossei palmares führen sie wieder zusammen. Der Kleinfinger kann besonders kräftig durch einen M. abductor digiti minimi, der vom Os pisiforme ulnar zu seinem Grundglied zieht, zur Seite abgespreizt werden (Abb. 3.84).

Muskeln des Daumens Die besondere Bedeutung, die der Daumen gegenüber den anderen Fingern besitzt, spiegelt sich in der Tatsache wider, dass er über eigene Muskeln

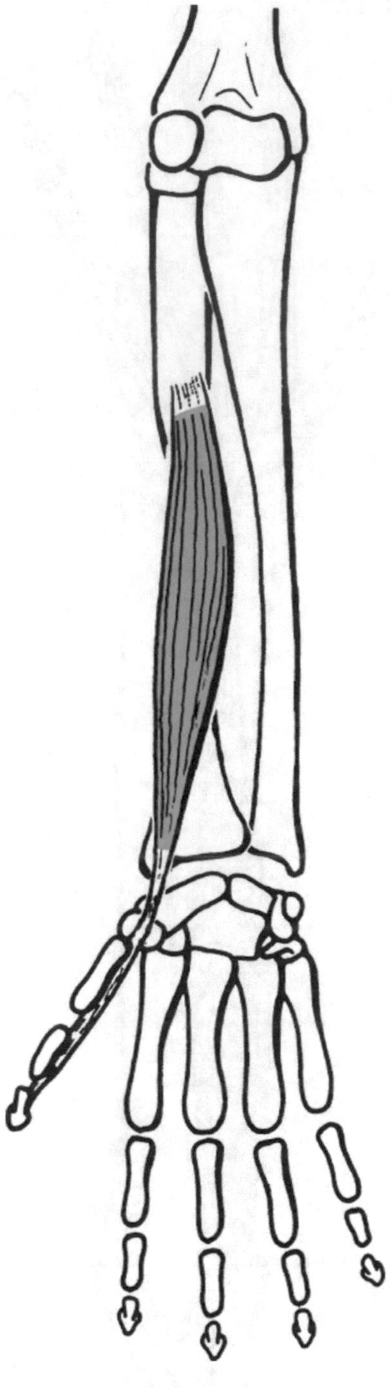

Abb. 3.85 M. flexor pollicis longus

verfügt, die als lange radiale Muskeln am Unterarm liegen oder als kurze Muskeln die fleischige Grundlage des Daumenballens bilden (Abb. 3.84). Diese Muskeln sind einerseits für Beugung und Streckung des Daumens verantwortlich, andererseits vor allem für seine Bewegungen im Sattelgelenk.

Alle langen Daumenmuskeln entspringen von den Unterarmknochen, hauptsächlich vom Radius und der Membrana interossea. Der *M. flexor pollicis longus* (Abb. 3.85) zieht palmar durch den Canalis carpi zum

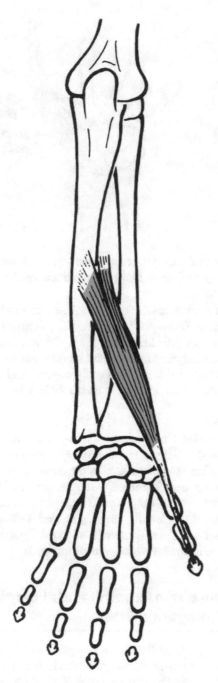

Abb. 3.86 M. extensor pollicis longus

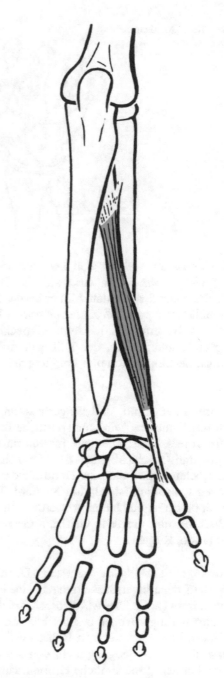

Abb. 3.87 M. abductor pollicis longus

Endglied des Daumens, welches er beugt. Gestreckt wird der Daumen durch die *Mm. extensores pollicis longus* und *brevis*, welche dorsal zu seinem Grund- bzw. Endglied ziehen (■ Abb. 3.86). Der *M. abductor pollicis longus* verläuft am weitesten radial von den langen Daumenmuskeln (■ Abb. 3.87). Er setzt am I. Mittelhandknochen an und abduziert den Daumen im Sattelgelenk. Bedingt durch ihre radiale Lage wirken die langen Daumenmuskeln auch bei der Radialabduktion der Hand mit.

Die kurzen Daumenmuskeln umgeben dessen Mittelhandknochen wie eine Manschette und wirken vorwie-

gend auf das Sattelgelenk (■ Abb. 3.88). Sie ziehen von der palmaren Fläche der Handwurzelknochen bzw. dem den Karpaltunnel überspannenden Retinaculum flexorum zum I. Mittelhandknochen oder zum Daumengrundglied. Die einzelnen Muskeln werden unter Verzicht auf die genaue Nennung ihrer Ursprünge und Ansätze von der radialen Seite zur Handfläche hin dargestellt, sodass man selbst bei den entsprechenden Bewegungen ihr Muskelspiel am Daumenballen tasten kann.

Der *M. opponens pollicis* zieht zum radialen Rand des I. Mittelhandknochens und bringt den Daumen in Oppositionsstellung. Daran schließt sich der *M. abduc-*

Abb. 3.88   Kurze Muskeln des Daumens von palmar

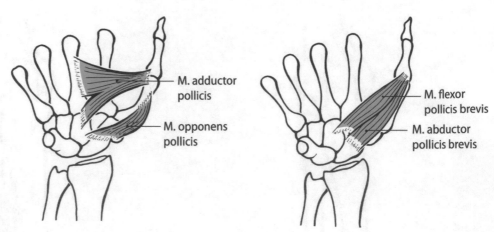

M. adductor
pollicis

M. opponens
pollicis

M. flexor
pollicis brevis

M. abductor
pollicis brevis

tor pollicis brevis an, welcher den Daumen abduziert. Der *M. flexor pollicis brevis* wirkt auf das Daumengrundgelenk beugend, außerdem hilft er bei der Opposition. Schließlich zieht der *M. adductor pollicis* breitflächig von den II. und III. Mittelhandknochen zum Daumengrundgelenk; neben der kräftigen Adduktion wirkt er auch bei Opposition und Beugung mit.

■ **Praxis**

Die Bedeutung der Hand- und Fingermuskeln, besonders auch des Daumens, wird für sportliche Bewegungen häufig unterschätzt. Dies gilt für Sportarten, bei denen Kraft und Geschicklichkeit der Hand eine wichtige Rolle spielen, sei es, dass die Hand für das Halten oder Stützen wesentlich ist (alpines Klettern, Turnen), dass ein Sportgerät beschleunigt werden muss (alle Würfe, Rudern) oder der feste Griff am Gegner erforderlich ist (Judo, Ringen).

Hilfseinrichtungen der Muskeln an der Hand   Der mehr-gelenkige Verlauf der Fingermuskeln macht eine Führung ihrer Sehnen notwendig. Dies wurde bereits bei den Sehnen der langen Fingerbeuger beschrieben, die an den Fingergliedern in bindegewebigen Röhren geführt werden, sodass sie bei der Beugung nicht von den Fingern abschnellen können. Eine ähnliche Hilfseinrichtung bildet das *Retinaculum flexorum* (■ Abb. 3.70 und 3.84), welches als queres Band palmar die Höhlung der Handwurzelknochen überzieht. Durch den so gebildeten Karpaltunnel laufen die Sehnen aller langen Fingerbeuger; bei maximaler Palmarflexion wird ihre Lage auf diese Weise fixiert und sie springen nicht nach palmar vor.

Ein entsprechendes *Retinaculum extensorum* findet man auf der Dorsalseite. Es überspannt die Streckersehnen, die bei maximaler Dorsalflexion des Handgelenks auf diese Weise die Haut nicht nach oben abheben können, sondern gelenknah umgelenkt werden. Wären diese Retinacula nicht vorhanden, so würde die Verkürzung der Muskeln lediglich die Sehnen die kür-

zeste Verbindung zwischen Ansatz und Ursprung einnehmen lassen, aber nicht zu einer ausreichenden Bewegung führen.

Solche Führungsstrukturen bringen naturgemäß eine mechanische Beanspruchung mit sich, denn die Sehnen reiben bei der Muskelarbeit gegen die Retinacula. Die langen Sehnen der Handmuskeln sind deshalb von Sehnenscheiden umgeben, die sie abpolstern und ihre gleitende Verschiebbarkeit gestatten (■ Abb. 3.84).

■ **Praxis**

Bei dauernder Überbeanspruchung oder ungewohnter Belastung der langen Hand- und Fingermuskeln (z. B. verkrampftes Rudern) kann es zu einer schmerzhaften Entzündung der Sehnenscheiden kommen. Tritt aufgrund einer Schwellung eine Diskrepanz zwischen Geräumigkeit des Canalis carpi auf und seinem Inhalt aufb(quasi als Kompartment), so wird funktionell ein sog. Karpaltunnelsyndrom symptomatisch.

3.2.8   Die obere Extremität als komplexes Bewegungssystem

Betrachtet man die Bewegungsmöglichkeiten der oberen Extremität, so wird deutlich, dass sie funktionell sehr vielfältig eingesetzt werden kann. Praktisch jede Stelle des Körpers kann mit der Hand erreicht werden. Dies ist zunächst auf die große Beweglichkeit des Schultergelenks in Kombination mit dem Schultergürtel zurückzuführen. Die Beuge- und Streckbewegung im Ellbogengelenk gestattet darüber hinaus eine Verlängerung oder Verkürzung des Greifarmes unter gleichzeitiger Mitbewegung im Schultergelenk. Zieht man etwa einen Gegenstand zu sich heran, so wird dabei gleichzeitig der Arm im Ellbogengelenk gebeugt und im Schultergelenk zurückgeführt. Die Fähigkeit zu Pro- und Supination als Umwendebewegungen der Hand eröffnet die Möglichkeit, Gegenstände in allen möglichen Positionen zu grei-

Abb. 3.89 Bewegungsumfang der oberen Extremität; Erläuterung Text

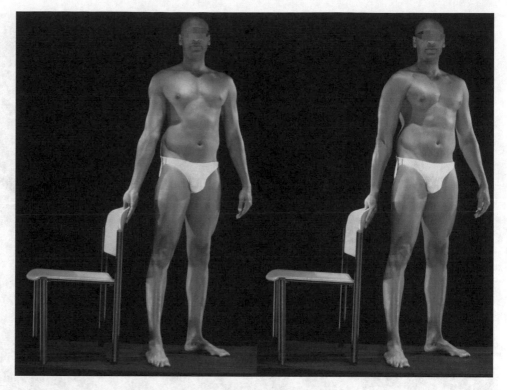

fen. Als Beispiel aus dem Sport dienen der Ristgriff oder Kammgriff am Reck. Das Bewegungsausmaß wird dabei noch zusätzlich durch die Rotationsfähigkeit im Schultergelenk vergrößert.

So ist es möglich, in einem Vollkreis um einen Stuhl herumzugehen, dessen Rückenlehne man erfasst hat, ohne den Griff zu lösen (■ Abb. 3.89). Dabei wird man in der Ausgangsposition zunächst eine extreme Supination des Unterarms und Außenrotation im Schultergelenk einnehmen, in der Endposition ist der Arm dann proniert und innenrotiert.

An einem weiteren Beispiel sollen die vielfältigen Bewegungskombinationen der Gelenke des Armes und der Hand dargestellt werden (■ Abb. 3.90). Es ist möglich, einen Gegenstand auf der flachen Hand zu halten, während man mit dem Arm ausgedehnte Bewegungen durchführt. In der Ausgangsstellung ist der Arm schräg nach oben zur Seite gestreckt und im Schultergelenk außenrotiert; der Unterarm ist supiniert, das Handgelenk dorsalflektiert und radialabduziert. Unter Beugung im Ellenbogengelenk sowie Adduktion und zunehmender Innenrotation im Schultergelenk wird die Hand nach unten geführt, wobei das Handgelenk in die Neutralstellung zurückkehrt. Schließlich wird der Oberarm weiter innenrotiert und dabei wieder ein wenig abduziert; der Unterarm wird proniert und dabei das Handgelenk zunehmend palmarflektiert und ulnarabduziert. In der Endstellung dieser Bewegung ist der Arm nach unten gestreckt und die Innenfläche der zur Seite palmar-flektierten Hand zeigt nach oben.

3.3 Untere Extremität

Lernziele

In diesem Abschnitt wird das Bein in seinen Stütz- und Fortbewegungsfunktionen behandelt. Sie sollen verstehen, wie der Rumpf auf den Beinen (auch im Einbeinstand) ausbalanciert wird und wie die Gelenke und Muskeln des Beins bei Gang, Lauf und Sprung eingesetzt und belastet werden. Eine besondere Rolle hierbei spielt der Fuß und dessen Gewölbekonstruktion in Statik und Dynamik. Es soll erkannt werden, wie das Bein achsengerecht belastet werden muss und welche Fehlstellungen langfristig zu Überlastungsschäden führen können.

3.3.1 Hüftgelenk

Die Verbindung der unteren Extremität mit dem Beckengürtel erfolgt durch das Hüftgelenk. Für die Fortbewegung steht es im Dienste der Bewegungen des Beines gegen den Rumpf. Im Gegensatz zum Schultergelenk, dessen große Beweglichkeit den weiten Aktionsradius des Armes ermöglicht, hat das Hüftgelenk weitere Aufgaben. Es muss die Körperlast in die Beine als Stützsäulen übertragen; beim Gehen oder Laufen lastet diese sogar nur auf einem Bein. Das erfordert eine Gelenkkonstruktion, die einerseits genügend Beweglichkeit für die Fortbewegung erlaubt, andererseits eine ausreichende Festigkeit und damit Belastbarkeit besitzt. Für die Bewegungen des Rumpfes gegen das Bein und dieje-

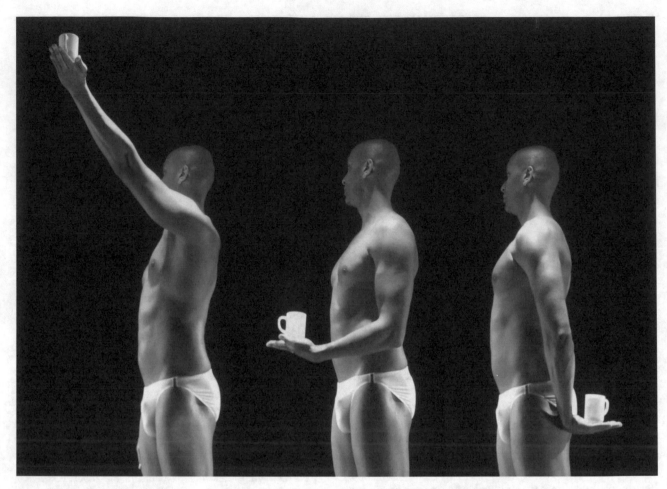

■ **Abb. 3.90**   Kombinationsbewegungen in den Gelenken der oberen Extremität (weitere Erläuterungen Text)

nigen des Beines gegen den Rumpf sowie für das Ausbalancieren des Beckens im Hüftgelenk ist außerdem
allseitig eine kräftige Muskulatur erforderlich.

Der Kopf des Hüftgelenks wird vom Oberschenkelknochen (**Femur**) gebildet, der der kräftigste und
längste Röhrenknochen des Körpers ist (■ Abb. 3.91).
Der Femurschaft (*Corpus*) trägt an seinem proximalen Ende den schräg nach oben medial gerichteten Femurhals (*Collum*), welchem der Gelenkkopf (*Caput
femoris*) aufsitzt. Der Winkel zwischen Hals und
Schaft (**Corpus-Collum-Winkel**) verändert sich aufgrund kontinuierlicher, belastungsbedingter Umbau-
prozesse mit dem Alter. Beim Erwachsenen beträgt er
durchschnittlich 126°; das Kleinkind besitzt einen
steiler gestellten Schenkelhals (ca. 145°), während der
Winkel beim Greis auf bis zu etwa 115° absinkt. Da
das auf dem Hüftgelenk lastende Körpergewicht
durch den Schenkelhals in den Schaft übertragen werden muss, treten im Hals Biegebeanspruchungen auf.
Davon kann man sich ein anschauliches Bild machen,
wenn man die Ausrichtung der Spongiosabälkchen
betrachtet, die entsprechend dem Verlauf der Trajek-

torien als Zug- und Drucktrabekel angeordnet sind
(vgl. ■ Abb. 2.13). Der Corpus-Collum-Winkel weist
interindividuell Variationen auf: Bei eher steil gestell-
tem Femurhals (*Coxa valga*) herrschen Drucktrabekel
vor, während es bei der *Coxa vara* (tendenziell kleine-
rer Corpus-Collum-Winkel) zur vermehrten Ausbildung von Zugtrabekeln im Schenkelhals kommt.

■ **Praxis**

Die mit zunehmendem Alter auftretende Varisierung
(Verkleinerung des Corpus-Collum-Winkels) führt zu
vergrößerten Scherkräften im Schenkelhals, die in Kombination mit einem Substanzverlust an Knochengewebe
jenseits des 60. Lebensjahres (Osteopenie bzw. Osteoporose) das Frakturrisiko des proximalen Femur, insbesondere bei Stürzen, erhöht.

Das Femur trägt am Übergang vom Hals zum Schaft
zwei kräftige Knochenhöcker als Ansatzstellen und
gleichzeitig Hebel für Hüftmuskeln (■ Abb. 3.91); lateral den großen, deutlich tastbaren **Trochanter major**
(Stelle größter Hüftbreite) und hinten medial den kleineren **Trochanter minor**.

Abb. 3.91 Röntgenaufnahme des Hüftgelenks; beachte die gute Kongruenz von Kopf und Pfanne und den Corpus-Collum-Winkel

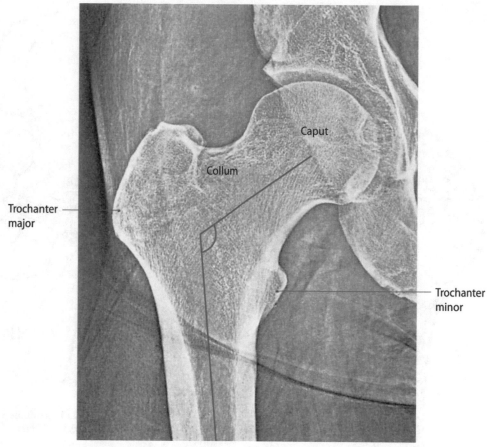

Die Pfanne des Hüftgelenks wird vom **Acetabulum** des Hüftbeines gebildet. Es umschließt den kugeligen Femurkopf fast bis zur Hälfte (**Abb. 3.92**). Eine das Acetabulum umgebende faserknorpelige Gelenklippe von mehreren Millimetern Dicke reicht über den Äquator des Femurkopfes hinaus, sodass schon diese Konstruktion eine gute Sicherung des Gelenks gewährleistet. Das Hüftgelenk ist funktionell ein Kugelgelenk und aufgrund der tiefen Pfanne wird es auch als Nussgelenk bezeichnet. Es besitzt drei Freiheitsgrade; das Bein kann gegen den Rumpf nach vorne und hinten geführt werden (Anteversion bzw. Beugung und Retroversion bzw. Streckung), adduziert und abduziert sowie nach innen oder außen rotiert werden.

Die **Kapsel des Hüftgelenks** reicht über den Schenkelhals. Sie ist durch drei kräftige Bandzüge verstärkt (**Abb. 3.93**), die von den drei Anteilen des Hüftbeins zum Femur ziehen, die **Ligg. iliofemorale, ischiofemorale** und **pubofemorale**. Das erstgenannte ist mit einer Zugfestigkeit von ca. 350 kg das stärkste Band des Körpers. Zusätzlich wird die Kapsel durch ein Band ergänzt, das kragenförmig um die engste Stelle des Schenkelhalses herumführt, die Zona orbicularis; der Femurkopf steckt darin wie ein Knopf im Knopfloch.

Die drei Hauptbänder des Hüftgelenks verlaufen in charakteristischer Weise schraubenförmig um den Schenkelhals herum. Einzelne von ihnen werden bei bestimmten Bewegungen gespannt und schränken sie damit ein; alle gemeinsam jedoch hemmen die Retroversion, da sich die ganze Bänderschraube dabei zuschnürt. So ist diese Bewegung nur in geringem Umfang (ca. 20°) möglich und wird meist durch entsprechendes Kippen des Beckens mit Verstärkung der Lendenlordose unterstützt. Andererseits kann man auf diese Weise ermüdungsarm stehen, wenn nämlich das Becken leicht vorgeschoben wird. In dieser Position ist die Bänderschraube, insbesondere das Lig. iliofemorale, fest gespannt. Der Einsatz der Hüftgelenksmuskeln ist daher kaum erforderlich. Da umgekehrt der Anteversion von keinem der Bänder ein nennenswerter Widerstand entgegengesetzt wird, ist diese am weitesten möglich, denn dabei lockert sich die Bänderschraube. Aktiv kann das Bein im Hüftgelenk um mehr als 90° gebeugt werden, passiv und unter Mitwirkung des Beckens, wobei sich die Lendenlordose abflacht, kann der Oberschenkel sogar bis an den Bauch geführt werden. Hinsichtlich der weiteren Bewegungsmöglichkeiten gestattet die Architektur der Bänderschraube eine bessere Außenrotation als Innenrotation und eine bessere Abduktion als Adduktion. Da die Hüftgelenksbänder bei gebeugtem Bein entspannt sind, ist aus dieser Stellung heraus auch eine weitergehende Bewegungsmöglichkeit für die übrigen Hauptbewegungen, z. B. die Abduktion und Außenrotation, gegeben.

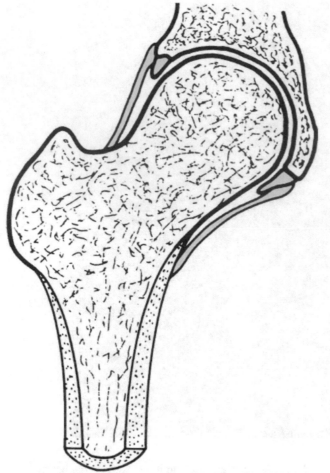

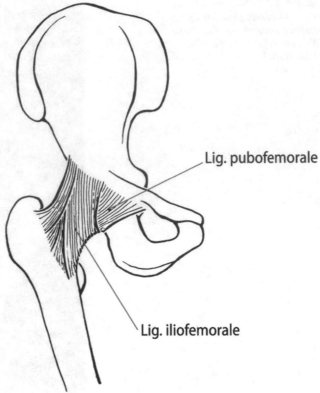

Abb. 3.93 Bänderschraube des Hüftgelenks von vorne (Lig. ischiofemorale nicht sichtbar)

Abb. 3.92 Frontalschnitt durch das Hüftgelenk; beachte die weite Umfassung des Femurkopfes (vgl. mit ◪ Abb. 3.91) durch die mit einer Gelenklippe versehene Pfanne und die straffe Kapsel (blau)

3.3.2 Hüftmuskeln

Entsprechend den in jeder Richtung möglichen Bewegungen des Hüftgelenks wird es ringsum von Muskeln umgeben. Einige von ihnen ziehen vom Becken bis zum Unterschenkel, wirken also auf Hüft- und Kniegelenk. Diese Muskeln werden ausführlicher im Zusammenhang mit den Bewegungen des Kniegelenks besprochen, hier jedoch schon erwähnt.

Die Hüftmuskeln bestehen funktionell aus einer vorderen und hinteren Gruppe, die, je nach ihrer Lage zur Transversalachse, das Bein beugen oder strecken; weiterhin aus einer äußeren und inneren Gruppe, die in Bezug zur Sagittalachse abduziert und adduziert. Vom Verlauf zur Längsachse hängt darüber hinaus ab, ob diese Muskeln zusätzlich das Bein nach innen oder außen rotieren können.

Hüftbeuger Der **M. iliopsoas** ist der kräftigste Beuger des Hüftgelenks (◪ Abb. 3.94). Er besteht aus zwei Anteilen, dem *M. iliacus*, der von der Innenfläche des

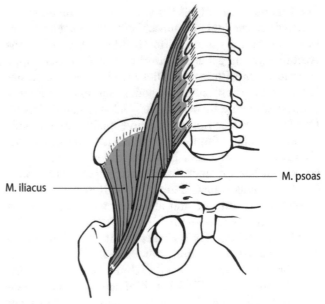

Abb. 3.94 M. iliopsoas

Darmbeines entspringt, und dem *M. psoas*, welcher seine Ursprünge an den Körpern und Querfortsätzen der Lendenwirbel hat (vgl. ◪ Abb. 5.32). Beide ziehen gemeinsam medial vom Femur zum Trochanter minor auf dessen Rückseite. Neben seiner Wirkung als Beuger, die er z. B. beim Vorschwingen des Spielbeins beim Gehen oder Laufen entfaltet, rotiert er das Bein nach außen, insbesondere dann wirksam, wenn die Hüfte gebeugt ist

Der **M. tensor fasciae latae** (◧ Abb. 3.95) entspringt von der Spina iliaca anterior superior und hat einen relativ kurzen Muskelbauch. Gelegentlich ist als deutlicher Muskelwulst unter der Haut sichtbar (vgl. ◧ Abb. 3.112); er beugt und abduziert das Bein, jedoch im Vergleich zu anderen, an diesen Bewegungen beteiligten Muskeln nicht besonders wirksam. Seine Fasern strahlen in einen breiten Bindegewebszug an der Außenseite des Oberschenkels ein, der vom Os ilium bis zum Schienbein (*Tibia*) zieht und als **Tractus iliotibialis** bezeichnet wird. Der Tractus iliotibialis ist ein Verstärkungszug der Fascia lata, die als derbe Bindegewebshülle die vorderen Schenkelmuskeln umgibt. Bei seiner Kontraktion spannt der M. tensor fasciae latae diese Bindegewebshülle und insbesondere den Tractus ilioti-

bialis; diese Funktion ist auch für die Statik des Oberschenkels von Bedeutung (▶ Abschn. 3.3.3).

Zwei weitere Muskeln, die bei den auf das Knie wirkenden Schenkelmuskeln näher besprochen werden, gehören ebenfalls zur Beugergruppe: der von der Spina iliaca anterior inferior entspringende *M. rectus femoris* (◧ Abb. 3.111) und der von der Spina iliaca anterior superior ausgehende *M. sartorius* (◧ Abb. 3.114), der neben der Beugung im Hüftgelenk auch außenrotiert.

Hüftstrecker Das Gesäß wird durch den **M. gluteus maximus** ausgeformt (◧ Abb. 3.96). Er entspringt vom hinteren Teil der Crista iliaca und vom Os sacrum. Seine kräftigen Faserbündel ziehen nahezu parallel schräg abwärts (vgl. ◧ Abb. 3.37); ihr oberer Teil strahlt in den

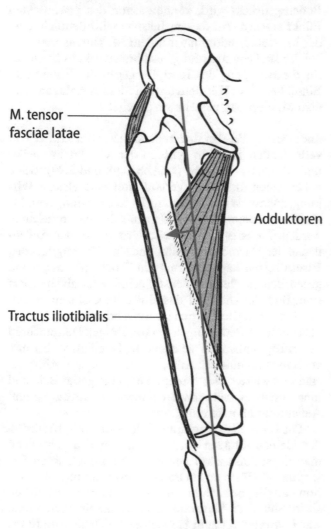

M. tensor fasciae latae

Adduktoren

Tractus iliotibialis

◧ **Abb. 3.95** Darstellung der am Femur nach außen gerichteten Verbiegungskräfte, denen die Adduktoren und der M. tensor fasciae latae entgegenwirken

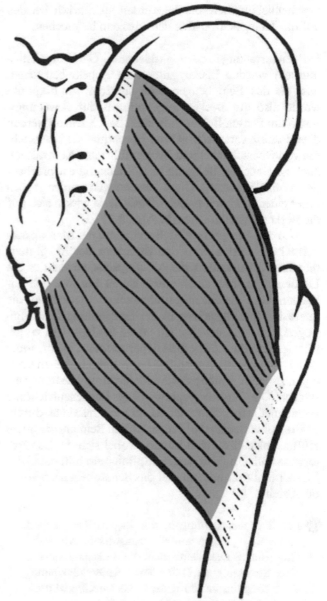

◧ **Abb. 3.96** M. gluteus maximus

3

Tractus iliotibialis ein, der untere setzt an der Rückseite des Femur an. Gegen den Trochanter major ist der M. gluteus maximus durch einen Schleimbeutel abgepolstert. Im Stehen überzieht der Muskel das Tuber ischiadicum, mit zunehmender Beugung des Hüftgelenks gleitet er seitlich nach oben, sodass er diesen Höcker im Sitzen freilässt. Der M. gluteus maximus ist der kräftigste Strecker im Hüftgelenk, er wird z. B. beim Treppensteigen oder beim Aufstehen aus dem Sitz benötigt. Außerdem kann er das Bein nach außen rotieren und seine unterschiedlichen Anteile helfen bei der Abduktion (oberer Teil) und Adduktion (unterer Teil). Die rückwärtigen Oberschenkelmuskeln, die vom Tuber ischiadicum entspringen, sind ebenfalls an der Beinstreckung im Hüftgelenk beteiligt. Die als **ischiokrurale Gruppe** bezeichneten Muskeln überziehen auch das Kniegelenk, setzen also an den Unterschenkelknochen an. Sie werden ausführlich bei den auf das Kniegelenk wirkenden Muskeln besprochen.

Beckeneinstellung in der Sagittalebene   Die Hüftgelenksmuskeln wurden bisher unter dem Aspekt betrachtet, dass sie das Bein beugen oder strecken; ihr Fixpunkt wurde also am Becken angenommen, ihr Bewegungspunkt am Femur. Bei festgestelltem Bein im Stand werden diese Punkte vertauscht. Unter Beachtung der Längsachsen von Oberschenkel und Becken führt ihre Kontraktion auch zu einer der Beugung bzw. Streckung entsprechenden Winkeländerung. Diese Bewegungen werden jedoch unter einem anderen Aspekt deutlich; sie wirken sich auf die Beckeneinstellung aus (◘ Abb. 3.97).

Von den Beugern soll stellvertretend der M. iliopsoas betrachtet werden, von den Streckern der M. gluteus maximus. Kontrahiert der M. iliopsoas, so zieht er die Lendenwirbelsäule nach vorne, deren Lordose sich dabei verstärkt; gleichzeitig dreht sich das Becken um die quere Hüftgelenksachse. In der Endstellung dieser Bewegung ist das **Becken** nach vorne **gekippt**. Um zu gewährleisten, dass der Oberkörper aufrecht bleibt, muss dabei auch der Erector spinae kontrahieren, dessen kräftigen, unteren Anteile die Lendenlordose ebenfalls verstärken. Die Gegenbewegung, die als **Beckenaufrichtung** bezeichnet wird, führt der M. gluteus maximus durch. Er dreht das Becken bei festgestelltem Bein um die quere Hüftgelenksachse nach hinten, wobei sich die Lendenlordose abflacht. Von den Rumpfmuskeln hilft dabei der M. rectus abdominis mit, der das Schambein nach vorne oben zieht.

❶ Die Beckeneinstellung in der Sagittalebene erfolgt durch Bewegungen um die transversale Achse der Hüftgelenke. Dabei entspricht die Beckenaufrichtung einer Streckung im Hüftgelenk, die Beckenkippung einer Beugung im Hüftgelenk. Gleichzeitig wird die Lendenlordose abgeflacht bzw. verstärkt.

▪ Praxis

Beim Haltungsaufbau kommt der Beckenstellung eine wesentliche Rolle zu. Die sog. „stramme Haltung", der Körperzusammenschluss, ist stets durch ein aufgerichtetes Becken gekennzeichnet. Liegt eine Haltungsschwäche vor, so wird sie häufig durch Hohlkreuzhaltung bei gleichzeitig gekipptem Becken deutlich. Die zu schwache Bauchmuskulatur erkennt man andererseits an dem vorgewölbten Bauch. Um diese und auch den Gesäßmuskel zu kräftigen und die häufig in gleichem Maße verspannten Rückenmuskeln und den M. iliopsoas zu dehnen, müssen die Übungen sehr differenziert ausgewählt werden. Bei der Kräftigung des M. rectus abdominis durch Bewegungen des Rumpfes gegen die Beine ist eine Mitbeteiligung des M. iliopsoas zu vermeiden, was häufig schon dadurch erreicht wird, dass nur der Oberkörper aus der Rückenlage ohne Mitbewegung im Hüftgelenk angehoben wird. Auch statische Übungen, bei denen die Lendenwirbelsäule in der Rückenlage auf den Boden gedrückt wird, können schon den gewünschten Effekt erzielen. An diesem Beispiel wird deutlich, dass der M. rectus abdominis mit dem M. gluteus maximus bei der Beckenaufrichtung zusammenwirkt, während er für die Bewegung des Rumpfes gegen die Beine unter Einschluss einer Hüftbeugung mit dessen Antagonisten, dem M. iliopsoas, gemeinsam arbeitet.

Abduktoren   Zu den äußeren, seitlich vom Hüftgelenk verlaufenden Muskeln gehören der **M. gluteus medius** und **M. gluteus minimus** (◘ Abb. 3.98 und 3.99). Beide haben einen ähnlichen Verlauf und eine gleiche Wirkung, sodass sie gemeinsam in Unterscheidung zum M. gluteus maximus als die „kleinen Gluteen" bezeichnet werden. Sie entspringen fächerförmig von der Außenfläche der Darmbeinschaufel und ihre konvergierenden Fasern setzen kappenförmig am Trochanter major an, gegen den sie durch einen Schleimbeutel abgepolstert sind. Ihre Funktion auf das Hüftgelenk ist sehr vielfältig. Am kräftigsten führen sie die Abduktion durch. An allen anderen Bewegungen um die übrigen Hauptachsen des Hüftgelenks sind sie ebenfalls beteiligt, wobei ihre vorderen und hinteren Anteile jeweils antagonistisch zueinander wirken. Der vordere Anteil beugt das Bein und innenrotiert es, während der hintere die Streckung und Außenrotation unterstützt.

Die für die Fortbewegung relevante Hauptfunktion der kleinen Gluteen wird jedoch erst deutlich, wenn man ihren Ansatz am Femur als Fixpunkt, ihren Ursprung am Hüftbein als Bewegungspunkt und ihre Aktion einseitig betrachtet. Auf der Standbeinseite ziehen sie im Sinne der Abduktion das Darmbein nach unten, was kontralateral zum Heben der Spielbeinseite führt. Wenn sie so alternierend kontrahieren, heben sie abwechselnd die Hüfte auf der einen oder anderen Seite.

■ **Abb. 3.97**   Körperhaltung
bei aufgerichtetem (links) und
gekipptem (rechts) Becken;
beachte die Lendenlordose

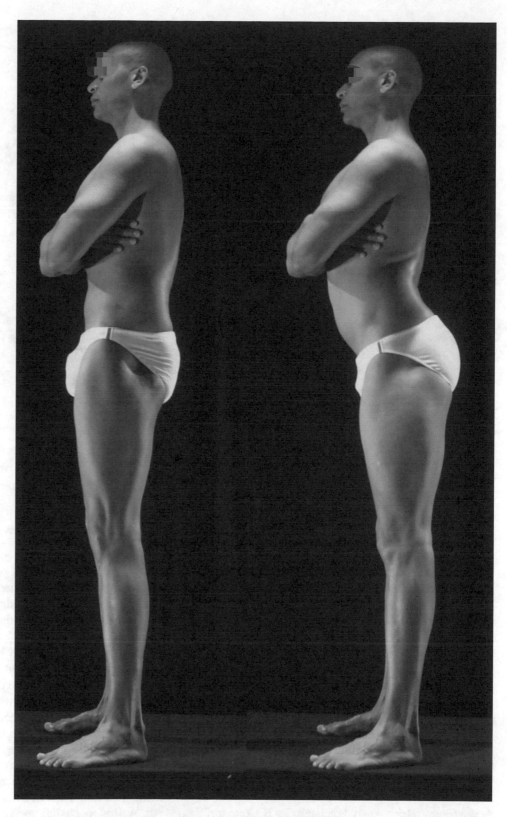

Dies spielt beim Gehen und Laufen eine wichtige Rolle. Wenn man aus dem beidbeinigen Stand z. B. das rechte Bein hebt, um einen Schritt zu machen, so ist die rechte Körperseite ihrer Unterstützungsfläche beraubt, was ohne Einsatz der kleinen Gluteen auf der Standbein-seite zu einem Absinken der Spielbeinhüfte und damit zum Schleifen des Spielbeines über dem Boden führen würde (■ Abb. 3.100). Sie gewährleisten also die Stabilisierung des Beckens in der Frontalebene beim Gehen und Laufen.

3

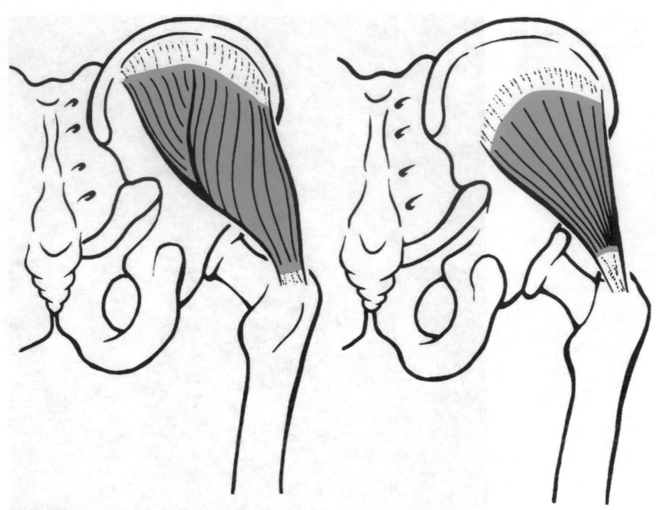

◘ Abb. 3.98   M. gluteus medius von hinten

◘ Abb. 3.99   M. gluteus minimus von hinten

■ **Praxis**

Bei Lähmung oder Schwächung der kleinen Gluteen kann das Becken in der Frontalebene nicht mehr ausreichend stabilisiert werden, sodass es im Einbeinstand auf der Spielbeinseite deutlich absinkt (sog. Trendelenburg-Zeichen). In der Fortbewegung zeigt sich eine Art „Watschelgang", wobei der Oberkörper auch gelegentlich kompensatorisch zur Standbeinseite geneigt wird (sog. Duchenne-Hinken). Da beim Gehen die kleinen Gluteen einer Seite die Stoßbelastung auf das kontralaterale Bein durch exzentrische Kontraktion vermindern können, spielen sie eine protektive Rolle für das kontralaterale Hüftgelenk. Bei beginnenden Hüftbeschwerden (Frühstadien der Coxarthrose) sollten deshalb die kleinen Gluteen der Gegenseite gekräftigt werden.

Adduktoren   Beim Ausbalancieren des Beckens auf dem Bein um die Sagittalachse hilft weiterhin eine große Muskelgruppe mit, die vom Os pubis innen zum Oberschenkel zieht und auf der Rückseite des Femur ansetzt; sie wird insgesamt als Adduktorengruppe bezeichnet (◘ Abb. 3.101 und 3.102). Diese Muskeln sind Antago-

nisten zu den abduktorisch wirkenden kleinen Gluteen, mit ihnen gemeinsam regulieren sie jedoch die Bewegungen des Oberschenkels gegen das Becken um die Sagittalachse und balancieren das Becken bei einbeinigem Stand aus.

Die Adduktorengruppe besteht aus fünf Muskeln. Der **M. pectineus** entspringt vom oberen Schambeinast und setzt von allen Muskeln dieser Gruppe am weitesten proximal am Femur an. Darunter liegt der **M. adductor brevis**, der vom unteren Schambeinast kommt. Der **M. adductor longus** zieht vom oberen Schambeinast etwa zur Mitte des Femur. Er liegt dabei auf dem breiten **M. adductor magnus**, der vom unteren Schambeinast bis nahe an das Tuber ischiadicum entspringt und breit gefächert zu den unteren zwei Dritteln des Femur zieht. Am weitesten medial verläuft der schmale **M. gracilis** symphysennah vom unteren Schambeinast bis herunter zum Schienbein, wirkt also als einziger der Adduktoren auch auf das Kniegelenk (Beugung). Neben der kräftigen adduktorischen Wirkung dieser Muskelgruppe können sie das Bein auch außenrotieren und wirken bei der

◧ **Abb. 3.100** Stellung des Beckens ohne (links) und mit (rechts) Einsatz der kleinen Gluteen auf der Standbeinseite

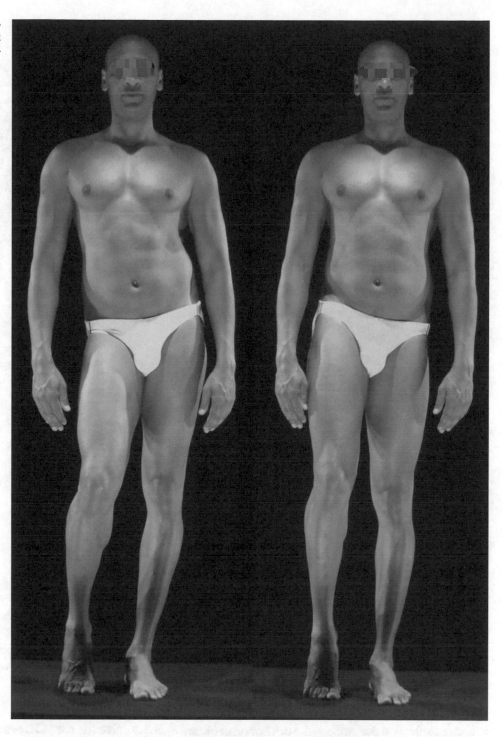

Beugung mit, mit Ausnahme des M. adductor magnus, der im Hüftgelenk streckt. Außerdem sind sie für die Statik des Femurs von Bedeutung (▶ Abschn. 3.3.3).

Außenrotatoren Ähnlich den Muskeln an der Schulter, die das Gelenk allseitig umgeben, ziehen einige kleinere Muskeln hauptsächlich vom Os ischii zum proximalen Femurende. Damit haben sie keine große Wirkung auf die Bewegungen, sie geben dem Hüftgelenk aber zusätzlichen Halt. Da sie alle hinter dem Schenkelhals entlangziehen und im Bereich zwischen Trochanter major und minor ansetzen, haben sie eine gemeinsame Funktion, aufgrund derer man sie auch als die Außenrotatorengruppe zusammenfasst (◧ Abb. 3.103 und 3.104). Sie werden in der Reihenfolge ihrer Ansatzfelder vom Trochanter major nach distal dargestellt.

Der **M. piriformis** entspringt von der Innenfläche des Os sacrum und zieht an die Spitze des Trochanter major.

3

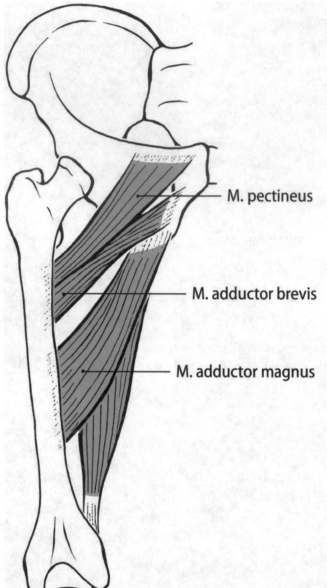

M. pectineus

M. adductor brevis

M. adductor magnus

☐ **Abb. 3.101**   Muskeln der Adduktorengruppe

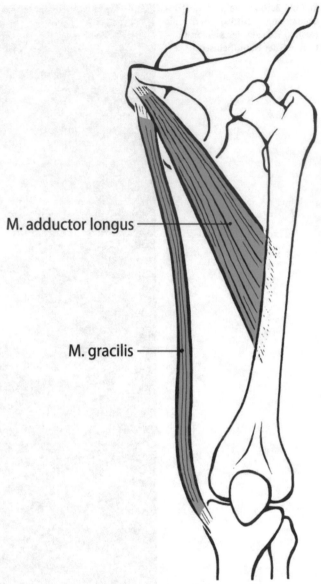

M. adductor longus

M. gracilis

☐ **Abb. 3.102**   Muskeln der Adduktorengruppe

Er kann zusätzlich bei der Abduktion des Beines mitwirken, da er gerade noch oberhalb der Sagittalachse
des Hüftgelenks liegt. Der M. piriformis spielt auch für
die dynamische Stabilisierung des Iliosakralgelenks eine
wichtige Rolle. Von der Außenseite des Foramen obturatum bzw. seiner bindegewebigen Verschlussplatte zieht
der **M. obturatorius externus** in das Feld zwischen beiden Trochanteren. Dort setzt auch der **M. obturatorius
internus** an, der von der Innenfläche des Foramen obturatum entspringt und in seinem Verlauf über das Os
ischii zwischen Spina und Tuber ischiadicum umgeleitet
wird. Er wird flankiert von den beiden **Mm. gemelli**, deren oberer Kopf von der Spina ischiadica und unterer
vom Tuber ischiadicum kommt. Am weitesten distal
zieht der **M. quadratus femoris** breitflächig vom Tuber

ischiadicum in das Feld zwischen beiden Trochanteren.
Damit hat er genügend Achsenabstand, um auch bei der
Adduktion mitzuwirken.

3.3.3 Statik des Oberschenkels

Durch die Bauweise des Femur mit dem nach medial ab-
gewinkelten Schenkelhals liegt die Traglinie des Beines
medial vom Femurschaft als jener Struktur, die die Last
zu tragen hat (☐ Abb. 3.95). Unter der Traglinie des
Beines versteht man die Gerade, die senkrecht zum Boden Hüftgelenk, Kniegelenk und Sprunggelenke des Fußes verbindet. Sie entspricht also nicht der Längsachse
des Femurschaftes, sondern tritt in diesen erst wieder
kniegelenksnah ein. Ähnlich wie bei der vertikalen Be-

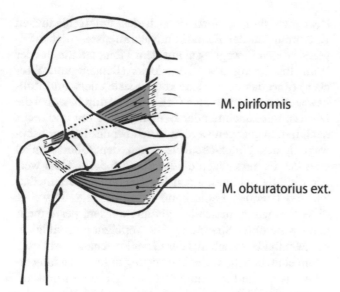

◘ Abb. 3.103 Hüftgelenk von vorne mit Muskeln der Außenrotatorengruppe

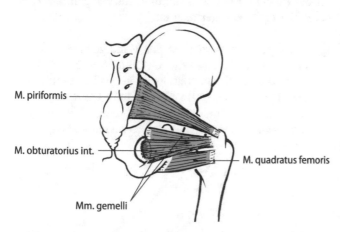

◘ Abb. 3.104 Hüftgelenk von hinten mit Muskeln der Außenrotatorengruppe

lastung eines gebogenen Stabes treten am Femur dadurch Biegebeanspruchungen auf, die nach außen gerichtet sind. Da sich der Knochen als lebendes Gewebe auf Dauer durch entsprechende Formveränderung anpassen würde, gilt es, diesen durch die Körperlast bedingten Kräften entsprechende, nach innen wirkende Kräfte entgegenzusetzen. Das kann durch Muskeln, durch Druck von außen auf den Femurschaft oder Zug an ihm nach innen erfolgen.

Dabei spielen der M. tensor fasciae latae und die Adduktorengruppe eine funktionell wichtige Rolle (◘ Abb. 3.95). Da der M. tensor fasciae latae den außen am Oberschenkel entlangziehenden Tractus iliotibialis spannt, drückt dieser auf seiner gesamten Ausdehnung gegen das laterale Muskelpaket und damit indirekt auf den Femurschaft. Dorsal kann dabei der M. gluteus maximus mithelfen, der in Teilen auch in den Tractus einstrahlt und ihn ebenfalls spannt. Ergänzt wird dieses System durch den nach innen gerichteten Zug der Adduktorengruppe, deren einzelne Muskeln über eine weite Ausdehnung am Femur ansetzen. Allein schon der Tonus dieser Muskeln reicht aus, nach außen gerichteten Kräften entgegenzuwirken und damit die Biegebeanspruchung des Femurs zu vermindern.

3.3.4 Kniegelenk

Das Kniegelenk wird als das größte und am komplexesten strukturierte Gelenk des Körpers angesehen. Es wird zwischen Femur und Tibia (Schienbein) gebildet und besitzt als Dreh-Winkelgelenk zwei Freiheitsgrade. Das Wadenbein, die Fibula, als weiterer Unterschenkelknochen ist nicht an der Gelenkbildung beteiligt, sondern nur der Tibia lateral amphiarthrotisch angelagert (► Abschn. 3.3.6). Das **Femur** ist an seinem distalen Ende verbreitert (◘ Abb. 3.105).

◘ Abb. 3.105 Röntgenaufnahme des Kniegelenks von vorne und von der Seite

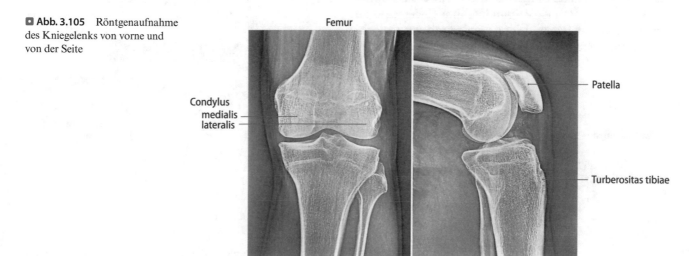

Es trägt zwei, von vorn rundliche, von der Seite betrachtet walzenförmige Gelenkknorren, **Condylus medialis** und **lateralis**, welche einen ausgedehnten Gelenkknorpelüberzug tragen. An der Vorderfläche sind sie durch eine flache, überknorpelte Rinne, die *Facies patellaris*, miteinander verbunden (◘ Abb. 3.107 und 3.108); auf der Rückseite und nach unten sind sie durch eine Grube (*Fossa inter-condylaris*) voneinander getrennt. In der Seitenansicht sind die Kondylen keine Walzen mit einheitlichem kreisförmigen Querschnitt, denn ihre Krümmung nimmt von vorne nach hinten zu; dementsprechend sind die Krümmungsradien der hinteren Anteile kleiner (◘ Abb. 3.105). Die **Tibia** ist proximal ebenfalls zu zwei Kondylen verbreitert, welche nahezu flache Gelenkflächen enthalten, zwischen denen eine firstartige Erhöhung liegt; davor und dahinter heften sich Gelenkbänder an. An der Vorderfläche besitzt das Schienbein eine raue Erhabenheit, die *Tuberositas tibiae*, auf die man sich in kniender Stellung abstützt (◘ Abb. 3.105 und 3.112). Stellt man die gekrümmten Femurkondylen den plateauförmigen Tibiakondylen gegenüber, so wird deutlich, dass beide Gelenkflächen nicht genau ineinanderpassen, also inkongruent sind. Der Gelenkkontakt würde ohne Hilfseinrichtungen, nur für den Gelenkknorpel betrachtet, lediglich in Form zweier kleiner Flächen zustande kommen, was eine hohe Belastung des Gelenkknorpels nach sich zöge.

Menisci Die Menisci als Hilfseinrichtungen des Kniegelenks gleichen funktionell die Kongruenz aus und vergrößern die Auflagefläche der Femurkondylen. Das Kniegelenk besitzt zwei Menisci, einen medialen und einen lateralen (◘ Abb. 3.106, 3.107 und 3.108). Sie sind halbringförmige bzw. C-förmige Scheiben aus Faserknorpel, die zueinander offen sind. Sie besitzen ein keilförmiges Profil, sodass sie jeweils einen Femurkondylus wie eine Manschette umgeben. Die Menisci sind untereinander durch Bänder verbunden, ihre Enden sind an der Tibia angeheftet und ihre Ränder mit der Gelenkkapsel des Kniegelenks verwachsen. Da sie ansonsten

beweglich sind, können sie sich den unterschiedlichen Krümmungen der Femurkondylen anpassen; dabei folgen sie deren Bewegungen auf dem Tibiaplateau. Bei der Winkelbewegung des Kniegelenks (Beugen und Strecken) führt das Femur eine kombinierte Gleit- und Rollbewegung auf der tibialen Gelenkfläche durch, wobei die Menisci mit zunehmender Beugung um 1 cm und mehr nach hinten gezogen werden. Auch bei der Rotationsbewegung des Unterschenkels gegen den Oberschenkel bzw. des Femurs gegen die im Stand fixierte Tibia werden die Menisci analog den Verschiebungen des medialen und lateralen Femurkondylus mitbewegt. Je weiter diese Bewegungsausschläge geführt werden, desto mehr geraten sie unter Spannung. Die Verletzungsanfälligkeit der Menisci lässt sich aus der Gelenkmechanik erklären. Wenn eine schnelle Gelenkbewegung unter Belastung erfolgt, etwa eine Streckung aus dem gebeugten und außenrotierten Bein, so können sie unter Umständen der Gleitbewegung der Kondylen nicht schnell genug folgen und werden eingeklemmt oder können einreißen. Dabei ist der mediale Meniskus deutlich stärker gefährdet, da seine Beweglichkeit geringer ist.

❶ Das Kniegelenk besitzt mit den Femurkondylen und Tibiakondylen inkongruente Gelenkflächen, die durch die beiden Menisken funktionell vergrößert werden. Die Menisken folgen den Roll- und Gleitbewegungen der Femurkondylen, unterliegen dabei jedoch erheblichen Beanspruchungen und sind verletzungsanfällig.

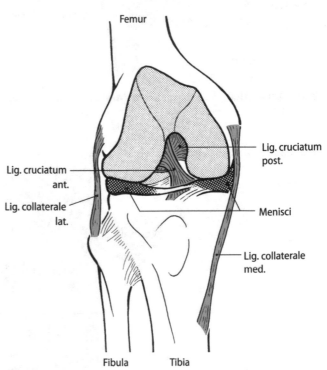

◘ **Abb. 3.107** Kniegelenk von vorne nach Entfernung der Patella; vgl. mit ◘ Abb. 3.108

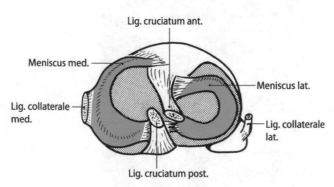

◘ **Abb. 3.106** Aufsicht auf die tibiale Gelenkfläche des Kniegelenks

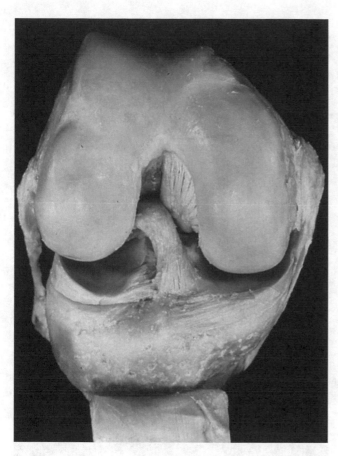

Abb. 3.108 Anatomisches Bänderpräparat des rechten Kniegelenks von vorne; vergleiche mit der Schemazeichnung **Abb. 3.107 zum Auffinden der Strukturen; das Lig. patellae ist heruntergeklappt. (Präparat und Aufnahme von B. Tillmann, Kiel)

Bänder des Kniegelenks Die Bewegungen des Kniegelenks werden durch zwei Bandsysteme geführt, die **Seitenbänder** und die **Kreuzbänder**. Diese Bandsysteme sichern die Bewegungsabläufe im Kniegelenk und schützen es gegen unbeabsichtigte und übergroße Translations- oder Rotationsbewegungen. Dabei sichern die Seitenbänder das Kniegelenk vor allem in der Frontalebene, das heißt sie verhindern ein Aufklappen des Gelenks nach medial oder lateral. Die Kreuzbänder sichern das Kniegelenk vor allem gegen Translationsbewegungen in der Sagittalebene. In der Horizontalebene (für die Rotation) wirken beide Bandsysteme zusammen.

Zwei Seitenbänder (**Ligg. collateralia**) sichern vor allem das gestreckte Gelenk. In dieser Stellung sind sie straff gespannt. Das mediale ist ein Verstärkungszug der Kapsel und als solcher auch mit dem medialen Meniskus verwachsen, dessen Beweglichkeit es behindert. Demgegenüber liegt das laterale Seitenband als solider Strang außerhalb der Kapsel und setzt an der Fibula an (Abb. 3.107 und 3.108). Die Seitenbänder hemmen die Überstreckung und lassen bei gestrecktem Bein keine Rotationsbewegung zu. Mit zunehmender Beugung entspannen sie sich, sodass im selben Maße auch

die Rotation möglich wird. Nun übernehmen vor allem die Kreuzbänder (**Ligg. cruciata**) die Sicherung des Kniegelenks. Sie sind als vorderes und hinteres Kreuzband schräg zueinander angeordnet und verlaufen im Innern des Gelenks zwischen den Femurkondylen, ohne jedoch mit der Gelenkhöhle unmittelbar in Verbindung zu stehen (Abb. 3.106, 3.107 und 3.108). Das vordere Kreuzband zieht von der lateralen Fläche der Fossa intercondylaris (d. h. der Innenseite des lateralen Femurkondylus) schräg nach vorne-innen-abwärts zum vorderen Bereich des zwischen den tibialen Kondylen gelegenen Knochenareals; das hintere Kreuzband verläuft von der medialen Fläche der Fossa intercondylaris (d. h. der Innenseite des medialen Femurkondylus) zum hinteren Anteil des tibialen interkondylären Bezirks. In allen Stellungen des Kniegelenks ist ein Kreuzband oder ein Teil davon gespannt. Ihre Wirkung auf die Innen- und Außenrotation ist jedoch unterschiedlich. Da sie sich bei der Innenrotation stärker umeinanderwickeln, lassen sie diese Bewegung nur in geringem Maße zu. Bei der Außenrotation hingegen wickeln sie sich voneinander ab, sodass diese nur durch die Spannung des medialen Seitenbandes begrenzt wird.

Das Ausmaß der Rotationsbewegung kann man leicht an den Exkursionen des Wadenbeinköpfchens nachvollziehen, welches lateral unterhalb des Kniegelenks gut zu tasten ist. Auch bei maximaler Beugung und Streckung geraten die Kreuzbänder unter Spannung. Diese wird bei endgradig gestrecktem Knie dadurch verringert, dass gleichzeitig eine geringe Außenrotation erfolgt, die als **Schlussrotation** bezeichnet wird. Da im Stand der Unterschenkel nicht frei rotieren kann, zeigt sich diese Schlussrotation in einer sinngemäßen Rotation des Femur auf der Tibia. Dabei kommt es zwangsläufig zu einer Innenrotation im Hüftgelenk; diese zeigt sich der tastenden Hand dadurch, dass der Trochanter major ein wenig nach vorn wandert.

Praxis

Bei einer Ruptur des vorderen Kreuzbandes (z. B. typischerweise im Fußball durch Tritt des Gegners von hinten gegen den Unterschenkel) ist ein Leitsymptom das sog. vordere Schubladenphänomen, bei dem die Tibia bei gebeugtem Knie gegenüber dem Femur deutlich nach vorn gezogen werden kann. Bei Ruptur des hinteren Kreuzbandes zeigt sich dieses Phänomen in Gegenrichtung (hintere Schublade).

Die Kniescheibe Ohne direkt auf die eigentliche Gelenkmechanik einzuwirken, ist am Kniegelenk auch die Kniescheibe *(Patella)* beteiligt (Abb. 3.105). Sie besitzt eine dreiseitige Gestalt und ist abgeplattet, ihre Spitze zeigt nach unten. Die Patella ist in die Kapsel des Kniegelenks eingelagert. An ihrem oberen Pol setzt der Hauptstrecker des Beines (M. quadriceps femoris) an, dessen Sehnenfa-

3

sern zum Teil über die Patella ziehen; sie setzen sich als **Lig. patellae** bis zur Tuberositas tibiae fort (◨ Abb. 3.108). An der Hinterfläche, die dem Femur zugewandt ist, ist die Patella von Gelenkknorpel überzogen, der sich in der Mitte first-förmig erhebt und so die Unterscheidung einer medialen und lateralen Fläche erlaubt. Sie bildet mit der Vorderfläche der Femurkondylen und der dazwischen liegenden Facies patellaris das sog. **Femoropatellargelenk.** Bei der Streckung und Beugung verschiebt sich das Femur gegen sie. In Streckstellung liegt sie noch relativ großflächig der Facies patellaris auf, bei zunehmender Beugung verlagert sie sich auf die beiden Femurkondylen, wobei die Kontaktflächen deutlich kleiner werden.

Durch die Einlagerung der Patella in den Streckapparat des Kniegelenks wird sie bei allen entsprechenden Belastungen gegen die femoralen Gelenkflächen gepresst. Während der Streckapparat bei gestrecktem oder nur leicht angebeugtem Kniegelenk in Bezug auf das Femoropatellargelenk eher einen tangentialen Druck ausübt, nimmt der Anpressdruck der Patella in ihr Gleitlager mit zunehmender Beugung bis zu 90° aufgrund der veränderten Zugrichtung der Streckmuskulatur zu, und die Kontaktfläche nimmt bis auf wenige Quadratzentimeter ab. Bei rechtwinklig gebeugtem Hüft- und Kniegelenk und aufrechtem Oberkörper wirkt in diesem Gelenk im Hockstand eine Belastung von ca. 500 kp. Bei hohen dynamischen Belastungen im Sport, z. B. beim Sprung, drückt die Kniescheibe sogar mit einer Kraft von mehr als 2000 kp auf die femoralen Gelenkflächen. Damit ist das Kniegelenk das am stärksten belastete Gelenk des Körpers; aus diesem Grund zeigt es am frühesten und häufigsten degenerative Erscheinungen, die unter dem Begriff *Chondropathia patellae* (Knorpelleiden der Kniescheibe) zusammengefasst werden. Eine Schwäche oder ungleichmäßige Ausbildung des muskulären Streckapparates erlaubt keine einwandfreie Führung der Patella in ihrem Gleitlager, was ebenfalls der Abnutzung des Gelenkes Vorschub leistet. Besonders eine Tendenz zur Lateralisierung der Patella ist von etiologischer Bedeutung für die retropatellare Arthrose (◨ Abb. 3.109), da sie dabei gegen den prominenten First des lateralen Kondylus gedrückt wird.

Unter der Patella ist in die Kapsel ein Fettkörper eingelagert, der die Kapselinnenhaut wie ein Kissen in die Gelenkhöhle vorwölbt und deren vorderen Anteil in jeder Stellung des Kniegelenks ausfüllt. Oberhalb der Facies patellaris des Femurs ist ein ausgedehnter Blindsack der Gelenkhöhle vorhanden, der *Recessus suprapatellaris*. Er polstert die Streckmuskulatur wie ein Schleimbeutel gegen das Femur ab. Bei Überlastungen können der infrapatellare Fettkörper oder der Recessus schmerzhaft in Erscheinung treten.

Statik des Beines   Die achsengerechte Stellung des Beines ist für die Gelenkbelastung von großer Bedeutung. Die Traglinie verläuft normalerweise durch die Mitte

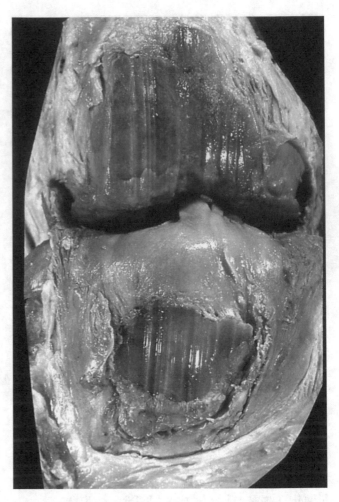

◨ **Abb. 3.109**   Massive Schleifarthrose im Kniegelenk (Patella heruntergeklappt) einer 85-jährigen Frau. (Präparat und Aufnahme von B. Tillmann, Kiel)

von Hüft-, Knie- und Sprunggelenk. Bei einer O-Beinstellung (**Genu varum**) liegt sie medial vom Kniegelenk (◨ Abb. 3.110). Die medialen Femur- und Tibiakondylen sowie der mediale Meniskus werden dabei stärker druckbeansprucht, was die Entstehung einer Gonarthrose in diesem Kompartment begünstigt; das laterale Kompartment wird tendenziell entlastend aufgeklappt. Eine X-Beinstellung (**Genu valgum**) führt umgekehrt aufgrund des Verlaufs der Traglinie zur stärkeren Belastung der lateralen Anteile des Kniegelenks sowie zu einer Lateralisierungstendenz der Patella (häufiger bei Frauen).

■ **Praxis**

Auch das normale, achsengerecht aufgebaute Bein kann bei nicht entsprechender Bewegung überlastet werden. Bei der Kniebeuge, insbesondere mit Gewichten, sollte stets auf korrekte axiale Belastung geachtet werden. Dies kann durch die Knie-Fuß-Einstellung geprüft werden, indem das Knie beim Übergang in die Beugung senkrecht über der Fußspitze stehen soll. Ein Auswei-

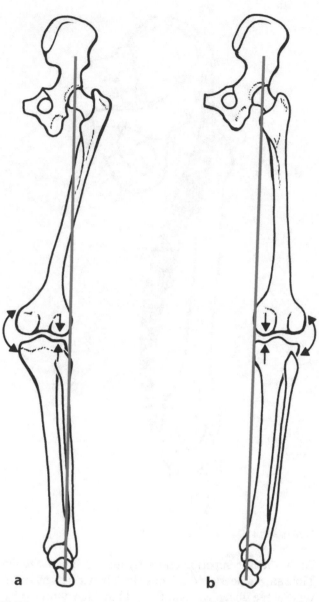

Abb. 3.110 Genu valgum **a** und Genu varum **b** von hinten; die Traglinie des Beines ist blau eingezeichnet

chen des Knies nach innen wie nach außen führt zu entsprechenden einseitigen Belastungen im Kniegelenk, die auch das Femoropatellargelenk treffen können.

3.3.5 Oberschenkelmuskeln

Der auf der Vorderseite des Oberschenkels liegende **M. quadriceps femoris** (Abb. 3.111) ist als alleiniger Strecker des Kniegelenks einer der kräftigsten Muskeln des Körpers. Er besteht aus vier Köpfen, die mit gemeinsamer Sehne über die Kniescheibe ziehen und über das **Lig. patellae** an der Tuberositas tibiae ansetzen. Durch die Einlagerung der Kniescheibe in die Quadrizepssehne wird deren Abstand zur transversalen Streckachse des Knie-

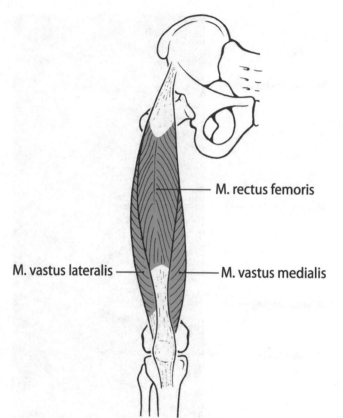

Abb. 3.111 M. quadriceps femoris (der M. vastus intermedius ist wegen seiner tiefen Lage nicht dargestellt)

gelenks vergrößert, sodass er für die Streckung des Beins ein günstiges Drehmoment erzielen kann. Drei seiner Köpfe entspringen direkt vom Femur. Innen liegt der *M. vastus medialis*, der, wenn er kräftig entwickelt ist, als deutlicher Muskelwulst unter der Haut zu erkennen ist (Abb. 3.112). Ihm gegenüber auf der Außenseite verläuft der *M. vastus lateralis*. Zwischen beiden zieht in der Tiefe der *M. vastus intermedius*. Dieser ist vom *M. rectus femoris* überdeckt, der von der Spina iliaca anterior inferior entspringt und zusätzlich Beuger im Hüftgelenk ist.

Die Mm. vasti medialis und lateralis setzen zusätzlich über schräge Sehnenfasern von innen bzw. außen an der Patella und der Tibia an (Abb. 3.113). Damit sind sie in der Lage, über eine Art Zügelung die Patella in ihrem Gleitlager zu führen, was eine möglichst gleichmäßige Ausbildung beider Köpfe erfordert; da der M. vastus medialis in der Regel stärker atrophiert als der M. vastus lateralis, kann unter Umständen ein Ungleichgewicht beider Köpfe die Lateralisierungstendenz der Patella begünstigen. Die para-patellar zur Tibia laufenden Sehnenzüge des Quadrizeps können dafür sorgen, dass selbst bei gerissenem Lig. patellae eine für die Standsicherung ausreichende Restwirkung im Kniegelenk erzielt wird (sog. Hilfsstreckapparat).

Der **M. sartorius** verläuft schräg über die Oberschenkelvorderseite (Abb. 3.114). Er entspringt von der Spina

3

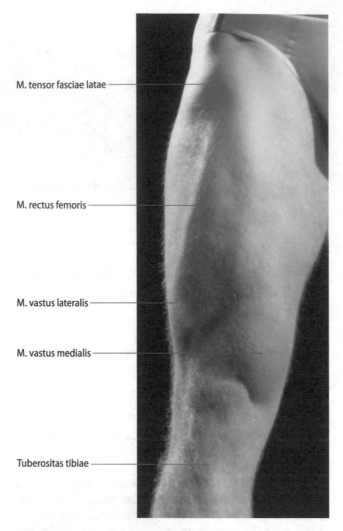

M. tensor fasciae latae

M. rectus femoris

M. vastus lateralis

M. vastus medialis

Tuberositas tibiae

◘ **Abb. 3.112**   Vordere Oberschenkelmuskulatur

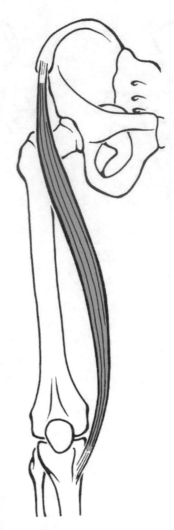

◘ **Abb. 3.114**   M. sartorius

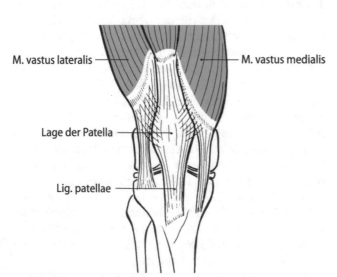

M. vastus lateralis — — M. vastus medialis

Lage der Patella

Lig. patellae

◘ **Abb. 3.113**   Hilfsstreckapparat des Kniegelenks

iliaca anterior superior und setzt an der Innenseite der Tibia an, nachdem er das Kniegelenk hinter dessen Transversalachse überzogen hat. Er wirkt auf Knie- und Hüftgelenk. Die Benennung des Muskels (lat.: sartor = der Schneider) beruht auf der Vorstellung, dass er im Hüft- und Kniegelenk diejenige Bewegungswirkung erzeugt, die es erlauben, den Schneidersitz einzunehmen: Im Hüftgelenk beugt und außenrotiert er das Bein, im Kniegelenk beugt und innenrotiert er. An der gleichen tibialen Stelle wie der M. sartorius setzt der zur Adduktorengruppe gehörende M. gracilis an (◘ Abb. 3.102), der ebenfalls das Kniegelenk beugt und nach innen rotiert.

Die Rückseite des Oberschenkels wird von der **ischiokruralen Muskelgruppe** eingenommen, die aus *M. semitendinosus*, *M. semimembranosus* und *M. biceps femoris* besteht. Sie ziehen vom Tuber ischiadicum zum Unterschenkel (*crus*), wo sie zum Teil medial an der Tibia, zum Teil lateral an der Fibula ansetzen und mit ihren unter der Haut deutlich tastbaren Sehnen die Kniekehle begrenzen. Gemeinsame Funktion der Muskeln im Hüftgelenk ist die Streckung.

Der **M. biceps femoris** (◨ Abb. 3.115) besitzt vom Tuber ischiadicum einen langen Kopf und einen kurzen von der Rückseite des Femur. Ihre kräftige, gemeinsame Endsehne verläuft auf der Rückseite lateral des Kniegelenks und setzt am Wadenbeinköpfchen an. Der Bizeps beugt das Bein im Kniegelenk, gleichzeitig ist er der einzige Außenrotator.

M. semitendinosus und **M. semimembranosus** haben den gleichen Verlauf (◨ Abb. 3.116 und 3.117). Dabei liegt der M. semitendinosus dem flachen, darunter liegenden M. semimembranosus auf. Beide setzen medial an der Tibia an; ihre Sehnen sind gegenüber der Bizepssehne medial von der Kniekehle zu tasten. Sie beugen und rotieren das Bein im Kniegelenk nach innen.

Auch wenn die ischiokruralen Muskeln als Kniegelenksbeuger beschrieben werden, sind sie jedoch auch an der Endphase der Beinstreckung beteiligt, wobei sie zur Sicherung des Kniegelenks beitragen. Bei Überstreckung würde durch den Quadrizeps die Tibia über das Lig. patellae nach vorne gezogen werden, dieser Zug wird durch die gegensinnig wirkenden ischiokruralen Muskeln kompensiert, sodass ein guter Schluss des Gelenks sichergestellt ist. Ein ausgewogenes Kräfteverhältnis des Quadrizeps und der Ischiokruralen ist demnach für die Sicherung und korrekte Führung des Kniegelenks unerlässlich.

■ Praxis

Aufgrund des zweigelenkigen Verlaufs der ischiokruralen Muskeln kann an dieser Gruppe die aktive und passive Insuffizienz demonstriert werden. Es ist nicht möglich, gleichzeitig das Hüftgelenk maximal zu strecken und das Kniegelenk maximal zu beugen (◨ Abb. 3.118). Die letztgenannte Bewegung wird durch gleichzeitige Beugung im Hüftgelenk erleichtert, wodurch die ischiokruralen Muskeln in ihrem proximalen Abschnitt gedehnt werden. Andererseits zeigt sich ihre passive Insuffizienz bei Einnahme der entsprechenden Dehnstellungen in den Gelenken, nämlich bei Hüftbeugung und Kniestreckung (◨ Abb. 3.119). Erst ein beugendes Nachge-

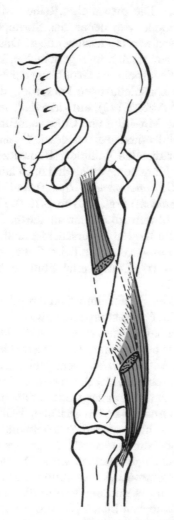

◨ **Abb. 3.115**   M. biceps femoris; der lange Kopf ist teilweise entfernt, um darunter das Ursprungsfeld des kurzen Kopfes darzustellen

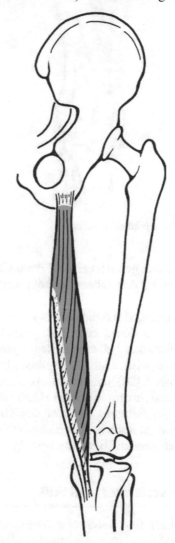

◨ **Abb. 3.116**   M. semitendinosus

3

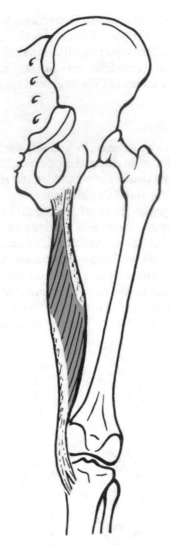

Abb. 3.117   M. semimembranosus

ben im Kniegelenk gestattet eine stärkere Hüftbeugung, sodass der Rumpf den Oberschenkeln weiter genähert werden kann.

Bei der Beugung des Kniegelenks wirken ferner zwei Muskeln mit, von denen einer (M. gastrocnemius) als Unterschenkelmuskel bei den Bewegungen des Fußes näher behandelt wird. Der **M. popliteus** ist ein kurzer Muskel (■ Abb. 3.120), der von der Außenseite des lateralen Femurkondylus zur medialen Hinterseite der Tibia zieht. Neben der Beugung dreht er den Unterschenkel nach innen und ist auch an der Sicherung des Kniegelenks bei zunehmender Streckung beteiligt.

3.3.6 Unterschenkel und Fuß

Tibia und Fibula sind durch eine flächenhafte Syndesmose, die *Membrana interossea*, miteinander verbunden. Proximal gehen beide Unterschenkelknochen eine Am-

phiarthrose ein; distal bilden sie eine Syndesmose, die ihren Zusammenhalt sichert. Die vordere Schienbeinkante und ihre mediale Fläche sind unter der Haut deutlich zu tasten und bis zum Innenknöchel, dem *Malleolus medialis*, zu verfolgen. Ihm gegenüber liegt als Außenknöchel der *Malleolus lateralis*, der vom verbreiterten Ende der Fibula gebildet wird und etwas weiter nach distal reicht. So bilden beide Unterschenkelknochen die kräftige **Malleolengabel**, die mit dem Fußskelett gelenkig verbunden ist (■ Abb. 3.124). Um ein durch die Körperlast bedingtes Auseinanderweichen der Malleolengabel zu verhindern, wird ihre Syndesmose auf der Vorder- und Rückseite durch zwei kräftige Bänder (**Lig. tibiofibulare anterius und posterius**) zusammengehalten (■ Abb. 3.121).

Am Fuß unterscheidet man – ähnlich wie an der Hand – drei hintereinanderliegende Bereiche: Fußwurzel, Mittelfuß und Zehen (■ Abb. 3.116). Entsprechend den unterschiedlichen Funktionen der Hand als Greifwerkzeug und des Fußes als Stützelement ist die Anordnung der Fußwurzelknochen in zwei Reihen nicht deutlich erkennbar. Die proximale „Reihe" wird von zwei Knochen gebildet, von denen das Sprungbein (**Talus**) auf dem Fersenbein (**Calcaneus**) liegt. Das Fersenbein bildet mit seinem nach hinten gerichteten, kräftigen *Tuber calcanei* die knöcherne Grundlage der Ferse; medial trägt es einen konsolenartigen Vorsprung, das *Sustentaculum tali* (■ Abb. 3.125), auf dem der mediale Anteil des Talus ruht. Mit Talus und Calcaneus funktionell eng verbunden, bildet das medial liegende **Os naviculare** den Übergang zur distalen Reihe der Fußwurzel. Diese besteht aus vier Knochen, von medial nach lateral den drei Keilbeinen (*Os cuneiforme I, II, III*) und dem Würfelbein (*Os cuboideum*) (vgl. ■ Abb. 3.122). Daran schließen sich fünf Mittelfußknochen an, die die Zehenglieder tragen. Am Fußskelett unterscheidet man funktionell eine tibiale Hauptstrebe, die beim Gehen oder Laufen die Hauptlast trägt, und eine fibulare Nebenstrebe (■ Abb. 3.122).

Aufgrund der Ausformung und Anordnung der Skelettelemente des Fußes kann dieser als zweiarmiger Hebel betrachtet werden, der um eine durch die Malleolen verlaufende Achse beweglich ist. Der kürzere Hebelarm wird vom hinteren Anteil des Calcaneus gebildet, am längeren, nach vorne gerichteten Hebelarm sind zahlreiche Skelettelemente beteiligt. Dieser zeigt eine vor allem medial ausgeprägte, zum Fußrücken hin gerichtete Wölbung, welche mit dem Talus ihren oberen Scheitelpunkt besitzt und deren Zustandekommen durch die gebogene Form der Mittelfußknochen unterstützt wird. Damit besitzt der Fuß eine Längsgewölbekonstruktion, deren Auflageflächen der Calcaneus und am Vorfuß die distalen Enden der Mittelfußknochen bilden (■ Abb. 3.123). Zusätzlich ist im Vorfußbereich geringfügig ein Quergewölbe ausgeprägt, welches durch die Form und Anordnung der Keil-

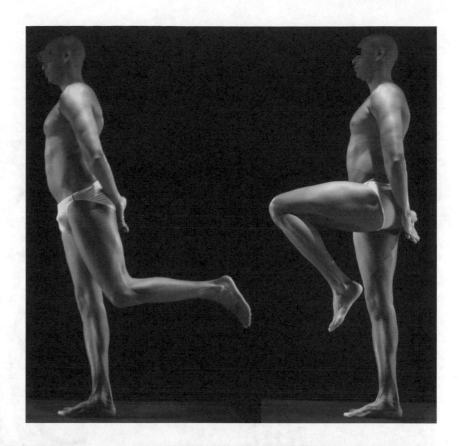

◨ **Abb. 3.118** Aktive Insuffizienz der ischiokruralen Muskeln (links) und Verbesserung der Kniebeugung durch gleichzeitige Hüftbeugung (rechts)

◨ **Abb. 3.119** Passive Insuffizienz der ischiokruralen Muskeln lässt keine weitere Hüftbeugung zu (links); Verbesserung durch nachgebendes Beugen in den Kniegelenken (rechts)

beine zueinander zustande kommt. Seine Auflageflächen sind das distale Ende des I. Mittelfußknochens und der V. Mittelfußknochen am lateralen Fußrand.

Gelenke des Fußes Die Bewegungen des Fußes gegen den Unterschenkel erfolgen in zwei Gelenken, die als oberes und unteres Sprunggelenk bezeichnet werden. Im **oberen Sprunggelenk** umfasst die Malleolengabel den walzenförmigen Gelenkkörper des Talus (◨ Abb. 3.124). Es

ist ein Scharniergelenk, dessen Achse durch die Talusrolle verläuft und beide Malleolen verbindet (◨ Abb. 3.122). In diesem Gelenk werden die Dorsalflexion (Heben der Fußspitze) und die Plantarflexion (Senken der Fußspitze Richtung Fußsohle – *Planta* pedis) durchgeführt, oder bei feststehendem Fuß bewegt sich der Unterschenkel entsprechend nach vorne und hinten.

Das obere Sprunggelenk ist durch einen kräftigen Seitenbandapparat gesichert (◨ Abb. 3.125). Medial

3

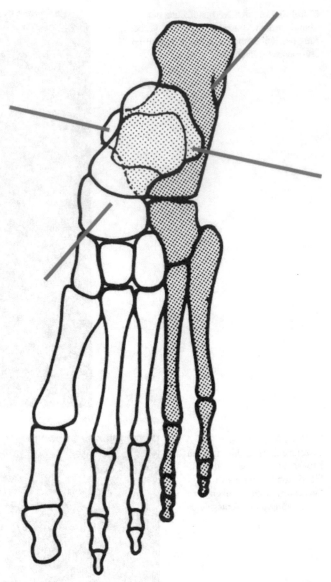

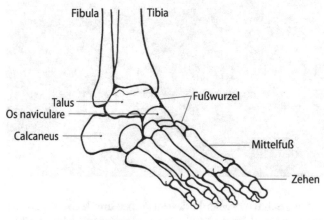

■ **Abb. 3.120**   M. popliteus

Fibula   Tibia

Talus

Os naviculare

Calcaneus

Fußwurzel

Mittelfuß

Zehen

■ **Abb. 3.121**   Fußskelett von vorne außen

■ **Abb. 3.122**   Fußskelett von oben; die tibiale Hauptstrebe ist hell, die fibulare Nebenstrebe dunkler dargestellt; die Achsen der Sprunggelenke sind blau eingezeichnet

tentaculum tali des Fersenbeins. Die drei **Außenbänder** verlaufen entsprechend vom lateralen Malleolus nach vorne und hinten zum Talus *(Ligg. fibulotalaria anterius* und *posterius)* und nach unten zum Calcaneus *(Lig. fibulocal-caneum)*. Durch ihre fächerförmige Anordnung sichern Teile der Seitenbänder in jeder Position des Fußes das obere Sprunggelenk.

■   **Praxis**

Besonders die Außenbänder werden häufig verletzt, wenn der Fuß über die Außenkante umschlägt. Kapsel- und Bandzerrungen oder -risse sind meist mit einem Bluterguss verbunden. Am häufigsten ist das Lig. fibulotalare ant. betroffen, was diagnostisch durch einen Talusvorschub gegenüber der Malleolengabel festgestellt

liegt als Innenband das fächerförmige **Lig. deltoideum**, an dem drei Teile zu unterscheiden sind, die *Partes tibiotalares anterior* und *posterior* vom Innenknöchel zu den vorderen und hinteren Anteilen des Sprungbeins und die *Pars tibiocalcanea* vom Innenknöchel abwärts zum Sus-

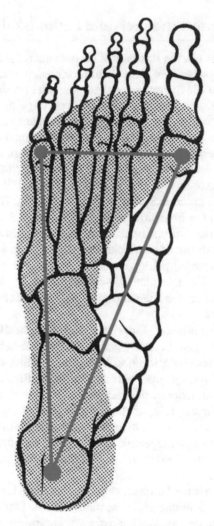

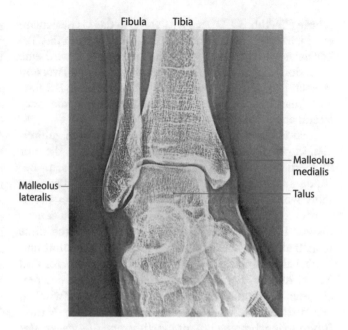

Abb. 3.124 Frontalansicht des oberen Sprunggelenks mit Malleolengabel und Sprungbein (Talus)

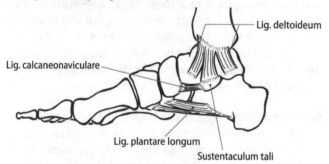

Abb. 3.123 Fußskelett von unten; die Unterstützungsflächen des Längs- und Quergewölbes sind blau eingezeichnet (vgl. mit **Abb**. 3.140), der Fußabdruck ist grau dargestellt

Abb. 3.125 Fuß von medial mit Bändern des oberen und unteren Sprunggelenks sowie der Fußsohle

werden kann. Gelegentlich kommt es bei großer Bandfestigkeit auch zu einem Abriss des fibularen Malleolus (Knöchelbruch). Bei schwereren und komplexen Verletzungen kann es auch zu einer Syndesmosen-sprengung der Malleolengabel kommen.

Das **untere Sprunggelenk** besteht aus zwei Gelenkkammern, die funktionell zusammenwirken (**Abb**. 3.126). Die hintere Kammer (*Art. subtalaris*) wird zwischen Talus und Calcaneus gebildet. In der vorderen Kammer (*Art. talocal-caneonavicularis*) liegt der Taluskopf dem Calcaneus und dem Os naviculare auf. Zwischen Calcaneus und Os naviculare befindet sich unterhalb des Talus ein größerer Spalt; dieser wird von einem Band ausgefüllt (**Abb**. 3.125 und 3.127), welches vom Sustentaculum tali zum Os naviculare zieht (**Lig. calcaneonaviculare**). Es ist damit an der Pfannenbildung des unteren Sprunggelenks beteiligt; dieses sog. **Pfannenband** verhindert das Absinken des Talus nach medial zwischen Calcaneus und Os naviculare.

Die Bewegungsachse des unteren Sprunggelenks, welches als Drehgelenk einen Freiheitsgrad besitzt, verläuft

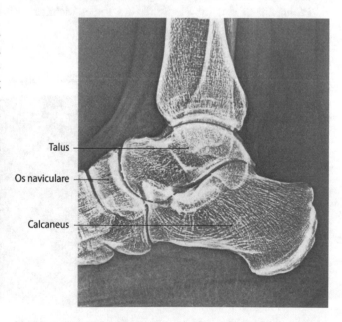

Abb. 3.126 Röntgenaufnahme des oberen (konturiert) und unteren (gestrichelt) Sprunggelenks von der Seite

3

schräg (◘ Abb. 3.122). Sie tritt vorne in das Os naviculare ein, zieht abwärts nach hinten außen und verläßt das Tuber calcanei lateral. Im unteren Sprunggelenk wird eine Inversion (Heben des medialen Fußrandes) und Eversion (Heben des lateralen Fußrandes) durchgeführt. Bei festgestelltem Fuß wird der Unterschenkel nach medial oder lateral abgewinkelt.

Die übrigen Fußwurzelknochen sind durch zahlreiche kurze Bänder untereinander verbunden, die nur kleinere Verschiebungen gegeneinander zulassen. Besonders kräftig ist ihre Verklammerung zur Fußsohlenseite, wo sie durch das **Lig. plantare longum** verspannt werden (◘ Abb. 3.125 und 3.127), das vom Calcaneus bis zur Basis der Mittelfußknochen zieht. Durch diese Konstruktion ist die Fußwurzel elastisch verspannt und hoch belastbar. Die Gelenke zwischen Fußwurzel und Mittelfuß bzw. die der Zehen sind analog den entsprechenden Verbindungen an der Hand gestaltet. Zwischen der distalen Fußwurzelknochenreihe und den Mittelfußknochen bestehen Amphiarthrosen, die wegen der straffen Bandsicherung zwar elastisch sind, aber keine größeren Bewegungen zulassen. Diese Elastizität erlaubt jedoch eine Verwringung zwischen Vorfuß und Rückfuß, die als Supination/Pronation bezeichnet wird und das Bewegungsbild der Inversion/Eversion unterstützt, gleichzeitig auch das entsprechende Bewegungsausmaß im Vorfuß vergrößert.

❶ Im oberen Sprunggelenk (Malleolengabel – Talus) erfolgt eine Dorsalflexion und Plantarflexion; im unteren Sprunggelenk (Talus – Calcaneus – Os naviculare) erfolgen Inversion und Eversion des Fußes. Das obere Sprunggelenk ist durch einen kräftigen Seitenbandapparat gesichert, im unteren Sprunggelenk spielt das Pfannenband eine für die Statik des Fußes wichtige Rolle.

3.3.7 Unterschenkel- und Fußmuskeln

Wie an der oberen Extremität können auch die Muskeln des Unterschenkels danach unterschieden werden, ob sie nur auf die Sprunggelenke wirken oder ob sie zusätzlich die Zehen bewegen. Nach ihrer Lage am Unterschenkel werden sie in drei Gruppen eingeteilt: Die auf der Rückseite liegenden Unterschenkelmuskeln sind Beuger der Zehen bzw. aufgrund ihres Sehnenverlaufs hinter der queren Achse des oberen Sprunggelenks Plantarflexoren des Fußes; da sie alle medial von der Achse des unteren Sprunggelenks verlaufen, führen sie ebenfalls eine Inversion durch (vgl. ◘ Abb. 3.122). Die Muskeln der Unterschenkelvorderseite führen die Dorsalflexion durch oder strecken die Zehen, ihre Funktion auf das untere Sprunggelenk ist gering und nicht einheitlich. Die lateralen Wadenbeinmuskeln bewirken hauptsächlich die Eversion und helfen bei der Plantarflexion mit.

Da die dorsalen Unterschenkelmuskeln alle anderen überwiegen, befindet sich der nicht belastete Fuß in leichter Plantarflexion und Inversion. Im Stand kommt dieser Muskelgruppe eine wesentliche Funktion für das Ausbalancieren des Körpergewichts auf dem Fuß zu; je mehr der Körper nach vorne geneigt wird, desto stärker muss sie sich anspannen. Für die Stabilisierung im unteren Sprunggelenk wirkt sie mit den antagonistisch tätigen Evertoren der Unterschenkelaußenseite zusammen.

Die **dorsalen Unterschenkelmuskeln** gliedern sich in eine oberflächliche und eine tiefe Schicht. Der **M. gastrocnemius**, der die Wade ausformt, entspringt mit zwei Köpfen von den Femurkondylen. Distal vereinigt er sich mit dem **M. soleus**, der unter ihm liegt und von beiden Unterschenkelknochen kommt. Beide Muskeln gemeinsam. werden auch als **M. triceps surae** bezeich-

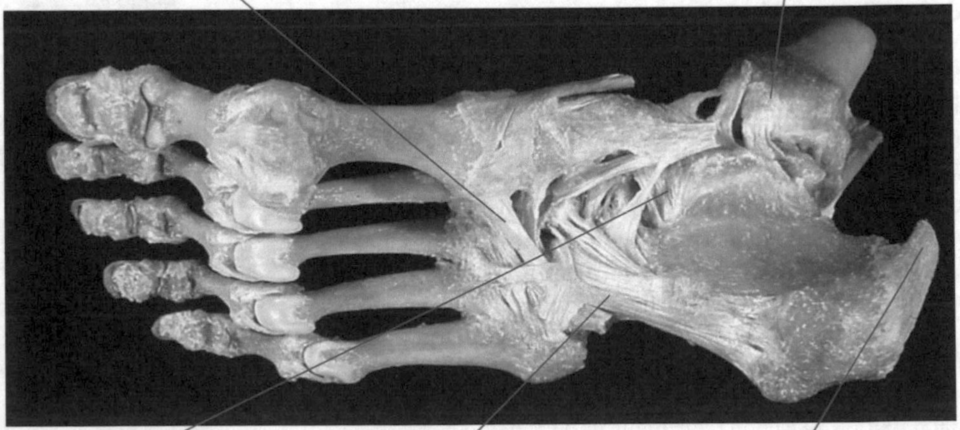

◘ **Abb. 3.127** Anatomisches Bänderpräparat des rechten Fußes in der Ansicht von medial unten. (Präparat und Aufnahme von B. Tillmann, Kiel)

Sehne M. fibularis longus   Malleolus med.

Pfannenband   Lig. plantare longum   Achillessehne

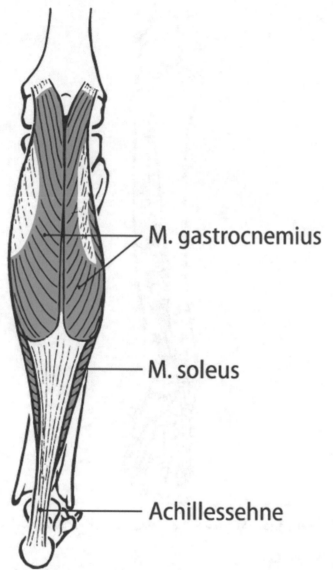

Abb. 3.128   M. triceps surae

M. gastrocnemius

M. soleus

Achillessehne

Abb. 3.129   M. tibialis posterior (Ansicht von hinten)

net (■ Abb. 3.128) und setzen über die Achillessehne am Tuber calcanei an (vgl. ■ Abb. 3.127). Der M. triceps surae ist der kräftigste Plantarflexor des Fußes und, da die Achillessehne medial von der Achse des unteren Sprunggelenks liegt, auch Invertor. Ein stabiler Hochzehenstand äußert sich dadurch im Fersenschluss auch in einer supinatorischen Inversion des Rückfußes. Bei gerissener Achillessehne reicht die Kraft der übrigen Plantarflexoren nicht mehr aus, um in den Zehenstand zu gelangen.

Zu den **tiefen Flexoren** gehören der *M. tibialis posterior*, der *M. flexor digitorum longus* und der *M. flexor hallucis longus*. Sie entspringen von der Membrana interossea, der Tibia und der Fibula; ihre Sehnen verlaufen von hinten um den Innenknöchel und werden in ihrer Lage durch ein Retinaculum fi-

xiert und in Sehnenscheiden geführt. Auch die tiefen Flexoren senken die Fußspitze und invertieren den Fuß. Der **M. tibialis posterior** (■ Abb. 3.129) setzt an der Unterfläche des Os naviculare an. Die Sehne des **M. flexor digitorum longus** (■ Abb. 3.130) spaltet sich in vier Einzelsehnen auf, die zu den Endgliedern der Zehen II–V ziehen, die er beugt. Der **M. flexor hallucis longus** (■ Abb. 3.131) verläuft unter dem Sustentaculum tali zum Endglied der Großzehe und beugt sie. Aufgrund des Verlaufs der Sehne dieses Muskels unter dem Sustentaculum tali kann er dieses unterstützen und somit bei der Stabilisierung des Talus auf dem Calcaneus mitwirken, eine Aufgabe, die für die Erhaltung der Fußstatik wichtig ist.

Zur **vorderen Unterschenkelmuskulatur** gehören als Gegenspieler zu den tiefen Flexoren der *M. tibialis anterior*, der *M. extensor digitorum longus* und der *M. extensor hallucis longus*. Sie entspringen von der Tibia, Fibula und Membrana interossea, ihre Sehnen werden im Bereich der Sprunggelenke von Retinacula geführt und sind in Sehnen-

3

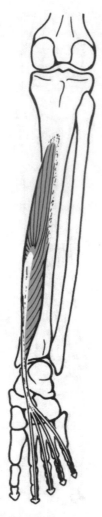

■ **Abb. 3.130**   M. flexor digitorum longus (Ansicht von hinten)

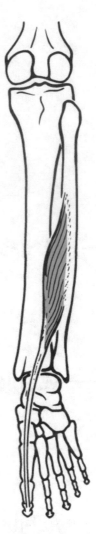

■ **Abb. 3.131**   M. flexor hallucis longus (Ansicht von hinten)

scheiden eingebettet. Der **M. tibialis anterior** (■ Abb. 3.132)
setzt im medialen Bereich des Fußrückens an der Basis des
I. Mittelfußknochens an. Seine kräftige Sehne springt bei
dorsalflektiertem Fuß deutlich unter der Haut vor (vgl.
■ Abb. 3.145). Er hebt den Fuß im oberen Sprunggelenk
und ist ein schwacher Invertor. Seine besondere Bedeutung
wird bei exzentrischer Kontraktion im Zusammenhang
mit dem Gangbild deutlich (▶ Abschn. 3.3.9). Der **M. extensor digitorum longus** (■ Abb. 3.133) teilt sich in vier Einzelsehnen auf, die zu den Endgliedern der Zehen ziehen
und diese strecken. Er hebt ebenfalls den Fuß und hilft geringfügig bei der Eversion. Der **M. extensor hallucis longus**
(■ Abb. 3.134) setzt am Endglied der Großzehe an. Er
streckt sie und wirkt bei der Dorsalflexion des Fußes mit;
da seine Sehne praktisch die Achse des unteren Sprunggelenks schneidet, kann er an Eversion und Inversion nicht
mitwirken. Die Sehnen der zu den Zehen ziehenden Strecker sind bei deren Aktion unter der Haut auf dem Fußrücken gut zu sehen.

■ **Praxis**

Bei einer funktionellen Beeinträchtigung oder Schädigung des Nervens, der die Extensoren versorgt, z. B. aufgrund eines Kompartmentsyndroms in der Streckerloge
des Unterschenkels, kommt es wegen der resultierenden
Fußheberschwäche zu einem Spitzfuß und einer entsprechenden Gangstörung (Steppergang).

Zu den **lateralen Unterschenkelmuskeln** gehören
die **Mm. fibulares longus** und **brevis** (■ Abb. 3.135
und 3.136). Beide entspringen an der Fibula, der eine
weiter proximal, der andere weiter distal. Ihre Sehnen
laufen durch Retinacula fixiert und in einer Sehnenscheide von hinten um den Außenknöchel herum. Der
M. fibularis brevis setzt an der am Fußaußenrand
deutlich tastbaren Basis des V. Mittelfußknochens an;
die Sehne des M. fibularis longus zieht schräg unter
der Fußsohle durch, um von plantar die Basis des
I. Mittelfußknochens zu erreichen. Die Hauptfunktion der Mm. fibulares ist die Eversion des Fußes;

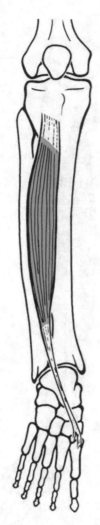

■ **Abb. 3.132** M. tibialis anterior (Ansicht von vorne)

■ **Abb. 3.133** M. extensor digitorum longus Ansicht von vorne)

aufgrund ihres Verlaufs hinter der Achse des oberen Sprunggelenks helfen sie außerdem bei der Plantarflexion.

Fußmuskeln Von den kurzen Fußmuskeln sollen – vor allem wegen ihrer Bedeutung für die Statik der Fußgewölbe – nur einige aus der plantaren Gruppe dargestellt werden. Diese Muskeln werden von einer derben *Plantaraponeurose*, ähnlich der Palmaraponeurose an der Hand, überzogen, die vom Tuber calcanei bis zu den Zehen ausstrahlt (■ Abb. 3.142). Sie bietet den darunter liegenden Muskeln mechanischen Schutz und dient der Druckverteilung an der Fußsohle. Die plantaren Muskeln verlaufen vorwiegend in Längsrichtung des Fußes.

Zwei Muskeln beugen die Zehen: Der **M. flexor digitorum brevis** zieht vom Tuber calcanei zu den Mittelgliedern der Zehen, der **M. flexor hallucis brevis** vom medialen Fußwurzel-Mittelfußbereich zum Großzehenmittelglied (■ Abb. 3.137). Der tieferliegende **M. quadratus plantae** entspringt vom Tuber calcanei und strahlt in die Sehnen des M. flexor digitorum longus

ein (■ Abb. 3.138). Der M. quadratus plantae korrigiert durch seine Kontraktion die schräge Zugrichtung des M. flexor digitorum longus, wirkt also als zusätzlicher Zehenbeuger. Im Bereich des Vorfußes befindet sich der **M. adductor hallucis** (■ Abb. 3.139). Er besteht aus einem *Caput obliquum* mit schrägem Verlauf von der Basis der Mittelfußknochen II und III und einem *Caput transversum*, welches quer von dem Köpfchen der III–V. Mittelfußknochen zum Großzehengrundgelenk zieht. Beide Anteile, besonders das Caput transversum, adduzieren die Großzehe.

3.3.8 Fußgewölbe

Die bereits hinsichtlich ihres skelettären Zustandekommens beschriebene Gewölbekonstruktion des Fußes gestattet im Sinne einer *statischen* Funktion eine Verteilung der über die Malleolengabel einwirkenden Körperlast (■ Abb. 3.140 und 3.141). Das **Längsgewölbe** besitzt seine

3

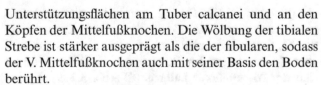

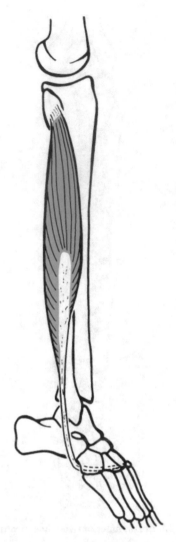

■ **Abb. 3.134**   M. extensor hallucis longus (Ansicht von vorne)

■ **Abb. 3.135**   M. fibularis longus (Ansicht von außen)

Unterstützungsflächen am Tuber calcanei und an den Köpfen der Mittelfußknochen. Die Wölbung der tibialen Strebe ist stärker ausgeprägt als die der fibularen, sodass der V. Mittelfußknochen auch mit seiner Basis den Boden berührt.

Das im Vorfuß zusätzlich ausgebildete, jedoch gegenüber dem Längsgewölbe funktionell unbedeutendere **Quergewölbe** besitzt als Pfeiler den Kopf des I. Mittelfußknochens und den V. Mittelfußknochen. Bei Betrachtung der Fußsohle können die Hauptbelastungspunkte Ferse, Großzehenballen und Kleinzehenballen durch ihre Hornhautbildung erkannt werden, der Fußabdruck zeigt ein entsprechendes Bild (■ Abb. 3.123). Die Gewölbe gestatten *dynamisch* ein federndes Nachgeben des Fußes bei vertikalen Belastungen, z. B. beim Sprung. Dabei flachen sich die Wölbungen ab, um danach durch die aufrichtenden Kräfte von Bändern und Muskeln wieder in die ursprüngliche Form zurückzukehren.

Eine derartige Konstruktion verlangt Strukturen, die das Gewölbe verspannen. Ähnlich wie bei einem Bogen die Sehne seine Form hält, so müssen die Bänder und Muskeln bzw. ihre Sehnen an der plantaren Fläche des Fußes entlang verlaufen (vgl. ■ Abb. 3.127 und 3.142). Dabei sorgen Bänder für eine passive, Muskeln für eine aktive Verspannung. Die passive Sicherung des Längsgewölbes wird durch die oberflächliche Plantaraponeurose, wirksamer jedoch durch das Lig. plantare longum gewährleistet, welches die Fußwurzelknochen gegeneinander verklammert. Von besonderer Bedeutung ist auch hier das Pfannenband, das ein Auseinanderweichen von Calcaneus und Os naviculare und ein entsprechendes Absinken des Talus nach medial verhindert (■ Abb. 3.125). Durch die langen, an der Fußsohle entlangziehenden Sehnen der tiefen Flexoren und die kurzen Fußsohlenmuskeln wird das Längsgewölbe aktiv verspannt. Dies erfolgt allein aufgrund des Tonus der Muskeln. Wenn man sie im Stand aktiv anspannt, so verstärkt sich die

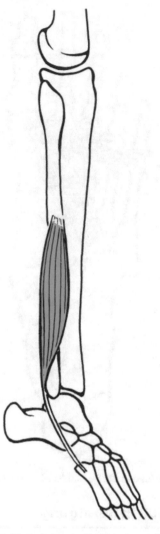

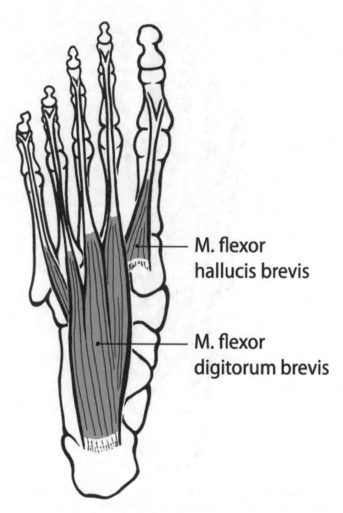

M. flexor
hallucis brevis

M. flexor
digitorum brevis

◘ **Abb. 3.137**   Muskeln der Fußsohle: M. flexor hallucis brevis und M. flexor digitorum brevis

◘ **Abb. 3.136**   M. fibularis brevis (Ansicht von außen)

Wölbung des Fußes: Er wird "kürzer". Eine Schlüsselfunktion besitzt der M. flexor hallucis longus, dessen Sehne unter dem Sustentaculum tali des Calcaneus entlang zieht. So hält er das Fersenbein in einer achsengerechten, aufrechten Stellung.

❗ Die Fußgewölbe führen statisch zur Lastverteilung, dynamisch haben sie eine Federungsfunktion. Das Längsgewölbe wird passiv durch plantare Bandzüge gesichert, aktiv wird es durch kurze plantare Muskeln und die plantar verlaufenden Sehnen der tiefen Flexoren des Unterschenkels verspannt.

Bei Bänderschwäche und unzureichend ausgebildeter Muskulatur kann das Gewölbe nicht aufrechterhalten werden, es sinkt ein. Dabei geht die mediale Höhlung der Fußsohle verloren, es bildet sich ein *Senkfuß* (◘ Abb. 3.143). Außerdem kann es zu einem Schiefs-

tand (*Valgus*) des Fersenbeins kommen, der Talus gleitet nach medial. Diese als *Knickfuß* bezeichnete Fehlstellung wird am vorstehenden Innenknöchel und am nach innen abgeknickten Verlauf der Achillessehne deutlich.

Das Quergewölbe des Vorfußes ist geringer gesichert als das Längsgewölbe. Neben einigen kurzen Bandzügen ist hierfür vor allem das Caput transversum des M. adductor hallucis von Bedeutung. Auch der M. fibularis longus ist aufgrund seines Sehnenverlaufs schräg unter der Fußsohle hindurch daran beteiligt. Eine unphysiologische Mehrbelastung des Vorfußes, z. B. durch Tragen von Schuhen mit hohem Absatz, lässt das Quergewölbe einsinken; es entsteht ein *Spreizfuß*, der äußerlich u. a. an Hornhautbildung auch unter den Köpfen der II–V. Mittelfußknochen deutlich wird (◘ Abb. 3.144). Als Folge des Spreizfußes kann ein Großzehenschiefstand (*Hallux valgus*) entstehen, bei dem die Großzehe im Grundgelenk adduktorisch verformt ist (◘ Abb. 3.143).

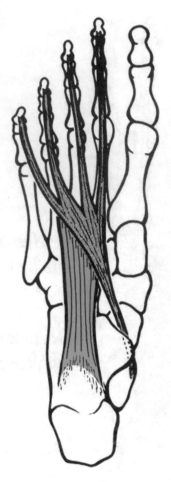

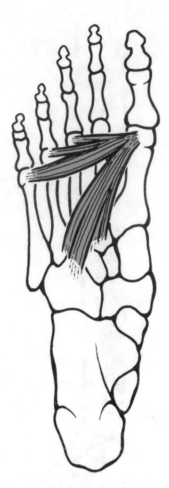

◼ **Abb. 3.138**   Muskeln der Fußsohle: M. quadratus plantae, Sehne des M. flexor digitorum longus grau eingezeichnet

◼ **Abb. 3.139**   Muskeln der Fußsohle: M. adductor hallucis

3.3.9 Der Fuß in Bewegung

Die Belastungen des Fußes, seine Mechanik und die Beteiligung der Muskeln sollen am Beispiel des Gehens dargestellt werden (◼ Abb. 3.145). Beim Laufen verhält sich der Fuß prinzipiell gleich, seine Belastung ist jedoch höher.

Der Fuß wird mit der Ferse aufgesetzt, dabei befindet er sich in Dorsalflexion und leichter Inversion und Vorfußsupination. Die Druckaufnahme erfolgt über die Außenseite des Rückfußes (Abnutzung der Absatzaußenkante am Schuh), wobei der M. tibialis anterior exzentrisch arbeitet, um ein kontrolliertes Absenken des Vorfußes zu ermöglichen. Wenn die ganze Sohle Bodenkontakt hat, gelangt der Fuß unter der Belastung zunehmend in eine geringfügige Eversion; die Verwringung zwischen Vorfuß und Rückfuß wird in dieser Stützphase praktisch aufgehoben. Das Fußgewölbe gibt federnd unter geringfügigen Verschiebebewegungen der Fußwurzelknochen nach. Ein zu starkes Einknicken nach medial und ein zu starkes Abflachen des Fußgewölbes wird durch die einset-

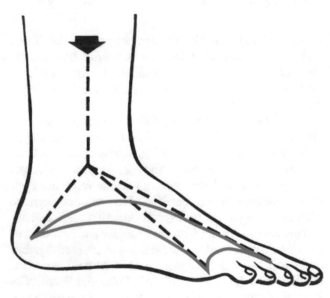

◼ **Abb. 3.140**   Vereinfachte Darstellung der Verteilung der Körperlast auf Vorfuß und Rückfuß (Längsgewölbe) und innerhalb der Vorfußes (Quergewölbe)

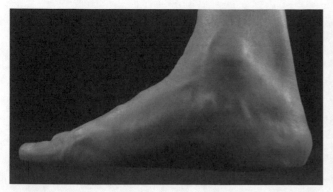

▪ Abb. 3.141 Normales Fußgewölbe von medial

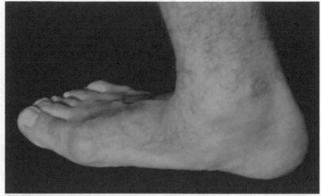

▪ Abb. 3.143 Knick-Senk-Fuß mit deutlich ausgeprägtem Hallux valgus

▪ Abb. 3.142 Anatomischer Sagittalschnitt durch einen Fuß in Höhe des 2. Zehenstrahls. (Präparat und Aufnahme von B. Tillmann, Kiel)

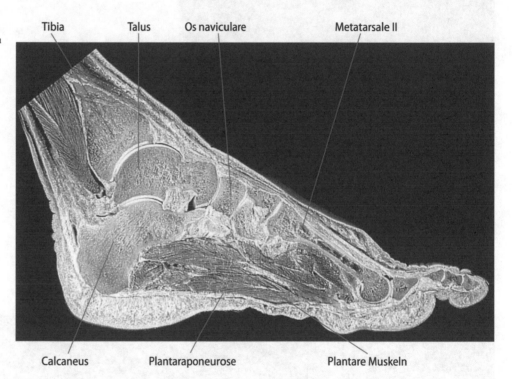

zende Kontraktion der tiefen Plantarflexoren verhindert. Der M. triceps surae hebelt den Rückfuß nach oben, die Abrollphase beginnt. Der letzte Abdruck erfolgt vom Großzehenstrahl; besonders beansprucht ist dabei der M. flexor hallucis longus, welcher durch seinen Sehnenverlauf gleichzeitig in der gesamten Abrollphase die Stellung von Calcaneus und Talus sichert. Der Fuß verlässt den Boden wieder in geringfügig invertierter Stellung, wobei der Rückfuß gegenüber dem Vorfuß supiniert ist.

3

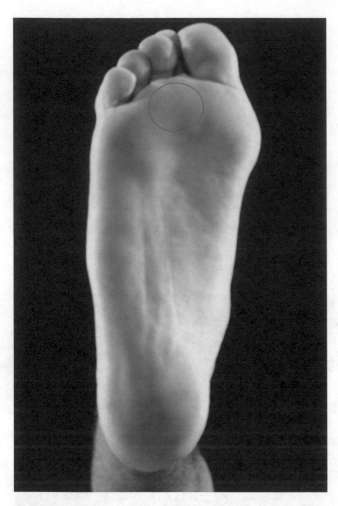

■ **Abb. 3.144**   Spreizfuß mit Hornhautbildung zwischen Groß- und Kleinzehenballen

■ **Abb. 3.145**   Abwicklung des Fußes beim Gehen

Bewegungskontrolle und -steuerung durch das Zentralnervensystem

Inhaltsverzeichnis

© Der/die Herausgeber bzw. der/die Autor(en), exklusiv lizenziert durch
Springer-Verlag GmbH, DE, ein Teil von Springer Nature 2021
P. Zimmer, H.-J. Appell, *Funktionelle Anatomie*, https://doi.org/10.1007/978-3-662-61482-2_4

4

Jede aktive Auseinandersetzung mit der Umwelt erfordert den Einsatz von Muskeln; so erfolgt auch die Übermittlung der subtilsten Gedanken letztlich durch die beim Sprechen beteiligten Muskeln, unterstützt von Mimik und Gestik. Auch bei sportlicher Betätigung wirkt der Mensch mit seinen Muskeln auf vielfältige Weise auf seine Umgebung ein. Die Beschleunigung eines Gerätes (Wurf, Stoß), Eigenbewegungen (Laufen, Springen, Schwimmen) oder die Abfolge von Angriff- und Abwehrhandlungen (Kampfsportarten) erfordern ein zielgerechtes Mit- und Nacheinander der beteiligten Muskelgruppen. Jede Sportart stellt also unterschiedliche Anforderungen an die Motorik. Bei zyklischen Bewegungen wie Laufen oder Schwimmen wiederholt sich der Ablauf stereotyp, die einmal gelernte Technik läuft in der Regel gut koordiniert ab. Dagegen erfordert z. B. das Tennisspiel neben den Grundfertigkeiten der Sportart die ständige Auseinandersetzung mit dem Gegner. Dessen Position, die Fluggeschwindigkeit und -richtung des Balles spielen für die Entscheidung, welcher Schlag am ehesten zum Erfolg führt, welcher Laufweg notwendig ist etc., eine wichtige Rolle. Somit ist für die motorische Handlung die Sinnesaufnahme äußerer Reize notwendig. Darüber hinaus erfolgen eine ständige Erkennung und Verarbeitung innerer Reize, die sich dem Bewusstsein weitestgehend entziehen. Deswegen können die komplexen Abläufe, die zu gut koordinierten Bewegungen führen, im strengen Sinne nicht als Motorik bezeichnet werden, sondern werden in ihrer Komplexität (Reizaufnahme durch Sinnesorgane – motorische Handlung) besser mit dem Begriff *Sensomotorik* beschrieben.

4.1 Grundlagen

 Lernziele

Dieses Kapitel vermittelt den neuronalen Bauplan des Nervensystems, der seine Funktion erst durch synaptische Verknüpfungen erhält. Sie sollen erkennen, dass sensomotorische Prozesse stets einen afferenten und efferenten Schenkel beinhalten. Die Grundzüge der Morphologie von Gehirn und Rückenmark – als Basis für spinale und supraspinale Steuerungsmechanismen – werden beschrieben.

Funktionell wird das *animale* von dem *vegetativen* Nervensystem unterschieden. Während letzteres für die unbewusste Steuerung der Organfunktionen verantwortlich ist (▶ Abschn. 5.6.2), vollziehen sich im animalen Nervensystem die sensomotorischen Prozesse. Von seinem räumlichen Aufbau her wird es in ein *Zentral*nervensystem (ZNS) und ein *peripheres* Nervensystem (PNS) unterteilt. Zum ZNS gehören Gehirn und Rückenmark als übergeordnete Zentren. Das PNS stellt mit seinen Nerven die Verbindungsstrukturen dar, die

Reize von Organen der Sinnesaufnahme (Rezeptoren) zum ZNS leiten und über die eine Reizbeantwortung vom ZNS zu den Muskeln als Effektoren erfolgt.

Die Schätzungen über die Anzahl der Nervenzellen im ZNS reichen von 10 bis 100 Milliarden. Nervenzellen sind aufgrund ihrer hohen Differenzierung nicht mehr teilungsfähig. Früher wurde angenommen, dass die Anzahl und Funktion von Nervenzellen sehr früh in der Entwicklung festgelegt ist und mit steigendem Lebensalter und durch externe Stressoren (z. B. Alkohol) allenfalls eine Degeneration stattfindet. Heute gilt es belegt, dass sich zumindest in bestimmten Hirnarealen neue Nervenzellen aus neuronalen Stammzellen bilden können (Neurogenese). Ferner weiß man, dass es auch in adulten, ausdifferenzierten Nervenzellen noch zu vielfältigen funktionelle Anpassungen kommt, die man unter dem Begriff der Neuroplastizität vereint. Besonders deutlich lassen sich diese Phänomene an einer evolutionsbiologisch hochkonservierten Hirnstruktur beobachten: dem Hippocampus. So werden hier bis ins hohe Alter neue Nervenzellen gebildet und funktionell integriert. Bewegung und körperliche Aktivität stimulieren diese Prozesse. So gilt es mittlerweile als nachgewiesen, dass durch Bewegung neuronale Wachstumsfaktoren – z. B. der brain-derived neurothophic factor (BDNF) – ausgeschüttet werden, die unabhängig vom Alter einen positiven Einfluss auf die Neurogenese und die Neuroplastizität nehmen können. Ein sehr eindrucksvolles Beispiel der neuronalen Plastizität ist natürlich auch das Bewegungslernen, bei dem teils hochkomplexe Bewegungen erst erlernt und dann automatisiert werden können.

Neben den Nervenzellen ist ein zweiter Zelltyp maßgeblich am Aufbau des Nervengewebes beteiligt: die **Gliazellen**. Sie sind kleiner und zahlreicher als die Nervenzellen, sodass beide Zellpopulationen jeweils knapp die Hälfte des Volumens von Gehirn und Rückenmark einnehmen. Die Gliazellen sind als Ernährungs- und Stützgewebe für die Nervenzellen aufzufassen und haben als solche sehr unterschiedliche Funktionen. Sie lassen sich grob in drei verschiedene Zelltypen unterteilen. Die häufigste Form der Gliazellen sind die Astroglia, auch Astrozyten oder – ihrer Größe wegen – Makrogliazellen genannt. Sie umgeben die Nervenzellen, sodass diese nicht in direktem Kontakt mit den Blutkapillaren stehen. Astroglia spielen demnach eine wesentliche Rolle bei der Bildung der sog. Blut-Hirn-Schranke, sind aber auch in den Abbau von Neurotransmittern und die Narbenbildung innerhalb des ZNS involviert. Über sie erfolgt auch der Stoffaustausch zwischen Blutgefäßen und Nervenzellen. Eine weitere Form der Gliazellen stellen die Oligodendrozyten dar, die im ZNS als Mark- oder Myelinscheiden Nervenfasern umhüllen und so Einfluss auf die Geschwindigkeit der Erregungsweiterleitung nehmen. Ein klinisches Beispiel, das die Relevanz dieser Zellen verdeutlicht, stellt die Multiple Sklerose dar, bei der es durch Beschädigung bis hin zum Verlust der Oligodendrozyten zu einer gestörten Erregungsweiterleitung kommen kann. Je nachdem, wo sich die beschädigten Oligodendrozyten befinden, kann dies weitreichende motorische, aber auch vegetative Symptome nach sich ziehen. Der dritte Zelltyp der Gliazellen sind die sog. Mikroglia. Sie bilden als gewebsständige Makrophagen einen Teil des Immunsystems des ZNS und liegen aufgrund ihrer Abwehrfunktion häufig in der Nähe von Blutgefäßen vor. Ihre Hauptaufgabe besteht in der Phagozytose von Fremdstrukturen oder zugrunde gegangenem Nervengewebe.

❗ Das Gewebe des Nervensystems besteht zum einen aus hoch differenzierten Nervenzellen als Träger der spezifischen Funktionen und zum anderen aus Gliazellen, die vielfältige unterstützende Funktionen besitzen und sozusagen das „funktionelle Bindegewebe" des Nervensystems darstellen.

4.1.1 Neuron und Synapse

Jede einzelne Nervenzelle, auch Ganglienzelle, meist aber Neuron genannt, bildet eine strukturelle und funktionelle Einheit (◼ Abb. 4.1). Ein Neuron besteht aus dem Zellkörper (Perikaryon oder Soma) und aus Fortsätzen, die als **Dendriten** und **Neuriten** bezeichnet werden. Es ist funktionell grundsätzlich polar gegliedert, ein Zellpol nimmt Erregungen auf, der andere gibt sie weiter. Dendriten und Neuriten kommt dabei eine unterschiedliche Funktion zu. Die Dendriten als Fortsätze des Rezeptorpols nehmen Erregungen von anderen Nervenzellen oder von Rezeptoren (z. B. Tastkörperchen in der Haut) auf. Ein in der Regel einzelner Neurit am Effektorpol leitet die Erregung weiter und verzweigt sich in Kollaterale, um andere Neurone zu erreichen, bzw. endet an Muskelfasern oder anderen Effektororganen, die von ihm innerviert werden.

Die Formenvielfalt der Neurone ist groß (äußere Gestalt, Anzahl der Fortsätze). Die Mehrzahl der an den motorischen Prozessen beteiligten Neurone hat viele Fortsätze, so z. B. die motorischen Nervenzellen des Rückenmarks, die zahlreiche Dendriten und einen Neuriten besitzen. Dendriten wie auch Neuriten können eine Länge von mehr als 1 m erreichen. So sitzt das Perikaryon (eigentlicher Zellkörper) des motorischen Neurons, dessen Neurit die Fußmuskulatur innerviert, im Rückenmark in Höhe des letzten Brustwirbels; der Neurit verläuft innerhalb eines peripheren Nervs vom Rückenmark bis zum Effektororgan Fußmuskel. Umgekehrt zieht ein Dendrit, der z. B. taktile Reize an der Fußsohle aufnimmt, über eine ähnlich lange Strecke bis in die Nähe des Rücken-

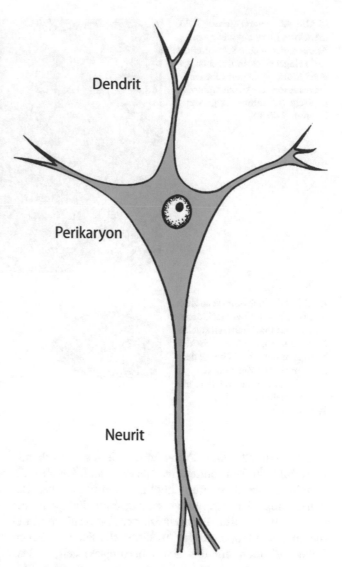

◼ **Abb. 4.1** Vereinfachte Darstellung eines Neurons

marks, wo sein Perikaryon im Spinalganglion (◼ Abb. 4.12) liegt. Periphere Nerven sind also Bündel von Neuriten und Dendriten.

❗ Ein Neuron besteht aus einem Soma (Zellkörper mit Kern) sowie Dendriten und Neuriten als Fortsätze; Neuriten leiten Reize vom Soma fort, Dendriten nehmen Reize auf und führen sie dem Soma zu.

Nervenfasern Die langen Fortsätze der Neurone sind in der Peripherie als Nerven zusammengefasst, im ZNS bilden sie Stränge oder Bahnen. Auch sie werden von Gliazellen umhüllt, die bei den peripheren Nerven als **Schwann'sche Zellen** bezeichnet werden und das Äquivalent zu den Oligodendrozyten im ZNS bilden. Die Fortsätze werden auch Axone genannt, wobei es unerheblich ist, ob es sich um einen Neuriten oder einen Den-

4

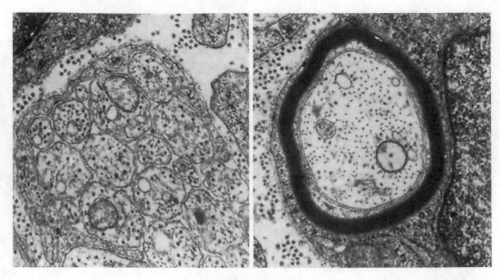

Abb. 4.2 Nervenfasern; links: markloser Nerv mit mehreren Axonen, die in eine Schwann'sche Zelle eingebettet sind; rechts: von einer Markscheide umgebenes dickes Axon. Elektronenmikroskopische Aufnahme, Vergr. vor Reprod. × 40 000

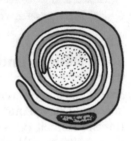

Abb. 4.3 Schwann'sche Zelle (blau) und Axon bei marklosen (links) und markhaltigen (rechts) Nervenfasern; die Markscheide kommt durch die Wicklung der Schwann'schen Zelle um das Axon zustande (vgl. mittlere und rechte Zeichnung und mit
**Abb. 4.2)

driten handelt. Das Axon und die es umgebende Schwann'sche Zelle bilden eine Nervenfaser (**Abb. 4.2). Ihre besondere Bedeutung liegt in der funktionellen Beeinflussung der Erregungsleitungsgeschwindigkeit bei den sog. markhaltigen (myelinisierten) Nervenfasern. Bei diesen ist ein lappenartiger Ausläufer der Schwann'schen Zelle mehrfach um das Axon herumgewickelt, sodass dieses von eng aneinander liegenden, konzentrischen Stapeln der Schwann'schen Zellmembran umgeben ist (**Abb. 4.3). Diese **Markscheide** (Myelinscheide) isoliert das Axon elektrisch wie eine Kunststoffummantelung einen Kupferdraht (**Abb. 4.4). Da jede Schwann'sche Zelle nur einen kleinen Abschnitt (ca. das 100 fache des Axondurchmessers) des Axons über dessen Länge umhüllen kann, befindet sich zwischen zwei Schwann'schen Zellen ein winziger Bereich, in dem die Isolation fehlt. Dieser Bereich wird als Ranvier'scher Schnürring bezeichnet, die Strecke zwischen zwei Schnürringen als Internodium. Aufgrund dieser Verhältnisse kommt es bei den markhaltigen Nervenfasern zu dem elektrophysiologischen Phänomen der **saltatorischen Erregungsleitung**, d. h., die Erregung springt gewissermaßen von Schnürring zu Schnürring. Die Erregungsleitungsgeschwindigkeit markhaltiger Nerven hängt von drei Faktoren ab:

1. der Dicke des Axons – je dicker es ist, desto größer ist die Leitungsgeschwindigkeit;

2. der Dicke der Markscheide – bei besserer Isolationsleistung aufgrund dickerer Markscheide ist die Leitungsgeschwindigkeit größer;

3. der Länge der Internodien – bei langen Internodien (entsprechend weniger Schnürringen) erfolgt die saltatorische Leitung schneller.

Umgekehrt geht daraus hervor, dass markarme Nervenfasern, die meist aus mehreren Axonen innerhalb einer Schwann'schen Zellumhüllung bestehen (vgl. **Abb. 4.2), langsam leiten. Diese dünnen Nervenfasern (∅ 0,5–1,5 μm) besitzen eine Leitungsgeschwindigkeit von 0,5–2,5 m/s; sie übermitteln z. B. dumpfen Schmerz. Die dicken, myelinisierten Nervenfasern (∅ 12–20 μm, Leitungsgeschwindigkeit 70–120 m/s) leiten u. a. motorische Erregungen.

Synapsen Die Leistungen des ZNS kommen erst durch das Zusammenwirken mehrerer Neurone zustande. An einer komplexen Bewegung sind Neuronenketten beteiligt, die hintereinander und miteinander verschaltet sind und hemmende oder fördernde Einflüsse auf andere Neurone ausüben. Das funktionelle Bindeglied zwischen den einzelnen Neuronen wie auch zum Rezeptor und Effektor stellen die Synapsen dar. Erst die Ausbildung von Synapsen ermöglicht die Kommunikation der Neurone untereinander und damit den Ablauf komplizierter nervöser Schaltkreise.

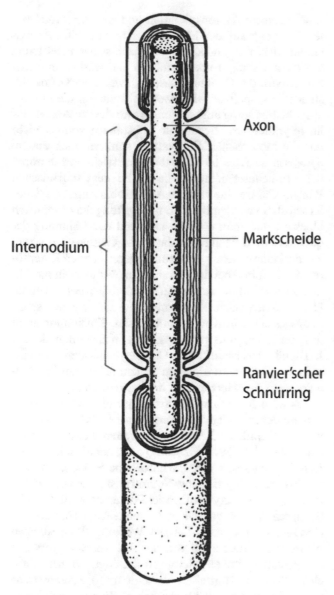

Axon

Internodium

Markscheide

Ranvier'scher
Schnürring

□ Abb. 4.4   Schema einer markhaltigen Nervenfaser

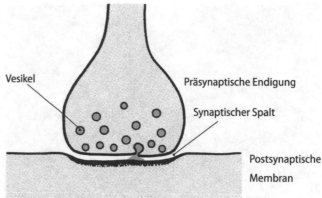

Vesikel

Präsynaptische Endigung

Synaptischer Spalt

Postsynaptische
Membran

□ Abb. 4.5   Synapse schematisch, Neurotransmitter blau

Es gibt drei unterschiedliche Arten von Synapsen. Die häufigste Form stellen die **interneuronalen Synapsen** dar, bei denen ein Neurit (Axon) des einen Neurons mit verschiedenen Abschnitten des nächsten Neurons in Kontakt steht; diese Kontakte können axo-dendritisch, axo-somatisch oder axo-axonal sein. Als **Effektorsynapsen** werden solche Synapsen bezeichnet, bei denen die Endaufzweigung eines Neuriten eine Verbindung mit dem Effektororgan (Drüsenzelle, Muskelfaser) hat; bei der Skelettmuskulatur wird diese Endformation des Neuritens als motorische Endplatte bezeichnet. Schließlich spricht man von einer **Rezeptorsynapse**, wenn Systeme der Reizaufnahme bzw. Sinneszellen in Verbindung mit einem Dendriten stehen.

Vom Funktionsprinzip gibt es elektrische und chemische Synapsen; der erste Typ kann hier vernachlässigt

werden. Bei den chemischen Synapsen (□ Abb. 4.5) ist die präsynaptische Endigung des Neuriten durch einen schmalen Spaltraum von der postsynaptischen Membran des nachfolgenden Neurons getrennt. In der präsynaptischen Endigung finden sich zahlreiche Vesikel, die einen Überträgerstoff enthalten, der als **Neurotransmitter** bezeichnet wird. Erreicht ein elektrischer Impuls diese präsynaptische Membran, so wird der Neurotransmitter in den synaptischen Spalt freigesetzt und bewirkt an der postsynaptischen Membran eine Veränderung des Potentials. Somit kann der Vorgang an der Synapse vereinfacht als die Umwandlung eines elektrischen Reizes in einen chemischen und wieder in einen elektrischen beschrieben werden (nähere Einzelheiten sind in den Lehrbüchern der Physiologie nachzulesen). Es gibt unterschiedliche Stoffe, die an bestimmten Effektororganen oder bestimmten Neuronen spezifisch als Neurotransmitter wirken. Neben zahlreichen anderen (u. a. Adrenalin, Noradrenalin, Dopamin) ist Azetylcholin die am häufigsten vorkommende Transmittersubstanz. Azetylcholin wird auch an der motorischen Endplatte freigesetzt. Diese stellt als neuromuskuläre Verbindung eine Effektorsynapse dar.

▪ **Praxis**
Allen Lern- und Übungsvorgängen (intellektuellen oder motorischen) liegt eine Neubildung oder Vermehrung von Synapsen zugrunde. Durch diese kommt es zu einer intensiveren Vernetzung von Neuronen: Neue Fertigkeiten können entstehen und die Ausführung vorhandener Fertigkeiten wird erleichtert.

Motorische Endplatte (□ Abb. 4.6)   Ganz kurz vor seiner Endigung verliert das Axon seine Markscheide und teilt sich in mehrere kleine Äste auf, die mit sog. Endknöpfchen in einem eng umschriebenen Areal auf der Muskelfaser enden; sie bilden insgesamt die motorische Endplatte. Die Vesikel dieser Endknöpfchen enthalten Azetylcholin, das bei einem ankommenden elektrischen

4

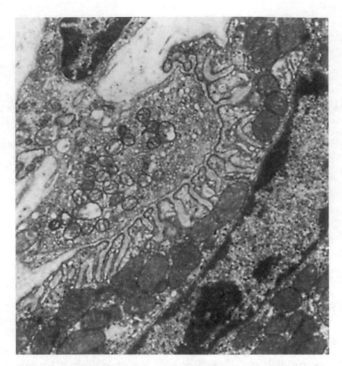

◻ Abb. 4.6 Motorische Endplatte; beachte zahlreiche synaptische Vesikel in der Nervenendigung und die Einfaltung des Sarkolemm der darunter liegenden Muskelfaser. Elektronenmikroskopische Aufnahme, Vergr. vor Reprod. × 15 000

Impuls in den synaptischen Spalt abgegeben wird. Die postsynaptische Membran (hier: das Sarkolemm der Muskelfaser) ist in diesem Bereich eingefaltet, woraus sich eine Vergrößerung ihrer Oberfläche ergibt. Das freigesetzte Azetylcholin besetzt entsprechende Rezeptoren an der postsynaptischen Membran, was zu ihrer Depolarisation führt; diese setzt sich auf ihr in Längsrichtung der Faser und über die sog. T-Tubuli in das Innere der Faser fort. In die Membran der T-Tubuli sind spannungsgesteuerte Rezeptoren eingebaut, die mechanisch in Verbindung mit Kalziumkanälen des sarkoplasmatischen Retikulums (L-Tubulus) stehen. Ein T-Tubulus liegt dabei immer zwischen zwei L-Tubuli, weshalb in diesem Kontext oftmals auch von *Triaden* die Rede ist. Durch die Ausbreitung der Depolarisation entlang der T-Tubuli kommt es zu einer Konformationsänderung des spannungsgesteuerten Kanals, welcher durch die mechanische Verbindung seinerseits den Kalziumkanal auf dem L-Tubulus öffnet. Die Umwandlung des elektrischen (Membran-) Potentials in eine mechanische Bewegung (Öffnung des Kalziumkanals) wird **elektromechanische Kopplung** genannt. Der resultierende Kalziumeinstrom in die Muskelfaser bewirkt schlussendlich eine Muskelkontraktion. Dadurch werden die Zisternen des sarkoplasmatischen Retikulums für Klaziumionen durchlässig, und die Muskelkontraktion wird in Gang gesetzt (▶ Abschn. 2.1). Diese Vorgänge laufen nur ab, wenn die Erregung eine bestimmte Schwelle übersteigt, sodass es nach dem „Alles-oder-Nichts-Ge-

setz" zu einem Aktionspotential und zu einer fortgeleiteten Erregung auf der Muskelfaser kommt. Das Azetylcholin wirkt nur eine kurze Zeit nach seiner Freisetzung auf die postsynaptische Membran und wird dann durch ein Enzym, die Cholinesterase, in zwei unwirksame Bestandteile gespalten. Diese werden wieder in die präsynaptische Endigung aufgenommen und dort zu Azetylcholin resynthetisiert. Bestimmte Substanzen können nicht nur die motorischen Endplatten, sondern auch andere Synapsen selektiv blocken. Die Azetylcholinrezeptoren der Muskelfasermembran haben zu dem indianischen Pfeilgift Curare eine größere Affinität als zum Azetylcholin selbst. So werden bei Curarevergiftung die Rezeptoren blockiert und man erstickt aufgrund der Lähmung der quergestreiften Atemmuskulatur. Im Gegensatz zur Skelettmuskulatur stehen die spannungsgesteuerten Rezeptoren der T-Tubuli bei der Herzmuskulatur nicht in mechanischer Verbindung zu den Kalziumkanälen der L-Tubuli. Hier strömen nach Konformationsänderung des spannungsgesteuerten Kanals stattdessen Kalziumionen in das Zellinnere und binden an die Kalziumkanäle der L-Tubuli. Dies bewirkt eine Öffnung der Kalziumkanäle, es kommt zu einem erneuten Kalziumeinstrom ins Zellinnere und eine Herzkontraktion wird ausgelöst.

Es wäre zu einfach, Synapsen nur als Stellen anzusehen, an denen andere Neurone oder Muskelfasern erregt werden. Gerade im Zentralnervensystem kommen neben den erregenden *(exzitatorischen)* auch hemmende *(inhibitorische)* Synapsen vor. Exzitatorische Synapsen nutzen zur Erregungsübertragung Neurotransmitter wie das bereits erwähnte Acetylcholin oder Glutamat; inhibitorische Synapsen nutzen vor allem Gamma-Aminobuttersäure (GABA) oder Glycin. Da die Wirkung des jeweiligen Neurotransmitters auch von der Art des Rezeptors auf der postsynaptischen Membran abhängt, können manchen Neurotransmitter (z. B. Dopamin) exzitatorische oder inhibitorische Wirkung haben. Es wird geschätzt, dass jedes Motoneuron, also jede motorische Nervenzelle im Rückenmark, deren Neurit zu der Muskulatur zieht, mit einigen tausend Synapsen besetzt ist, über die es Impulse erhält. Wie später noch genauer dargestellt wird (▶ Abschn. 4.2), kommt gerade auch den inhibitorischen Einflüssen auf Motoneurone eine wesentliche Bedeutung für die Bewegungssteuerung zu. Ihre wichtige Rolle wird am Beispiel der Vergiftung durch Strychnin deutlich. Dieser Stoff blockiert viele hemmende Synapsen, lässt die erregenden aber unbeeinflusst. Bei Strychninvergiftung setzen innerhalb kurzer Zeit schwere Muskelkrämpfe ein, die schließlich zum Tode führen.

❗ Der Übertragungsmechanismus an der motorischen Endplatte zur Initiierung einer Muskelkontraktion erfolgt durch:

— Depolarisation der Axonmembran,

— Freisetzung von Azetylcholin in den synaptischen Spalt,

- Depolarisation der postsynaptischen Membran (Sarkolemm) und
- Kalziumausschüttung aus dem Sarkoplasmatischen Retikulum (L-Tubulus).

4.1.2 Afferenz und Efferenz

Die Funktion des Nervensystems beruht auf Neuronenketten, die zu Schaltkreisen angeordnet sind. Wenn man Bewegungsabläufe im Sinne der Sensomotorik als die Beantwortung von äußeren Reizen auffasst, so besitzt ein solcher Schaltkreis immer zwei Schenkel (▪ Abb. 4.7): einen afferenten und einen efferenten. Die afferente Leitung führt immer von der Peripherie zum Zentrum, also z. B. von einem Druckrezeptor der Haut zum Rückenmark, gegebenenfalls weiter zum Gehirn. **Afferente** Impulse sind qualitativ gesehen stets **sensibel**. Umgekehrt führen efferente Impulse immer von den Zentren des ZNS in die Peripherie, wo sie z. B. an der motorischen Endplatte die Kontraktion einer Muskelfaser auslösen. Demnach sind **Efferenzen** in diesem Zusammenhang stets **motorischen** Erregungen gleichzusetzen.

Im Vergleich mit den Elementen der Regeltechnik (▪ Abb. 4.8) stellen die Rezeptoren in der Peripherie (z. B. die Muskelspindeln für die Regelung der Muskellänge, ▶ Abschn. 4.2.1) den Fühler dar, der den Istwert feststellt. Dieser wird mit einem über eine Führungsgröße vorgegebenen Sollwert verglichen und etwaige Abweichungen werden über afferente (sensible) Bahnen zum Zentrum gemeldet. Dort wird von einem Regler über eine Efferenz (motorische Faser) das Stellglied (am Effektor, also an der Muskulatur) verändert, sodass im Idealfall Istwert und Sollwert übereinstimmen.

4.1.3 Funktioneller Bau von Gehirn und Rückenmark

Die Anteile des Zentralnervensystems – Gehirn und Rückenmark – sind doppelt vor Verletzungen oder Erschütterungen geschützt. Das Gehirn ist von der knöchernen Schädelkapsel umgeben, es steht durch das Hinterhauptsloch mit dem Rückenmark in Verbindung. Das Rückenmark erstreckt sich im Wirbelkanal und ist vorne von den Wirbelkörpern, hinten und seitlich von den Wirbelbögen umgeben. Innerhalb dieses knöchernen Schutzsystems sind Gehirn und Rückenmark nahezu schwerelos in einem flüssigkeitsgefüllten Raum aufgehängt, der von der harten Hirnhaut (*Dura mater*) umschlossen wird. Der Oberfläche von Gehirn und Rückenmark liegt die weiche Hirnhaut an (*Pia mater*), die auch die Blutgefäße zur Versorgung des ZNS führt. Beide Hirnhäute sind durch feine Fasern miteinander verbunden. Zwischen ihnen befindet sich der mit Flüssigkeit (*Liquor cerebrospinalis*) gefüllte Raum. Der Liquor wird in Hohlräumen des Gehirns, den Ventrikeln, aus Adergeflechten der Pia mater herausgebildet. Er spielt neben seiner mechanischen Schutzfunktion auch bei Stoffwechselaufgaben im ZNS eine wichtige Rolle.

Gehirn und Rückenmark sind jeweils weitgehend symmetrisch gebaut, sodass sich rechte und linke Hälfte nahezu spiegelbildlich ähneln. Beim Gehirn spricht man

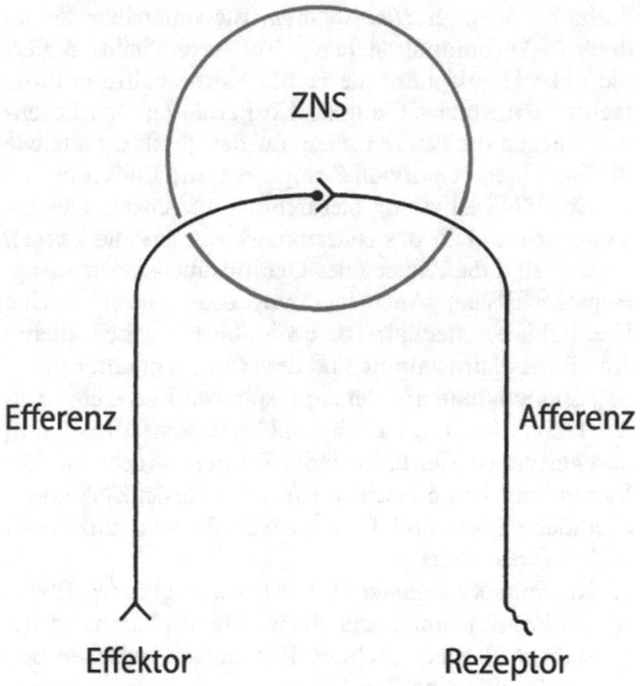

▪ **Abb. 4.7** Vereinfachte Darstellung der Verbindungen von ZNS und Peripherie

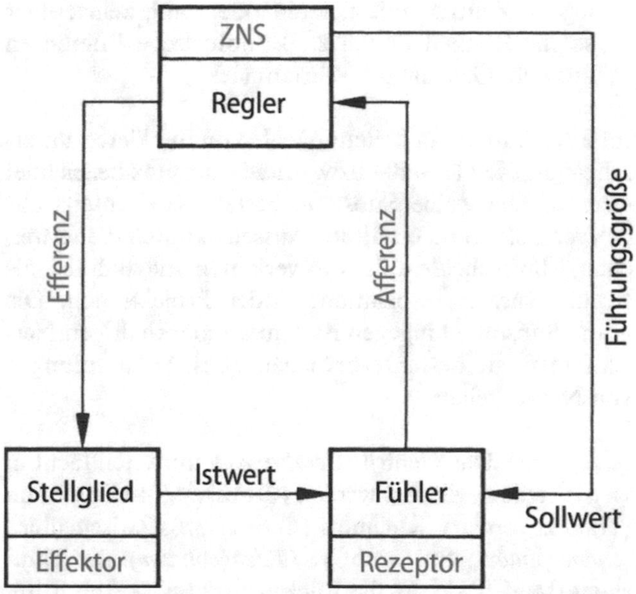

▪ **Abb. 4.8** Regeltechnische Darstellung des Zusammenwirkens von ZNS, Effektor und Rezeptor in der Motorik

4

deshalb von zwei *Hemisphären*, die untereinander jedoch in Verbindung stehen. Grob vereinfacht, steuert die linke Hemisphäre die rechte Körperhälfte und die rechte Hemisphäre die linke Körperhälfte; im Rückenmark liegen die Nervenzellen auf der gleichen Seite wie die von ihnen versorgten Rezeptoren und Effektoren.

Das ZNS ist streng hierarchisch aufgebaut. Die unterste Ebene stellt das Rückenmark dar **(spinale Ebene)**. Diesem sind die Zentren des Gehirns übergeordnet **(supraspinale Ebene)**. Auch innerhalb des Gehirns ist eine Hierarchie feststellbar: Die evolutionsbiologisch älteren Anteile des Hirnstamms sind dem Großhirn untergeordnet. So kann man auf der supraspinalen Ebene eine weitere Unterscheidung zwischen **subkortikalen** (Hirnstamm) und **kortikalen** (Großhirnrinde) Zentren vornehmen. Die Verbindung der unterschiedlichen Anteile des ZNS untereinander erfolgt durch Fasersysteme, die man funktionell in drei Typen einteilt:

1. **Kommissurenbahnen** verbinden auf gleicher Ebene die Zentren unterschiedlicher Hemisphären; so besteht z. B. eine mächtige Kommissur zwischen beiden Großhirnhälften.
2. **Assoziationsbahnen** verbinden unterschiedliche Zentren innerhalb der gleichen Hemisphäre.
3. **Projektionsbahnen** verbinden hierarchisch höher gelegene Zentren mit tieferen oder umgekehrt; über solche Bahnen laufen z. B. motorische Efferenzen aus dem Gehirn zum Rückenmark.

Im ZNS kann man hellere Areale von dunkleren unterscheiden, die als **weiße** bzw. **graue** Substanz bezeichnet werden. Die weiße Substanz besteht größtenteils aus Nervenfasern und erhält ihr Aussehen durch die fettreichen Markscheiden. In ihr verlaufen die Bahnen als Kommissuren, Assoziationen oder Projektionen. Die graue Substanz hingegen ist arm an markhaltigen Nervenfasern, sie besteht vorwiegend aus Ansammlungen von Nervenzellen.

Das Gehirn Das Gehirn (*Cerebrum*) kann vereinfacht in vier Anteile gegliedert werden (◘ Abb. 4.9): Hirnstamm (*Truncus cerebri*), Kleinhirn (*Cerebellum*), Zwischenhirn (*Diencephalon*) und Großhirn (*Telencephalon*). Der **Hirnstamm** schließt sich an das Rückenmark an (◘ Abb. 4.10), sein unterer Anteil bildet das verlängerte Mark (*Medulla oblongata*), welches u. a. lebenswichtige Zentren für Kreislauf- und Atemregulation enthält. Sein mittlerer Anteil wird Brücke (*Pons*) genannt und stellt die Verbindung zwischen Kleinhirn und Großhirn her. Daran schließt sich – ebenfalls zum Hirnstamm gehörig – das **Mittelhirn (Mesencephalon)** an, das mit der *Formatio reticularis*, dem *Nucleus ruber* und der *Substantia nigra* wichtige Zentren

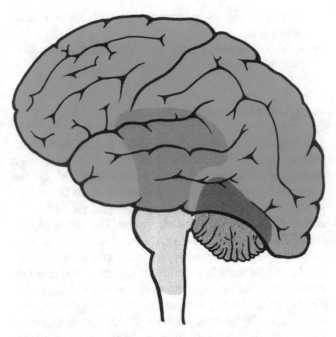

◘ **Abb. 4.9** Seitenansicht des Gehirns; Hirnstamm (hellgrau) und Kleinhirn (grau) werden vom Großhirnmantel (blau) umgeben

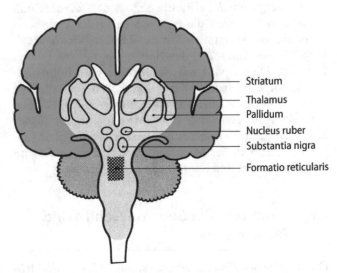

Striatum
Thalamus
Pallidum
Nucleus ruber
Substantia nigra
Formatio reticularis

◘ **Abb. 4.10** Frontalschnitt durch das Gehirn (schematisch) mit Hervorhebung von Hirnstamm (hellgrau), Kleinhirn (grau) und Großhirnmantel (blau)

der Motorik enthält. Der Nucleus ruber steht mit Großhirn und Kleinhirn in Verbindung. Da der Hirnstamm einen Großteil der motorischen Funktionen von Hals und Kopf übernimmt, kann er auf motorischer Ebene als das „Rückenmark des Kopfes" betrachtet werden. Dem Mittelhirn schließt sich das Zwischenhirn mit *Hypothalamus* und *Thalamus* an. Der Thalamus bildet den zweiten wichtigen Bestandteil des Zwischenhirns und ist als ein wichtiges Integrationszentrum anzusehen, in dem die von den Sinnesorganen kommenden Afferenzen bereits zu elementaren Gefühlen ausgewertet werden. Hier entscheidet sich auch, ob die Sinneseindrücke subkortikal verarbeitet werden und damit unbewusst bleiben oder auf die kortikale Ebene gelangen und damit dem Bewusstsein zugänglich werden. Man nennt den Thalamus deshalb das ‚Tor zum Bewusstsein'. Er steht mit den übrigen motorischen Zentren des Großhirns in Verbindung. In enger Nachbarschaft zu ihm liegen die Basalganglien, die aus *Pallidum* und *Striatum* bestehen. Sie sind untereinander, mit dem übrigen Großhirn und dem Thalamus verbunden und bei der Umsetzung von Bewegungsplanung in Bewegungsprogramme beteiligt. Das Striatum besitzt außerdem eine funktionell bedeutende Verbindung zur Substantia nigra. Das Gehirn steht über zwölf Hirnnervenpaare, die nicht weiter behandelt werden, direkt mit der Peripherie in Verbindung.

Der **Großhirnmantel** überdeckt den Hirnstamm und setzt sich aus Großhirnrinde (äußere Nervenzellschicht) und Marklager (Nervenbahnen, weiße Substanz) zusammen. Er besitzt eine deutliche mediane Furche, die beide Hemisphären unvollständig voneinander trennt. Seine Oberfläche ist in Windungen (*Gyri*) gestaltet, die durch Furchen (*Sulci*) gegeneinander abgegrenzt sind (◘ Abb. 4.9). Man unterscheidet Stirnlappen (*Lobus frontalis*), Scheitellappen (*Lobus temporalis*), Hinterhauptslappen (*Lobus occipitalis*) und Schläfenlappen (*Lobus parietalis*). Unterschiedlichen Hirnarealen können ganz bestimmte Funktionen zugeordnet werden. So ist die kognitive Aufnahme eines Bildes, das vom Auge registriert wurde, im Hinterhauptslappen lokalisiert, der Hörsinn dagegen hauptsächlich im Bereich des Schläfenlappens. Der Stirnlappen wiederum dient vor allem der Planung und Steuerung von Bewegungen sowie höheren kognitiven Prozessen, während im Scheitellappen hauptsächlich sensorische Informationen verarbeitet werden. Zwischen Stirn- und Scheitellappen liegt eine quer verlaufende Furche, der Sulcus centralis. Unmittelbar vor ihm verläuft, ebenfalls quer, der Gyrus precentralis, der die primäre motorische Großhirnrinde, den *Motokortex*, enthält. Durch neurophysiologische Untersuchungen wurde herausgefunden, dass jede Körperregion auf einem bestimmten Feld des Motokortex repräsentiert ist; seine motorischen Nervenzellen sind also *somatotopisch* angeordnet (◘ Abb. 4.11). So kann man über die Ausdehnung des primären Motokortex eine menschenähnliche Gestalt, den Homunculus, legen. Es fällt auf, dass für große Körperregionen, z. B. Rumpf oder Bein, relativ kleine Rindenfelder zur Verfügung stehen, für andere, z. B. Gesicht oder Hand, ungleich größere verantwortlich sind. Das bedeutet, dass die Muskeln, mit denen man feine Bewegungen ausführt (mimische Gesichtsmuskulatur, Fingermuskeln), von vielen Nervenzellen in der Großhirnrinde versorgt wer-

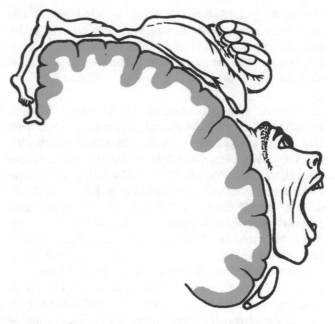

◘ **Abb. 4.11** Motorischer Homunculus zur Darstellung der somatotopischen Gliederung des primären Motokortex; beachte die ausgedehnten Rindenfelder für Hand- und mimische Muskulatur im Vergleich zu Rumpf und Beinen

den, während für andere, die vergleichsweise grobmotorisch beansprucht sind, weniger Nervenzellen zur Verfügung stehen. Dies findet auf der spinalen Ebene im Zusammenhang mit den sog. motorischen Einheiten seine Entsprechung. Hinter dem Sulcus centralis liegt der Gyrus postcentralis, auf dem in ähnlicher Weise die Sensibilität der Körperregionen niedergelegt ist.

Das **Kleinhirn** (*Cerebellum*) geht aus dem Hirnstamm hervor, dem es hinten und unter dem Großhirn aufgelagert ist (◘ Abb. 4.9). Mit den übrigen Hirnanteilen steht es über die Brücke in Verbindung. Das Kleinhirn ist – wie das Großhirn – in zwei Hemisphären organisiert und seine Rinde ist ebenfalls gefaltet. Als ein dem Hirnstamm nebengeschaltetes Zentrum greift es regulierend und korrigierend in die Statik und Gesamtmotorik ein. Seine besondere Bedeutung erhält es durch Afferenzen vom Gleichgewichtsorgan im Innenohr, sodass es die Muskelaktionen der Stützmotorik zur Erhaltung des Körpergleichgewichts steuern kann.

Graue und weiße Substanz sind im Gehirn in unterschiedlicher Weise angeordnet. Die außen liegende Hirnrinde (vgl. ◘ Abb. 4.11) enthält vorwiegend Nervenzellen, besteht also aus grauer Substanz. Sie überdeckt beim Großhirn das darunterliegende Marklager, in dem Bahnen als Projektionen, Assoziationen oder Kommissuren zu anderen Abschnitten des ZNS führen. Innerhalb dieser zentral gelegenen weißen Substanz liegen verstreut Ansammlungen von Nervenzellen (graue Substanz) vor, die als Kerne (Nuclei) oder Ganglien bezeichnet werden, z. B. die Basalganglien (vgl. ◘ Abb. 4.10). Auch im Klein-

hirn ist die graue Substanz in Form der Rinde und einzelner Kerne angeordnet. In der Formatio reticularis des
Hirnstamms sind graue und weiße Substanz nicht deutlich voneinander zu trennen, sie geben diesem Abschnitt
ein netzartiges Aussehen.

Rückenmark Am Querschnitt des Rückenmarks (*Medulla
spinalis*) sind deutlich die zentral gelegene graue Substanz
und die sie umgebende weiße Substanz zu unterscheiden
(◘ Abb. 4.12). Nervenzellen liegen im Rückenmark also
zentral, umgeben von den Bahnen. Mit geringen Formveränderungen innerhalb der verschiedenen Rückenmarksab-
schnitte besitzt die graue Substanz im Querschnitt eine
Schmetterlingsform. Man unterscheidet auf jeder Seite ein
Vorderhorn und ein Hinterhorn. Die **Vorderhörner** enthalten **motorische** Nervenzellen. Die großen α-Motoneurone
führen mit ihren Neuriten zu den Skelettmuskelfasern. Daneben gibt es kleinere γ-Motoneurone. In den **Hinterhörnern** liegen **sensible** Nervenzellen. Sie erhalten Afferenzen
aus der Peripherie. Daneben sind in einigen Rückenmarks-
abschnitten noch Seitenhörner ausgeprägt, in denen vegetative Nervenzellen vorhanden sind. In der außen gelegenen weißen Substanz verlaufen als Bündel markhaltiger
Nervenfasern hauptsächlich die Bahnen. Zwischen beiden
Vorderhörnern liegen die Vorderstrangbahnen; seitlich
von ihnen laufen die Seitenstrangbahnen. Beide führen als
Projektionsbahnen vom Gehirn zum Rückenmark zahlreiche Efferenzen. Zwischen den Hinterhörnern ziehen die
Hinterstrangbahnen, u. a. als Afferenzen, aufwärts zum
Gehirn.

Das Rückenmark ist ca. 45 cm lang, kleinfingerdick
und erstreckt sich vom Hinterhauptsloch bis zum Bereich
des 1. Lendenwirbels (◘ Abb. 4.13). Es wird in unterschiedliche Abschnitte gegliedert, deren Benennung sich
an den Anteilen der Wirbelsäule orientiert. Obwohl es

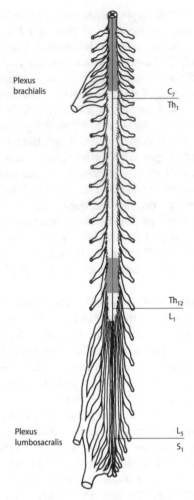

◘ Abb. 4.13 Rückenmark mit Spinalnerven; beachte die zunehmende Länge der Spinalnervenwurzeln und die Plexusbildung in
Hals- und Lumbosakralbereich. Zervikal- und Lumbalsegmente des
Rückenmarks sind blau hervorgehoben, die entsprechenden Über-
gänge der Wirbelsäulenabschnitte durch Querstriche gekennzeichnet

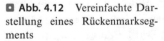

◘ Abb. 4.12 Vereinfachte Darstellung eines Rückenmarksegments

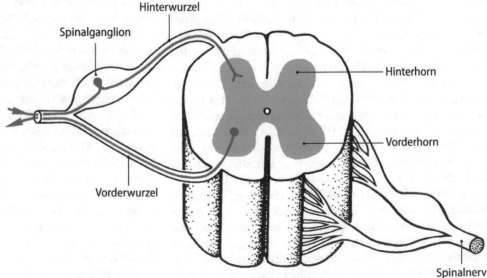

selbst nicht offenkundig sichtbar, wie die Wirbelsäule, in Segmente unterteilt ist, spricht man von einer **segmentalen Gliederung** des Rückenmarks. Pro Segment entlässt es ein Paar Spinalnerven, die den Übergang zum peripheren Nervensystem darstellen. Die Spinalnerven verlassen den Wirbelkanal beiderseits durch das Foramen intervertebrale, so z. B. das Spinalnervenpaar des Rückenmarksegments Th 4 unter dem 4. Brustwirbel. Seine Verbindung zum Rückenmark erhält der Spinalnerv durch Wurzelfasern, die ventral aus dem Rückenmark austreten und dorsal eintreten, sodass eine Vorderwurzel und eine Hinterwurzel unterschieden werden kann (◘ Abb. 4.12). Die Vorderwurzel kommt aus dem Vorderhorn und führt motorische (efferente) Fasern. Die Hinterwurzel tritt in das Hinterhorn ein und enthält dementsprechend sensible (afferente) Fasern. Am Übergang vom Spinalnerven zur Hinterwurzel liegt innerhalb einer Verdickung das **Spinalganglion** (◘ Abb. 4.12). Es ist als ein ausgelagerter Anteil des Hinterhorns anzusehen und enthält sensible Nervenzellen. Ihre Dendriten kommen aus der Peripherie, wo sie Kontakt zu Rezeptoren haben, ihre Neuriten führen ins Hinterhorn. Die Spinalganglienzellen stellen also die ersten Neurone des afferenten Schenkels (vgl. ◘ Abb. 4.7) dar. Die Perikarya der motorischen Nervenfasern der Vorderwurzel liegen dagegen im Vorderhorn des Rückenmarks. Sie enden an den Effektororganen in der Peripherie. Alle efferenten Impulse werden an den motorischen Vorderhornzellen gesammelt, die die letzten Neurone des efferenten Schenkels sind und deren Neuriten die letzte gemeinsame Endstrecke der efferenten Leitung bilden. Der Spinalnerv selbst enthält sowohl motorische wie auch sensible Fasern.

❗ Hinterhorn und Spinalganglion enthalten sensible Nervenzellen, die Hinterwurzel des Spinalnerven sensible Fasern; das Vorderhorn enthält motorische Nervenzellen, die Vorderwurzel ist rein motorisch. Der Spinalnerv enthält sowohl sensible wie auch motorische Fasern.

Die Tatsache, dass das Rückenmark nur bis zum 1. Lendenwirbel reicht, jedoch im Prinzip in ebenso viele Segmente wie die Wirbelsäule eingeteilt wird, erklärt sich aus dem unterschiedlichen Längenwachstum von Wirbelsäule und Rückenmark. Die anfangs in der Embryonalphase segmentale und räumliche Übereinstimmung geht mit zunehmendem Alter bis zum Abschluss des Wachstums verloren. Während im Halsbereich noch eine relativ gute Zuordnung der Segmente zu den entsprechenden Halswirbeln möglich ist, liegen z. B. die Lumbalsegmente des Rückenmarks beim Erwachsenen in Höhe der letzten Brustwirbel. Da aber jeder Spinalnerv durch das ursprünglich zugehörige Zwischenwirbelloch austritt, legen die Wurzelfasern nach unten hin immer längere Strecken innerhalb des Wirbelkanals,

umspült vom Liquor cerebrospinalis, zurück, ehe sie als Spinalnerv in die Peripherie ziehen (◘ Abb. 4.13).

■ **Praxis**
Da das Rückenmark nur bis zum ersten Lendenwirbel reicht, kann im Bereich der Lendenwirbelsäule zu diagnostischen Zwecken Liquor gewonnen werden oder es können Pharmaka zur Erzielung einer sog. Spinalanästhesie injiziert werden. Es ist möglich, zwischen den Dornfortsätzen L3-L4 eine Kanüle in den Durasack einzuführen, der die Wurzelfasern ausweichen können; eine Gefahr der Rückenmarksverletzung besteht dabei nicht.

Die segmentale Gliederung lässt sich in Teilen auch am Rumpf weiterverfolgen. So ziehen die Spinalnerven als Interkostalnerven zwischen den Rippen an der Leibeswand entlang. Für die Innervation der Extremitäten ist eine Bündelung der peripheren Nerven aus mehreren Segmenten erforderlich (◘ Abb. 4.13). Die Spinalnerven mehrerer Segmente laufen zusammen und bilden ein Geflecht (Plexus), aus dem die Extremitätennerven hervorgehen. So rekrutieren sich die Armnerven aus den unteren Halssegmenten und dem obersten Brustsegment, die zum Plexus brachialis werden. Das Bein wird nervös aus den Lumbal- und Sakralsegmenten versorgt, die den Plexus lumbosacralis bilden, aus dem u. a. der dickste Nerv des menschlichen Körpers, der N. ischiadicus, hervorgeht. Er enthält viele Tausend Nervenfasern afferenter wie auch efferenter Leitung.

4.2 Spinale Steuerung

🌀 **Lernziele**
Dieses Kapitel beschreibt einige einfache Mechanismen, die zur Ökonomisierung des Muskeleinsatzes beitragen und die Stärke der Muskelkontraktion regeln. Sie sollen erkennen, wie das Phänomen des Bewegungsgefühls (Kinästhetik) zustande kommt und wie dessen Komponenten elementar und unbewusst für die Bewegungssteuerung eingesetzt werden können. Der Begriff des Reflexes soll auf spinaler Ebene in seinen vielfältigen Erscheinungsformen verstanden werden.

Ein α-Motoneuron im Vorderhorn des Rückenmarks versorgt mit seinem Neuriten, der sich in viele Kollaterale aufteilt, stets zahlreiche Muskelfasern innerhalb desselben Muskels. Das Motoneuron und die von ihm innervierten Muskelfasern werden als **motorische Einheit** bezeichnet. Analog zu der somatotopischen Gliederung der Großhirnrinde (vgl. ◘ Abb. 4.11) gibt es Muskeln mit großen (mehr als 1000 Fasern/Motoneuron) und mit kleinen motorischen Einheiten (10–20 Fasern/Motoneuron). Die Muskeln, mit denen fein abgestufte Bewegungen durchgeführt werden können (äußere Augenmuskeln, mimische Muskulatur, Fingermuskeln), enthalten viele kleine motorische Einheiten. Jene, die eher grobmotorisch beansprucht sind (Rumpf, Beinmuskulatur), bestehen aus großen motorischen Einheiten.

Bei der Muskelkontraktion sind die motorischen Einheiten abwechselnd beteiligt. Die Kontraktionskraft eines Muskels wird u. a. durch die Aktivierung von zunehmend mehr motorischen Einheiten gesteigert, ein Phänomen, das man als **Rekrutierung** bezeichnet. Jedoch können selbst bei den stärksten willkürlichen Kontraktionen nicht alle motorischen Einheiten eines Muskels aktiviert werden. Nur in extremen Stresssituationen wird auch die verbleibende Reserve eingesetzt, sodass scheinbar übermenschliche Kräfte frei werden können.

Das Zusammenspiel der Hauptbewegungsmuskeln (Agonisten) mit ihren Gegenspielern (Antagonisten) ist für den flüssigen Bewegungsablauf von wesentlicher Bedeutung. Die Beugung eines Beines wird durch eine Verringerung des Tonus der Strecker wesentlich erleichtert. Hierbei spielen hemmende Interneurone eine Rolle (◘ Abb. 4.14). Die Nervenfasern, die zu den α-Motoneuronen für die Beuger ziehen und diese aktivieren, senden gleichzeitig Kollaterale zu Interneuronen, die ihrerseits hemmend auf die α-Motoneurone der Strecker wirken. Dieser Vorgang wird als **antagonistische Hemmung** bezeichnet. Dass jedoch auch eine antagonistische Aktivierung als Bremseffekt innerhalb einer Bewegung erfolgen kann, wird später noch dargestellt.

Eine andere Möglichkeit, bei der hemmende Einflüsse auf spinaler Ebene zur Bewegungskontrolle beitragen, besteht in der sog. **negativen Rückkoppelung** (◘ Abb. 4.14). Die α-Motoneurone, die einen bestimmten Muskel innervieren, senden rückläufige Kollaterale zu Neuronen, die nach ihrem Entdecker als **Renshaw-Zellen** bezeichnet werden. Diese wirken ihrerseits hemmend auf das Motoneuron zurück, was als **rekurrente Hemmung** bezeichnet wird. Je stärker die Motoneurone also erregt werden, desto stärker ist auch die Aktivierung der Renshaw-Zellen und umso größer ist die mit kurzer Verzögerung eintretende Hemmung der Motoneurone. Dieser Mechanismus gewährleistet die Weiterleitung geringer Impulse an die Muskulatur, verhindert aber das Aufschaukeln überschießender Erregungen und damit Krämpfe.

Innerhalb der Sensomotorik spielen verschiedenste Rezeptorsysteme eine wichtige Rolle für die Regelung des Muskeleinsatzes und rufen ein **kinästhetisches Empfinden** in Statik und Dynamik hervor. Eine Vielzahl der kinästhetischen Informationen wird bereits auf spinaler Ebene verarbeitet; sie spielen jedoch auch für die Gleichgewichtserhaltung eine Rolle (supraspinal gesteuert) und können sogar kortikal bewusst werden. Dieses Bewegungsgefühl erlaubt es demnach ohne visuelle Kontrolle zu beurteilen, in welcher Position z. B. der Arm ge-

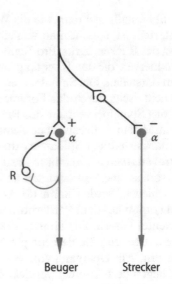

◘ **Abb. 4.14** Funktionsprinzip der negativen Rückkoppelung durch Renshaw-Zellen (R) und der antagonistischen Hemmung (rechts); hemmende Interneurone sind hell dargestellt

halten wird. Daran beteiligt sind Mechanorezeptoren in den Gelenkkapseln und Bändern, die über unterschiedliche Spannung die Gelenkstellung signalisieren oder dynamisch Veränderungen der Gelenkstellung melden. Taktile Rezeptoren in der Haut können Druck, Scherung oder Druckänderungen aufnehmen und so z. B. aus der Haut der Fußsohle Informationen liefern, die einen differenzierten Einsatz der Unterschenkelmuskulatur induzieren.

Jeder Muskel besitzt Rezeptoren, die seine Länge und Spannung registrieren. Diese Werte werden über Afferenzen nach zentral weitergeleitet und entsprechend efferent beantwortet. So werden die Länge und Spannung des Muskels reguliert; gleichzeitig vermitteln diese Rezeptoren im Konzert mit den Mechanorezeptoren der Gelenkkapsel und der Haut die Kinästhetik. Die Muskelrezeptoren (Muskelspindeln und Sehnenspindeln) werden auch als **Propriozeptoren** (Eigenrezeptoren) bezeichnet, da sie auf den Muskel wirken, in dem sie liegen, d. h. Rezeptor und Effektor befinden sich im gleichen Organ. Wie noch später darzustellen ist, sind sie auch bei der Regulation des agonistisch-antagonistischen Zusammenspiels beteiligt.

4.2.1 Muskelspindeln

Alle Muskeln enthalten Muskelspindeln als **Dehnungsrezeptoren**. Sie sind wenige Millimeter lang und bestehen aus einer bindegewebigen Kapsel, in der eine Anzahl von Muskelfasern eingespannt ist, die dünner und kürzer als die gewöhnlichen Arbeitsmuskelfasern sind (◘ Abb. 4.15). Sie werden als **intrafusale Fasern** be-

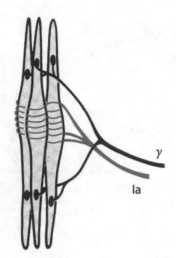

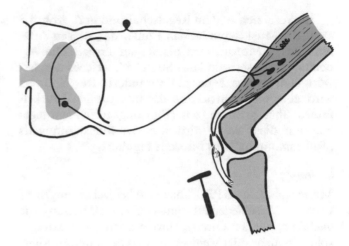

□ **Abb. 4.15** Muskelspindel

□ **Abb. 4.16** Patellarsehnendehnungsreflex

zeichnet und sind parallel zu den Arbeitsmuskelfasern (extrafusale Fasern) ausgerichtet.

Die intrafusalen Fasern enthalten in ihrem Mittelteil Kerne, die entweder haufen- oder kettenförmig angeordnet sind; dieser Teil enthält jedoch keine Myofibrillen. Die peripheren Abschnitte der intrafusalen Fasern enthalten dagegen Myofibrillen und besitzen damit die Fähigkeit zur Kontraktion.

Sensible Nervenfasern umschlingen mehrfach spiralig das nicht kontraktile Zentrum der intrafusalen Fasern. Sie sind markhaltig und werden als Typ-Ia-Fasern bezeichnet. Dieser zentrale Anteil der intrafusalen Fasern stellt mit den sensiblen Ia-Endigungen den Rezeptor dar, für den **Dehnung** der adäquate Reiz ist.

Wird ein Muskel und damit die in ihm liegenden Spindeln gedehnt, so senden die Ia-Fasern afferente Impulse zum Rückenmark. Diese sind umso stärker, je mehr der Muskel gedehnt wird; sie signalisieren also seine Länge. Entscheidend für die Aktivierung der Muskelspindeln ist nicht das Ausmaß der Dehnung an sich, sondern die rasche Änderung der Muskellänge, damit stellen die Muskelspindeln einen Proportional-Differential (PD)-Fühler dar. Je schneller oder plötzlicher eine Dehnung erfolgt, desto höher wird die Erregungsfrequenz in den Ia-Fasern sein.

Der durch Dehnung des gesamten Muskels ausgelöste Reiz (□ Abb. 4.16) läuft über die Ia-Fasern durch Spinalganglion, Hinterwurzel und Hinterhorn direkt in das Vorderhorn des Rückenmarks. Dort geht das afferente Neuron eine synaptische Verbindung zum entsprechenden α-Motoneuron desselben Muskels ein, aus dem der Dehnungsreiz kommt. Das α-Motoneuron wird erregt und die Efferenzen gelangen über die motorischen Endplatten zu den Arbeitsmuskelfasern. Deren Kontraktion führt zur Verkürzung des Muskels und damit zu einer Aufhebung des Dehnungsreizes.

Dieser **Dehnungsreflex** stellt die einfachste Form eines **Reflexbogens** dar. Kennzeichen eines solchen direkten Eigenreflexes sind:

— Rezeptor und Effektor liegen im gleichen Organ (Muskel);
— am Reflexbogen sind zwei Neurone (ein sensibles und ein motorisches) beteiligt;
— diese sind zentral durch eine Synapse (monosynaptisch) verbunden.

■ **Praxis**

Der Eigenreflex kann u. a. als sog. Patellarsehnenreflex überprüft werden (□ Abb. 4.16). Schlägt man am gebeugten, lose herabhängenden Unterschenkel auf das Lig. patellae (Endsehne des M. quadriceps femoris), so werden der Quadrizeps und die in ihm liegenden Muskelspindeln zwar geringfügig, aber plötzlich gedehnt. Als reflektorische Antwort erfolgt eine kurze Kontraktion des Muskels, sichtbar an einem Streckausschlag des Unterschenkels.

Die intrafusalen Muskelfasern besitzen, genau wie die Arbeitsmuskelfasern, auch eine motorische Innervation. Deren Axone stammen jedoch nicht von den α-Motoneuronen des Rückenmarks, sondern von einem anderen, kleineren Typ, der als γ-Motoneuron bezeichnet wird. Ihre motorischen Endplatten liegen jeweils in den äußeren Dritteln der intrafusalen Fasern. Werden diese gereizt, so kontrahieren sie. Sie verkürzen sich jedoch nicht insgesamt, da sie über die Spindel in das intramuskuläre Bindegewebe eingebaut sind. Vielmehr verkürzen sie sich an beiden Enden „zentrifugal", was wiederum zu einer Dehnung der sensiblen Endigung führt. Auch auf diese Weise kann ein afferenter Impuls über die Ia-Fasern ausgelöst werden, der die α-Motoneurone des gleichen Muskels aktiviert.

4

Im Vergleich zu dem Regelschaltbild in ◼ Abb. 4.8 stellt die Muskelspindel den Fühler dar, dessen Afferenz das α-Motoneuron als Regler erregt. Die Arbeitsmuskelfasern sind das Stellglied, welches den Istwert (Länge des Muskels) verändert. Der Sollwert wird über die Kontraktion der intrafusalen Muskelfasern über γ-Efferenzen (Führungsgröße) vorgegeben; auf diese Weise wird u. a. der Muskeltonus als „Ruhespannung" des Muskels reguliert.

■ **Praxis**

Muskelspindeln als PD Fühler sind bei **Dehnübungen** involviert. Verschiedene Dehntechniken aktivieren – je nachdem, wie sie durchgeführt werden – die Muskelspindeln mehr oder weniger. Beim schnell durchgeführten, ballistischen Dehnen spricht die Muskelspindel an und die Muskelspannung erhöht sich; solche Dehnübungen dienen der unmittelbaren Wettkampfvorbereitung im Sinne einer Voraktivierung (ähnlich wie bei raschen Ausholbewegungen, z. B. beim Wurf). Langsames Dehnen im Sinne des Stretchings führt dagegen zu einer geringeren Aktivierung der Muskelspindeln und damit zu einem geringeren Kontraktionswiderstand. Solche Dehntechniken lassen sich mit der Zielsetzung einer Beweglichkeitsverbesserung einsetzen und sind außerdem nach jedem Training angezeigt, um den Tonus der vorher beanspruchten Muskulatur zu verringern.

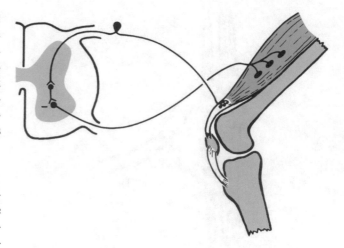

◼ **Abb. 4.17** Wirkung der Sehnenspindelafferenzen auf das α-Motoneuron des gleichen Muskels über ein inhibitorisches Interneuron

4.2.2 Sehnenspindeln

Die Sehnenspindeln, nach ihrem Entdecker auch **Golgi-Sehnenorgane** genannt, bestehen aus sensiblen Endigungen von sog. Typ-Ib-Fasern im Bereich des Muskel-Sehnen-Übergangs. Der adäquate Reiz für sie ist die **Spannung** der Sehne und damit des zugehörigen Muskels. Dies kann einerseits durch starke Dehnung erfolgen, andererseits auch – im Unterschied zu den Muskelspindeln – durch eine kräftige Muskelkontraktion.

Bei Dehnung sprechen sie später an als die Muskelspindeln und spielen somit eine untergeordnete Rolle. Während durch die Aktivierung der Muskelspindel die Spannung des Muskels zunimmt, führen die Afferenzen der Sehnenspindeln zu einem Nachlassen der Muskelkontraktion (◼ Abb. 4.17). Das sensible Neuron, das den Spannungsreiz aus den Sehnenspindeln empfangen hat, erregt im Rückenmark synaptisch ein inhibitorisches Interneuron, das seinerseits das α-Motoneuron des gleichen Muskels hemmt. Muskelspindelafferenzen und Sehnenspindelafferenzen haben also gegenteilige Wirkungen auf das entsprechende α-Motoneuron.

Diese Funktion wurde früher im Sinne eines Überlastungsschutzes der Muskulatur interpretiert – eine Vorstellung, die in ihrer Einfachheit inzwischen überholt sein dürfte. Vermutlich wird über die Sehnenspindelafferen-

zen ein „Kräftesignal" hervorgebracht, dessen hemmende Wirkung mit der erregenden Wirkung des „Längensignals" aus den Muskelspindelafferenzen bei aktiv gespanntem Muskel verrechnet wird. Die Sehnenspindelafferenzen als Informationsquelle für die Muskelspannung könnten so auch an kinästhetischen Empfindungen beteiligt sein: Gemeinsam mit Rezeptoren in der Gelenkkapsel, die Informationen über die Gelenkstellung liefern, könnten sie zur Abschätzung des Gewichts eines Objekts (das z. B. hochgehoben werden soll) beitragen.

4.2.3 Spinale Fremdreflexe

Ergänzt wird die hemmende bzw. aktivierende Wirkung bestimmter Afferenzen auf denselben Muskel durch einen jeweils umgekehrten Einfluss auf den Antagonisten; das Prinzip der antagonistischen Hemmung ist in ◼ Abb. 4.14 dargestellt. Die bisher beschriebenen Eigenreflexbögen, die auch das agonistisch-antagonistische Zusammenspiel betreffen, sind noch relativ einfach. Sie laufen zentral auf einer Seite des Rückenmarks ab, es können jedoch mehrere Segmente beteiligt sein, die durch auf- und absteigende Kollaterale erreicht werden. Im Gegensatz zu Eigenreflexen liegen bei sog. Fremdreflexen Rezeptor und Effektor nicht im gleichen Organ.

Der **Flexorreflex**, verbunden mit dem **gekreuzten Extensorreflex**, ist komplizierter und erfasst auf spinaler Ebene sowohl mehrere Segmente als auch beide Seiten des Rückenmarks. Wird z. B. die Haut der rechten Fußsohle schmerzhaft gereizt, wie es durch einen Tritt auf einen spitzen Stein erfolgen kann, so wird man unwillkürlich den Fuß durch gleichzeitiges Beugen in Hüft-, Knie- und Sprunggelenken aus dem Gefahrenbereich zurückziehen. Folgende Prozesse laufen dabei ab

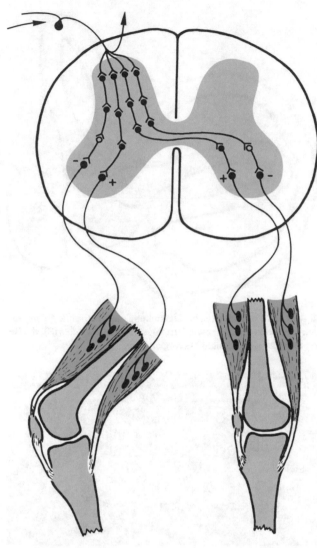

(der Einfachheit halber nur auf einem Segment dargestellt, ▣ Abb. 4.18):

a) Die Afferenzen der Schmerzrezeptoren in der Haut der Fußsohle erreichen über das Spinalganglion das Hinterhorn des Rückenmarks.

b) Über Interneurone werden die Motoneurone der Flexoren aktiviert, was zu dem beobachteten Phänomen der simultanen Beugung aller Gelenke führt.

c) Um diese nicht zu behindern, erfolgt über andere Interneurone gleichzeitig eine antagonistische Hemmung der α-Motoneurone der Extensoren, der Streckertonus wird herabgesetzt.

Dieser Flexorreflex wird durch den gekreuzten Extensorreflex erweitert (▣ Abb. 4.18): Über mehrere Interneurone, die ebenfalls von Kollateralen der afferenten

Schmerzfasern erregt werden, erfolgt eine Weiterleitung (im Sinne einer Kommissur) in die gegenüberliegende Seite des Rückenmarks, die für die Innervation des linken, nicht gereizten Beines zuständig ist. Dort werden durch erregende Interneurone die Motoneurone der Extensoren aktiviert, durch hemmende Interneurone diejenigen der Flexoren entsprechend gedämpft. Resultat ist die Spannungszunahme aller Strecker des linken Beines. Die praktische Bedeutung des gekreuzten Streckreflexes liegt in der Möglichkeit, durch heraufgesetzten Strecktonus in einem Bein auch noch das Körpergewicht zu tragen, wenn durch Wegziehen des anderen Beines (Flexorreflex) dessen Unterstützungsfläche fehlt.

4.3 Supraspinale Steuerung

⊜ **Lernziele**

Dieses Kapitel beschreibt in vereinfachter Form die komplexen Vorgänge, die im Gehirn zur Programmierung von Bewegungen führen. Für die Kontrolle der Stützmotorik soll die besondere Bedeutung des Gleichgewichtsorgans erkannt werden. Sie sollen verstehen, wie verschiedene Gehirnanteile an Ziel- und Stützmotorik zusammenwirken und dass die Qualität und das Lernen von Bewegungen an Rückmeldungen verschiedenster Rezeptorsysteme gebunden sind.

Wenn auch die bei den Reflexen beschriebenen Prozesse suggerieren, dass allein auf spinaler Ebene schon elementare Bewegungen gesteuert werden können, so muss einschränkend gesagt werden, dass diese Darstellungsweise nur aus Gründen der Vereinfachung gewählt wurde. Die Durchtrennung des Rückenmarks führt beim Menschen zu einer sofortigen kompletten Lähmung aller Muskeln, die von den unterhalb der Durchtrennungsstelle liegenden Segmenten versorgt werden. Die höheren, supraspinalen Abschnitte haben nämlich beim Menschen im Vergleich zu niederen Tieren zunehmend die Kontrolle der Rückenmarksfunktionen übernommen.

Bei Bewegungen werden durch supraspinale Zentren nicht nur die zu den Arbeitsmuskelfasern führenden α-Motoneurone aktiviert, sondern gleichzeitig auch die entsprechenden, zu den intrafusalen Fasern führenden γ-Motoneurone. Es muss also von einer **α-γ-Koaktivierung** ausgegangen werden. So wird der direkte Einfluss der α-Efferenzen auf die Arbeitsmuskelfasern durch die γ-Aktivierung der intrafusalen Fasern über die Muskelspindelschleife modifiziert. Die dadurch hervorgebrachten zusätzlichen Informationen von den Spindelafferenzen an die α-Motoneurone führen zu einer Art Servo-Unterstützung der Bewegungen. Bei nahezu allen fließenden Bewegungsabläufen im Sport ist diese Koaktivierung von großer praktischer Bedeutung für die Bewegungsqualität.

4

Zielmotorik und Stützmotorik werden von supraspinalen Zentren gesteuert. Auf die Bedeutung der Mechanorezeptoren, insbesondere der Propriozeptoren für einfache spinale Regelungsmechanismen wurde bereits eingegangen. Ihre afferenten Informationen erreichen teilweise auch supraspinale Zentren, wo sie die motorischen Efferenzen mit beeinflussen. Von besonderer Bedeutung für die Stützmotorik ist das Gleichgewichtsorgan, das als wichtiger stato-dynamischer Analysator im Folgenden speziell beschrieben werden soll.

4.3.1 Vestibularorgan

Das Vestibularorgan erlaubt dem Menschen die Erhaltung des Körpergleichgewichts, indem es die Stellung des Kopfes im Raum registriert sowie Linearbeschleunigung und Drehbeschleunigung wahrnimmt. Seine Informationen werden an motorische Zentren weitergeleitet, sodass eine adäquate Bewegungsreaktion erfolgen kann. Das Vestibularorgan liegt beidseits gemeinsam mit dem Hörorgan im sog. Innenohr innerhalb des Felsenbeins des Schädels. Dort ist es als ein häutiges Labyrinth innerhalb eines knöchernen Labyrinths aufgehängt, in dem es in einem Perilymphraum gewissermaßen schwimmt. Das häutige Labyrinth enthält die Endolymphe, deren Strömung für die Sinneswahrnehmung eine wichtige Rolle spielt. Insgesamt besteht das Vestibularorgan aus den drei Bogengängen mit jeweils ampullären Erweiterungen und zwei besonderen Hohlräumen, dem Sacculus und dem Utriculus (◘ Abb. 4.19).

Sacculus und **Utriculus** enthalten Sinnesfelder, die statisch die Lage des Kopfes im Raum rezipieren können und dynamisch **Linearbeschleunigungen** wahrnehmen. Beide haben prinzipiell den gleichen Aufbau, unterscheiden sich jedoch in ihrer Ausrichtung: Der Utriculus reagiert besonders auf horizontale Belastung bzw. Beschleunigung, während der Sacculus vertikale Linearbeschleunigungen im Sinne der Schwerkraft registriert. Beide sind von einem Epithel ausgekleidet, innerhalb dessen sich jeweils ein ovales Feld von Sinneszellen befindet (**Makulaorgane**). Diese tragen auf ihrer Oberfläche eine Reihe unterschiedlich langer, wie Orgelpfeifen angeordneter Zilien, die in einer Gallertschicht, der Statolithenmembran, stecken (◘ Abb. 4.20). In die Oberfläche der Statolithenmembran sind Kalziumkarbonat-Kristalle (die eigentlichen *Statolithen*) eingelagert. Aufgrund des hohen relativen Gewichts der Statolithen zerren diese bei Linearbeschleunigungen an der gallertigen Statolithenmembran, die ihrerseits Scherbewegungen an den Zilien hervorruft. Die besondere Anordnung der Zilien führt dazu, dass es bei Beschleunigungen in die eine Richtung zur Depolarisation, in die entgegengesetzte Richtung zur Hyperpolarisation der Sinneszel-

◘ **Abb. 4.19**   Schematische Darstellung des Vestibularorgans mit den drei Bogengängen sowie Utriculus (U) und Sacculus (S); die Rezeptorfelder sind hellblau hervorgehoben

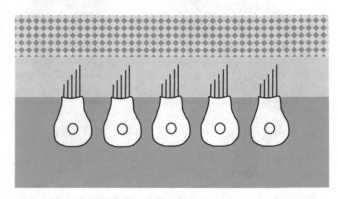

◘ **Abb. 4.20**   Vereinfachte Darstellung des Makulaorgans mit Sinneszellen und Statolithen

len kommt. So erhält das Zentralnervensystem durch die Makulaorgane von Sacculus und Utriculus Informationen nicht nur über das Ausmaß der Lageveränderung, sondern auch über die Richtung.

Kippbewegungen des Körpers werden von den Makulaorganen wahrgenommen und über motorische Verschaltungen wird der Kopf reflektorisch so gesteuert, dass die Augenachse horizontal eingestellt bleibt. An diesem Kopfstellreflex sind auch Propriozeptoren in der Nackenmuskulatur beteiligt. Wenn jemand einnickt und dabei der Kopf langsam nach vorne sinkt, sorgen diese gemeinsam mit den Makulaorganen dafür, dass oberhalb einer entsprechenden Reizschwelle der Kopf ruckartig wieder gehoben wird. Wie intensiv **Kopfstellreflexe** ausgeprägt sind, zeigt die Tatsache, dass eine in die Luft geworfene Katze immer auf den Füßen landet, ein Phänomen, das auf Stellreflexen im Zusammenhang mit der

Bewegungssteuerung des Kopfes beruht. Auch für die Stützmotorik sind die Makulaorgane wichtig: Beginnt ein Fahrstuhl aufwärts zu fahren, so erhöht sich in der Beschleunigungsphase scheinbar das Körpergewicht, was ohne entsprechende Spannungszunahme der Streckmuskulatur zu einem beugenden Nachgeben der Beine führen würde. Die Makulaorgane des Vestibularapparats nehmen die Linearbeschleunigung jedoch wahr und sorgen über entsprechende Bahnen für einer Erhöhung des Streckertonus.

Die drei **Bogengänge** stehen jeweils senkrecht aufeinander, insgesamt jedoch im Raum gekippt. So können in diesem Teil des Vestibularorgans **Winkelbeschleunigungen** in allen Richtungen wahrgenommen werden. An seinem Ende besitzt jeder Bogengang eine Erweiterung (*Ampulla*), in der quer eine Leiste eingebaut ist (*Crista ampullaris*), auf der Sinnesepithelzellen stehen. Auch sie enthalten, wie die Sinneszellen der Makulaorgane, auf ihrer Oberfläche Zilien unterschiedlicher Länge, die in eine auf der Crista ampullaris stehende gallertige Kappe ragen (*Cupula*), die am Dach der Ampulle befestigt ist (◻ Abb. 4.21). Bei Drehbewegungen des Kopfes in der jeweiligen Ebene eines Bogenganges kommt es aufgrund der Trägheit der Endolymphe zu einer entgegengesetzten Strömung, die die Cupula auslenkt. Die damit verbundene Abscherung der Zilien führt, je nach Richtung der Drehung, ebenfalls zur Hyper- oder Depolarisierung der Sinneszellen. Die Bogengangsorgane beider Vestibularorgane sind so konstruiert, dass es bei Drehbewegung in einer bestimmten Richtung auf der einen Seite zu einer Hyperpolarisierung, auf der Gegenseite jedoch zur Depolarisierung kommt. Dies dient der Kontrasterhöhung, sodass auch Drehbewegungen kleinen Ausmaßes differenziert wahrgenommen werden können.

Von der Strömung der Endolymphe in den Bogengängen kann man sich praktisch ein plastisches Bild machen, wenn man sich mehrfach und mit einigermaßen konstanter Geschwindigkeit dreht. Dabei bleibt die Endolymphe zunächst aufgrund ihrer Trägheit gegen die Bewegung zurück; sie wird jedoch nach einiger Zeit zum relativen Stillstand kommen. Wird nun die Drehbewegung gestoppt, beginnt die Endolymphe wiederum in der ursprünglichen Drehrichtung zu strömen. Dies suggeriert eine Drehbeschleunigung in entgegengesetzter Richtung. Wenn man in dieser Situation einen Probanden auffordert, auf einer Linie geradeaus zu gehen, wird er das Gefühl haben, in die Gegenrichtung der ursprünglichen Drehrichtung zu fallen und entsprechende Ausweichbewegungen machen.

Das Vestibularorgan besitzt außerdem funktionell wichtige Verbindungen zu den Augenmuskelkernen, die motorisch die Stellung und die Bewegungen der Augen steuern, um die optische Orientierung im Raum zu gewährleisten. So kommt es bei Drehbewegungen zu ruckartigen Bewegungen der Augen (sakkadische Augenbewegungen). Bei Drehungen nach rechts bewegen sich die Augen in gleicher Geschwindigkeit nach links, um weiterhin einen Punkt im Raum zur Orientierung zu fixieren. Verlässt bei weitergehender Drehung dieser Punkt das Gesichtsfeld, erfolgt eine rasche Rückstellung der Augen in Drehrichtung, um nachfolgend wiederum einen weiteren Punkt zu fixieren. Dieses Phänomen kann durch Spülung des Gehörgangs mit einer kalten Flüssigkeit ausgelöst werden. Dabei wird vor allem der horizontale Bogengang thermisch gereizt und es kommt zu unkontrollierten, zitternden Augenbewegungen nach rechts und links (*Nystagmus*).

Die gemeinsame Informationsverarbeitung aus dem Vestibularapparat und aus den Propriozeptoren der Nackenmuskulatur erlaubt bei Stellungswechseln oder Beschleunigungen die differenzierte Wahrnehmung, ob es sich um isolierte Bewegungen des Kopfes handelt oder ob der Rumpf mitbewegt wird. Kompliziertere Bewegungsabläufe im Turnen oder Wasserspringen wären in diesem Zusammenhang ohne willkürliche Unterdrückung der Kopfstellreflexe nicht möglich, was den zum Teil langwierigen Prozess des Lernens derartiger Techniken erklären mag.

4.3.2 Motorische Zentren

Die Efferenzen, die zu den α- und γ-Motoneuronen im Rückenmark gelangen, stammen aus den unterschiedlichen motorischen Zentren von Hirnstamm, Kleinhirn und Großhirn. Die **Formatio reticularis** des Hirnstamms mit ihren motorischen Kernen stellt dabei eine wichtige Sammelstation exzitatorischer und inhibitorischer Einflüsse dar, die auf die spinale Ebene projiziert werden. Im Sinne der Regelung sind die supraspinalen Zentren aber auch auf Afferenzen angewiesen, um eine adäquate

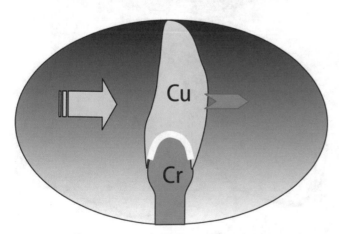

◻ **Abb. 4.21** Schematische Darstellung der Bogengangsampulle: Die Crista ampullaris (Cr) trägt Sinneszellen, die in die Cupula (Cu) hineinragen; Endolymphströmung von links führt zur Verbiegung der Cupula nach rechts

Efferenz hervorzubringen. Dabei spielen der Gesichtssinn und der Gleichgewichtssinn eine wesentliche Rolle, da sie die Stellung des Körpers, vor allem des Kopfes, im Raum steuern. Aufgrund der optischen Eindrücke ist eine visuelle Raumorientierung möglich. So wird das Balancieren auf einem Balken erschwert, wenn man die Augen schließt.

Die im Hirnstamm ablaufenden Prozesse bilden die Grundlage für die verschiedenen Stellungen des Menschen, deren Fixierung zunächst einmal die Voraussetzung für eine geordnete Bewegung darstellt. Sequenzen kleiner dynamischer Variationen von Stellungen können als elementare Bewegungen verstanden werden; demnach kann Bewegung an sich als eine Folge von Stellungen aufgefasst werden. Diese Vorstellung kann in Sportarten wie dem Wasserspringen leicht nachvollzogen werden.

Der Übergang von der Stellung zur Bewegung, der zu fließenden Bewegungsabläufen führt, wird von mehreren motorischen Zentren gesteuert. Eine wesentliche Rolle spielt dabei die motorische Hirnrinde auf dem Gyrus precentralis (vgl. ◘ Abb. 4.11), die im Folgenden als **primärer Motokortex** bezeichnet wird. Ein Großteil der Neuriten der darin enthaltenen sog. Riesenpyramidenzellen zieht direkt im Vorder- und Seitenstrang des Rückenmarks zu den α-Motoneuronen, weswegen diese Bahn als **Pyramidenbahn** bezeichnet wird. Die meisten der Fasern kreuzen im Bereich des Hirnstamms auf die Gegenseite, sodass die linke Hemisphäre die rechte Körperseite und umgekehrt versorgt.

Alle anderen motorischen Bahnen werden als *extrapyramidale* Bahnen bezeichnet, so u. a. diejenigen, die vom Motokortex kommend über den Hirnstamm (Nucleus ruber, Formatio reticularis) in das Rückenmark ziehen. Die extrapyramidalen Bahnen ziehen hauptsächlich zu den γ-Motoneuronen, jedoch auch zu den α-Motoneuronen. Rubro-spinale Bahnen (vom Nucleus ruber zum Rückenmark) spielen vor allem eine Rolle für die **Zielmotorik**, während die **Stützmotorik** vor allem von den reticulo-spinalen Bahnen (von der Formatio reticularis) und von vestibulo-spinalen Bahnen (von den vestibulären Kernen) unterstützt wird.

Die früher erfolgte strikte Einteilung in Pyramidalmotorik (angeblich für willkürliche Bewegungen verantwortlich) und Extrapyramidalmotorik (angeblich für unwillkürliche Bewegungen, z. B. im Dienste der Körperhaltung, verantwortlich) kann nicht mehr aufrechterhalten werden, da alle Systeme miteinander verbunden sind und integrative Leistungen erbringen. Aus didaktischen Gründen werden diese Vorgänge nachfolgend jedoch vereinfachend und eher schematisch beschrieben.

Die **Basalganglien** bilden ein wichtiges Bindeglied zwischen dem primären Motokortex und der übrigen Großhirnrinde, welche sekundäre motorische Areale im sog. assoziativen Motokortex enthält (◘ Abb. 4.22); diese liegen auf dem Stirnlappen vor dem primären Motokortex. Innerhalb der Basalganglien empfängt das **Striatum** die Bewegungspläne der sekundären motorischen Rindenfelder, das **Pallidum** gibt sie über den Thalamus als wichtiges Integrationszentrum an den primären Motokortex weiter, von dem die pyramidalen und extrapyramidalen Efferenzen ausgehen (vgl. ◘ Abb. 4.23). Die Basalganglien sind möglicherweise für die Einleitung und Durchführung langsamer Bewegungen von besonderer Bedeutung. Bei Störungen der Basalganglienfunktion kommt es zu einem Ausfall langsamer Bewegungen (Akinese), einem unabhängig von Gelenkstellung und Bewegung erhöhten Muskeltonus (Rigor) sowie zu einem Muskelzittern, das bei Bewegungen nachlässt (Ruhetremor). Diese als Parkinson-Syndrom bekannten Störungen beruhen auf einer Degeneration der von der Substantia nigra zum Striatum ziehenden Bahnen.

Das **Kleinhirn** projiziert seine Efferenzen, analog zu den Basalganglien, über den Thalamus zum primären Motokortex und erhält Afferenzen u. a. aus den assoziativen Rindenfeldern. Seine Hauptaufgabe besteht eher in der Programmierung rascher Bewegungen, der Kor-

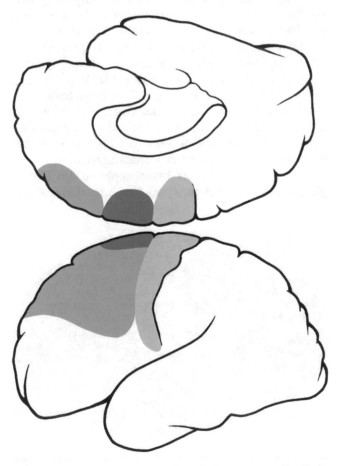

◘ **Abb. 4.22** Großhirn von der Seite und von der Medianfläche (hochgeklappt); primärer Motokortex hellgrau, assoziativer Motokortex hellblau, supplementäres motorisches Areal blau

■ **Abb. 4.23** Schematische Darstellung von Bewegungsentwurf und -ausführung sowie deren Kontrolle; Pyramidenbahn hellblau, Rezeptorkontrollsystem hellgrau; weitere Erklärung Text

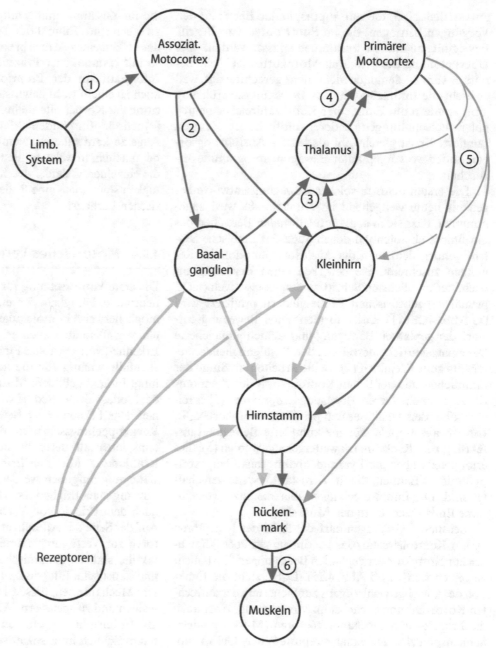

rektur solcher Bewegungen und der Verknüpfung von Haltung und Bewegung (Verbindungen zu den vestibulären Kernen!). Diese Aufgaben lassen die Bedeutung des Kleinhirns bei fließenden, räumlich und zeitlich wohl koordinierten Bewegungsabläufen deutlich werden. Bei Störungen im Kleinhirn kommt es zu einer sog. Asynergie: Die bei einer Bewegung beteiligten Muskeln können nicht mehr dosiert eingesetzt werden, sodass deren einzelne Anteile nicht fließend, sondern hintereinander ausgeführt werden. Die Bewegungen geraten zu gering oder überschießend und werden anschließend überkompensiert. Rasch aufeinanderfolgende Bewegungen, z. B. Pronation und Supination der Hand, sind nicht mehr möglich (Adiadochokinese). Begleitet wird

dieses Bild oft von einem Intentionstremor, einem Muskelzittern, das während der Bewegungen auftritt. Bei gestörter Kleinhirnfunktion durch Alkohol kommt es zur Ataxie, wobei der Betrunkene unsicher oder torkelnd geht, breitbeinig steht und einen Hang dazu hat, sich z. B. an der Wand abzustützen.

4.3.3 Bewegungsentwurf und -ausführung

An den kurz dargestellten Bildern, die sich bei Störungen von Basalganglien und Kleinhirn ergeben, wird deutlich, dass vor allem diese „extrapyramidalen" Zentren auf der subkortikalen Ebene für jene Prozesse ver-

4

antwortlich sind, die auf supraspinaler Ebene zu den Vorgängen beitragen, die im Sport unter dem Begriff Bewegungsqualitäten zusammengefasst werden. Die Überbetonung des primären Motokortex ist – wie bereits erwähnt – demnach nicht mehr gerechtfertigt, weil er nicht die Initialzündung zur Bewegungsausführung gibt, sondern am Ende einer Kette zahlreicher neuronaler Verschaltungen anderer motorischer Zentren rangiert. Er ist gleichwohl als letztes Ausführungsorgan anderswo vorgeplanter Bewegungsprogramme anzusehen.

Die ersten Schritte solcher Bewegungsentwürfe liegen bis heute weitgehend im Dunkeln. Es wird angenommen, dass sie in sog. motivationalen Bereichen des Großhirns ablaufen, zu denen auch das limbische System gehört, dem man die Auslösung emotionaler Regungen zuschreibt. Sie bewirken einen **Bewegungsantrieb**, der im nächsten Schritt zu den assoziativen (nicht primären!) motorischen Rindenfeldern projiziert wird (◨ Abb. 4.23) (1). Diese formen einen Bewegungsentwurf der geplanten Bewegung und senden gespeicherte **Bewegungsmuster** einerseits zu den Basalganglien, andererseits zum Kleinhirn (2). Beide arbeiten im Sinne der räumlichen und zeitlichen Koordination der Zielmotorik zusammen. Deren **Bewegungsprogramme** (3) erreichen über den Thalamus den primären Motokortex (4), von wo aus Impulse für die komplette **Bewegungsausführung** zum Rückenmark weitergeleitet werden (5); dies erfolgt teils über die Pyramidenbahn, teils über extrapyramidale Bahnen, die im Hirnstamm weiterverschaltet sind. Die Impulse gelangen über die letzte gemeinsame Endstrecke (6) zu den Muskeln.

Bei diesen Vorgängen darf die Rolle der Rezeptoren als ein Kontrollsystem, das bei Störungen über Afferenzen zur Korrektur der geplanten Bewegungen führt, nicht vergessen werden (◨ Abb. 4.23). Dabei steht die Funktion des Gleichgewichtsorgans zur Sicherung der aufrechten Körperhaltung zunächst im Vordergrund. Aber auch die Proprio- und Mechanorezeptoren (Muskelspindeln, Sehnenspindeln, Dehnungsrezeptoren der Gelenkkapseln) können durch die Vermittlung kinästhetischen Empfindens in die Bewegung eingreifen, wie es auf spinaler Ebene bereits beschrieben wurde. So ist selbst auf unebenen Waldböden ein flüssiger Laufstil möglich. Das Laufen über Stock und Stein erfordert natürlich ein gutes Funktionieren der neuronalen Verschaltungen; aufgrund von Ermüdung kann es zu Störungen kommen, die dann häufig zu Verletzungen führen (Stauchungen bei plötzlichen Erhebungen im Boden, Umknicken auf unebenem Boden).

Die Propriozeptoren senden ihre Afferenzen jedoch nicht nur auf die spinale, sondern auch auf die supraspinale Ebene, vor allem auch zu sensiblen und motorischen Zentren des Gehirns (◨ Abb. 4.23). Dort können sie wenigstens teilweise bewusste Phänomene auslösen, die im Zusammenhang mit dem **Bewegungsgedächtnis** zu sehen sind. Einmal durchgeführte Bewegungen, z. B. das Heben eines Armes in eine bestimmte Höhe, können so mit erstaunlicher Präzision wiederholt werden. Die Informationen der Propriozeptoren führen demnach auch zu einem wohl bewussten inneren Bild von der Position der Körperteile zueinander, sie vermitteln das kinästhetische Empfinden. Man kann, ohne dies mit dem Auge zu kontrollieren, ziemlich genaue Angaben darüber machen, in welchem Beuge- oder Streckzustand sich die einzelnen Gelenke des Körpers befinden. Diese Fähigkeit spielt auch eine Rolle bei dem Prozess des motorischen Lernens.

4.3.4 Motorisches Lernen

Die erste Voraussetzung für motorisches Lernen ist die neuronale Fähigkeit für eine Gedächtnisbildung, die möglicherweise in molekularer Form in den Nervenzellen, vor allem aber auch an den Synapsen vorliegt. Das Erkennen von sensiblen Eindrücken aus der Umwelt ist ebenfalls wichtig für die adäquate motorische Handlung. Einmal gebildete Muster müssen gespeichert werden, sodass sie bei Bedarf wieder abgerufen werden können. Das Lernen neuer Bewegungen erfordert ständige Rückkoppelungsschleifen des sensomotorischen Systems, innerhalb derer die motorischen Zentren dauernd Reafferenzen über den Erfolg ihrer Aktionen erhalten. Bewegungsaufgaben werden ausprobiert und ihre Ausführung nachträglich beurteilt; dies wird als Lernen nach dem Prinzip von Versuch und Irrtum bezeichnet. Auf der Seite der Afferenzen stehen dabei fünf Analysatoren zur Verfügung, nämlich jene für propriozeptive, taktile, statisch-dynamische (Gleichgewicht), optische und akustische Eindrücke. Das ZNS verfügt über mehrere Mechanismen, diese Eindrücke zu sammeln, auszuwählen und zu speichern. Wiederholte Information wird als Erfahrung beibehalten und als Unterprogramm hauptsächlich im **assoziativen Motokortex** abgelegt. So werden allmählich die störenden Anteile eines Bewegungsprogramms ausgeschaltet, die Bewegung wird mehr und mehr automatisiert und damit effizienter.

Die erste Phase des motorischen Lernens ist durch **Grobkoordination** gekennzeichnet und vom Bewusstsein kontrolliert. Die visuelle Information dominiert häufig, wie z. B. bei der Blickkontrolle, wenn ein Anfänger einen Basketball prellt. Propriozeptive Informationen können noch nicht hinreichend interpretiert werden, um ein ausreichendes kinästhetisches Empfinden zu vermitteln. Die Efferenzen des Motokortex sind nicht genau, die Bewegungen werden häufig überschießend ausgeführt und das agonistisch-antagonistische Zusammenspiel ist nicht gut abgestimmt; insgesamt ist der Bewegungsablauf noch unökonomisch.

In der zweiten Phase wird die **Feinkoordination** verbessert. Auge und Ohr treten als Signalsysteme zurück (mit Ausnahme von Anweisungen des Trainers) und die anderen Analysatoren vermitteln zunehmend ein inneres Bild, in dem sich Haltung, Bewegung und Umwelt vereinigen. Entsprechend verbessert sich auch die Qualität der Bewegungsprogramme. Für die geforderte Bewegungsausführung sind weniger Konzentration und Kraft notwendig, die Bewegung erfolgt ökonomischer. Dennoch können äußere Einflüsse, wie etwa der Versuch eines Gegenspielers, den Ball wegzuschlagen, die Bewegung stören.

In der dritten und letzten Phase, die durch den Erwerb der **Feinstkoordination** gekennzeichnet ist, stabilisieren sich die Bewegungsprogramme. Passende Unterprogramme werden automatisch abgerufen und entsprechende Ausgleichsbewegungen sind nebenher möglich, ohne das Prellen des Balles zu stören. Innerhalb des gesamten Prozesses des motorischen Lernens findet also ein kontinuierlicher Übergang vom Lernen durch Versuch und Irrtum auf das Lernen durch Erfolg statt.

Es ist bekannt, dass motorisches Lernen auch durch **mentales Training**, d. h. durch die intensive Vorstellung einer Bewegung gefördert werden kann. Die dabei beteiligten Zentren liegen vermutlich auf den einander zugewandten Anteilen der Großhirnrinde beider Hemisphären vor dem primären Motokortex und damit in der Nähe der assoziativen Hirnrinde (◘ Abb. 4.22). Dieser Bereich wird als **supplementäres motorisches Areal (SMA)** bezeichnet. Mit speziellen Untersuchungsmethoden kann ein Eindruck von der Aktivität unterschiedlicher Rindenareale gewonnen werden. In solchen Experimenten wurde folgendes herausgefunden: Gibt man einer Versuchsperson die Anweisung, mit dem Daumen nacheinander schnell die Spitzen der übrigen Finger der gleichen Hand zu berühren, so zeigt sich eine Aktivitätszunahme des SMA und jenes primären Motokortexanteils, in dem die Neurone für die Fingermuskeln liegen (vgl. ◘ Abb. 4.11). Wenn eine zweite Versuchsperson diese Bewegung nur beobachtet, so erfolgt ebenfalls eine Aktivitätszunahme im SMA. Auf diese Weise wird also offenbar die Ausbildung sehr konkreter Bewegungsvorstellungen und Bewegungsprogramme gefördert, die – ohne die Bewegung selbst auszuführen – bereits das motorische Lernen begünstigen. Voraussetzung für das mentale Training ist also die genaue Bewegungsvorstellung.

Funktionelle Anatomie der Organsysteme

Inhaltsverzeichnis

© Der/die Herausgeber bzw. der/die Autor(en), exklusiv lizenziert durch
Springer-Verlag GmbH, DE, ein Teil von Springer Nature 2021
P. Zimmer, H.-J. Appell, *Funktionelle Anatomie*, https://doi.org/10.1007/978-3-662-61482-2_5

5

5.1 Blut- und Abwehrsysteme

 Lernziele

Dieser Abschnitt beleuchtet die vielfältigen Aufgaben des Blutes als fluides, in allen Körperregionen vorhandenes Gewebe. Es soll verstanden werden, dass es nicht nur vielfältige Transportfunktionen besitzt, sondern durch seine Bestandteile die Grundlage der Immunität ausmacht und damit der Gesunderhaltung des Organismus dient.

Die Leistungsfähigkeit des menschlichen Organismus ist von der Funktionstüchtigkeit seiner Organe, Gewebe und Zellen abhängig. Substanzen, die zur Aufrechterhaltung von Struktur und Funktion notwendig sind, werden aus dem Blut bezogen; die Abfallprodukte des Stoffwechsels werden an das Blut abgegeben, um anschließend der Ausscheidung zugeführt zu werden. Aufgenommene Nährstoffe werden zu Organen transportiert. Dort werden die für den Organismus notwendigen Substanzen synthetisiert und durch das Blut anderen Organen zugeführt. Alle Austauschvorgänge zwischen Blut und Zellen werden über den Interzellularraum vermittelt.

Das Blut zirkuliert als viskose Flüssigkeit in einem geschlossenen Gefäßsystem durch den Körper und kann als ein flüssiges Gewebe aufgefasst werden. Seine Zusammensetzung (■ Tab. 5.1) wird von in den einzelnen Organen und Zellsystemen stattfindenden Stoffwechselprozessen beeinflusst. Störungen von Organfunktionen spiegeln sich häufig in der Änderung einer im Blut bestimmbaren Größe wider. So kann das Blut auch diagnostisch als Indikator für den Funktionszustand des Organismus herangezogen werden.

Das Blut erfüllt folgende Aufgaben:
1. Transportfunktionen
   - Atemgase: Sauerstoff (O_2) und Kohlendioxid (CO_2);
   - Nährstoffe vom Ort der Aufnahme zum Ort des Verbrauchs;
   - Stoffe des Zwischenstoffwechsels und ausscheidungspflichtige Stoffwechselendprodukte vom Ort der Entstehung zum Ort der Ausscheidung;
   - körpereigene Stoffe wie Hormone zur Stoffwechselsteuerung oder Antikörper zur Immunabwehr.
2. Wärmeverteilung
   - Wärme aus stoffwechselaktiven Organen zu oberflächennahen Bereichen.
3. Blutgerinnung
   - Gerinnungsfaktoren, die bei Verletzungen die Integrität des Systems wiederherstellen.
4. Milieufunktionen
   - Elektrolyte liegen im Blut in Lösung vor, außerdem Proteine in kolloidaler Form und Pufferbasen. Ihre weitgehend gleichbleibende Zusammensetzung gewährleistet einen annähernd konstanten osmotischen Druck und pH-Wert des Blutes und trägt so zu einem stabilen inneren Milieu bei.

■ **Tab. 5.1** Quantitative Angaben zur Zusammensetzung des Blutes

1 mm³ Blut enthält:		
Erythrozyten		4,5–5 Millionen
Leukozyten		4000–8000
Davon:	Granulozyten	Neutrophile 55–68 %
		Eosinophile 2,5–3 %
		Basophile 0,5–1 %
	Monozyten	4–5 %
	Lymphozyten	20–36 %
Thrombozyten		200.000–300.000

Proteinanteile des Blutplasmas:		
100 ml Blutplasma enthalten ca. 7 g Proteine		
Albumine		4,0 g
Globuline		2,3 g
Davon:	α-Globuline	0,8 g
	β-Globuline	0,8 g
	γ-Globuline	0,7 g
Fibrinogen		0,3 g

Etwa 6–8 % des Gesamtkörpergewichts eines Erwachsenen bestehen aus Blut (ca. 5–6 l). Das Blut setzt sich zusammen aus einem ungeformten flüssigen Anteil, dem **Blutplasma**, der etwa 55 % des Gesamtblutvolumens ausmacht, und einem geformten Anteil, den **Blutzellen** und ihren Abkömmlingen, der etwa 45 % beträgt (*Hämatokrit*). Die Menge des Hämatokrits sollte eine kritische Schwelle nicht übersteigen, da es sonst zu einer Verschlechterung der Fließeigenschaften des Blutes kommen kann.

Das wässrige Blutplasma enthält etwa 7 % Proteine: Von diesen haben die Albumine eine Transportfunktion, z. B. für Fettsäuren; die Globuline spielen als Antikörper bei der Immunabwehr eine wichtige Rolle; das Fibrinogen ist wichtig für die Blutgerinnung. Die wasserlösliche Glukose liegt als Blutzucker in einer Konzentration von 80–120 mg im Blut vor. Viele Aminosäuren als Bausteine der Proteine werden als sog. freie Aminosäuren im Plasma befördert, ebenso Enzyme und Hormone in unterschiedlicher Konzentration. Vitamine sind abhängig vom Angebot in der Nahrung. Fettlösliche Vitamine wie A, D, E und K werden im Blut an Proteine gebunden, die wasserlöslichen Vitamine – wie Vitamin C und die B-Vitamine – werden frei im Plasma transportiert. Auch Spurenelemente und vor allem Eisen werden von Plasmaproteinen gebunden und weitergegeben. Bilirubin als Abbaupro-

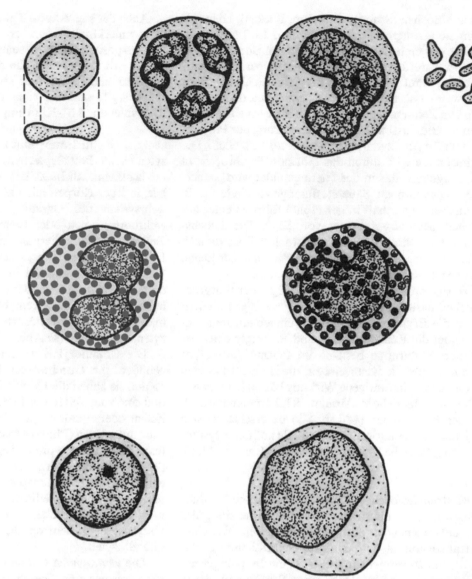

◘ Abb. 5.1 Blutzellen; obere Reihe (von links nach rechts): Erythrozyt, neutrophiler Granulozyt, Monozyt, Thrombozyten; mittlere Reihe: eosinophiler und basophiler Granulozyt; untere Reihe: kleiner und großer Lymphozyt

dukt des Hämoglobins wird zum Teil im Organismus weiter verwertet, zum Teil wird es, wie auch die stickstoffhaltigen Abfallprodukte Kreatinin, Harnsäure, Harnstoff und Ammoniak, der Ausscheidung zugeführt und so aus dem Organismus entfernt. Blutplasma kann außerhalb des Körpers nicht aufbewahrt werden, da es gerinnen würde. Erst nach Ausfällung des Fibrinogen aus dem Blutplasma erhält man das ungerinnbare **Blutserum**, das in gefrorener Form konservierbar ist und z. B. als Grundlage für Impfstoffe dient.

5.1.1 Blutzellen

Die geformten Anteile des Blutes bestehen aus Zellen und ihren Abkömmlingen: Man unterscheidet grob die drei Populationen Erythrozyten, Leukozyten, Thrombozyten.

Erythrozyten: In 1 mm^3 Blut sind beim Mann 5 Millionen, bei der Frau 4,5 Millionen Erythrozyten (rote Blutkörperchen) enthalten. Erythrozyten sind runde, scheibchenförmige Gebilde, die in ihrem Zentrum beidseitig eingedellt sind (◘ Abb. 5.1); ihr Durchmesser beträgt 7–8 µm. Sie sind sehr verformbar, um die kleinsten Blutgefäße passieren zu können. Erythrozyten enthalten **Hämoglobin**, den roten Blutfarbstoff, der Sauerstoff reversibel binden kann; 95 % ihres Trockengewichts bestehen daraus. Durch ihre besondere Form werden die Wegstrecken für die Diffusion gering gehalten, was eine optimale und schnelle Sauerstoffaufnahme und Bindung an das Hämoglobin gewährleistet. Außerdem enthalten die Erythrozyten das Enzym Carboanhydrase, mit dessen Hilfe Kohlendioxid transportiert werden kann. Die Bildungs- und Reifungsstätte der Erythrozyten ist das rote Knochenmark, hauptsächlich in den platten Knochen (Scapula, Sternum, Becken). Hier entstehen sie aus kernhaltigen Vorstufen. Im Laufe ihrer Reifung verlieren Erythrozyten Zellkern und Zellorganellen und werden anschließend in das periphere Blut ausgeschwemmt. Nicht vollständig ausgereifte Erythrozyten werden als Retikulozyten bezeichnet, da sie noch Reste von Zellorganellen enthalten; ihr vermehrtes Auftreten im Blut lässt auf eine Intensivierung der Produktion von Erythrozyten (*Erythropoiese*) schließen. Die Erythropoiese wird durch das Hormon Erythropoietin (EPO) reguliert, das in der Niere gebildet wird; dauerhafte Exposition an Sauerstoffmangelzustände (z. B. chronischer Aufenthalt in der Höhe) führt zu einer natürlichen Mehrausschüttung von EPO. Die Lebensdauer der Erythrozyten beträgt etwa 110 Tage, danach werden sie vor allem in der Milz, aber auch in der Leber, im Zuge der sog. Blutmauserung abgebaut.

Die Erythrozyten sind auch die Träger der **Blutgruppeneigenschaften** des Menschen. Diese Eigenschaften sind in die Erythrozytenmembran eingebaut, man unterscheidet die Kennzeichen A und B. Träger einer bestimmten Blutgruppe besitzen im Plasma Antikörper gegen das oder die Kennzeichen, die sie nicht besitzen und die für sie eine antigene Wirkung hätten (zum besseren Verständnis siehe ▶ Abschn. 5.1.2 Immunabwehr). Die vier Blutgruppen (◲ Tab. 5.2) unterscheiden sich durch die Art der antigenen Merkmale auf den Erythrozyten; so gibt es die Blutgruppen **A, B, AB** und **0** (Null).

■ Praxis

Bei **Bluttransfusionen** werden nur gewaschene Erythrozytenkonzentrate übertragen, die plasmafrei sind, also keine entsprechenden Antikörper enthalten. Vor einer Bluttransfusion ist eine Blutgruppenbestimmung notwendig, um zu vermeiden, dass z. B. ein Empfänger mit der Blutgruppe A Blut der Gruppe B bekommt, gegen das er Antikörper besitzt; dies würde zur Verklebung der Erythrozyten und zur nachfolgenden Hämolyse führen. Aus ◲ Tab. 5.2 wird deutlich, dass Träger der Blutgruppe AB Universalempfänger sind, da ihr Blut keine blutgruppenrelevanten Antikörper enthält; Träger der Blutgruppe 0 sind Universalspender, denn ihre Erythrozyten enthalten keine antigenen Merkmale.

◲ **Tab. 5.2** Übersicht über die Blutgruppen		
Blutgruppe	**Antigenes Merkmal**	**Antikörper im Plasma**
A	A	Anti-B
B	B	Anti-A
AB	A und B	Keine
0	Keine	Anti-A und Anti-B

Auch der sog. **Rhesus-Faktor** ist ein antigenes Erythrozytenmerkmal; wenn er vorhanden ist, ist man Rhesus-positiv (Rh^+), bei seinem Fehlen ist man Rhesus-negativ (rh^-). Personen, die rh^- sind, können bei Fehltransfusionen Antikörper (Anti-Rh^+) bilden; entsprechendes gilt auch bei einer rh^--Mutter, die von einem Rh^+-Vater ein Rh^+-Kind empfangen hat.

Leukozyten In 1 mm³ Blut kommen 4000–8000 Leukozyten (weiße Blutkörperchen) vor. Dabei handelt es sich um keine einheitliche Zellart. Leukozyten bilden das mobile, in jeder Körperregion zum Einsatz kommende Abwehrsystem des Organismus gegen Invasionen von Mikroorganismen oder Fremdstoffen. Nur ein kleiner Teil von ihnen zirkuliert im strömenden Blut. Die meisten Leukozyten halten sich an den Orten ihrer Tätigkeit außerhalb der Blutbahn auf. Sie können die Kapillarwände durchwandern, sich im Gewebe fortbewegen und wieder in das Blut zurückkehren. Im Einzelnen unterscheidet man folgende Leukozytenarten: Granulozyten, Lymphozyten, Monozyten (◲ Abb. 5.1).

Die **Granulozyten** werden im roten Knochenmark gebildet. Ihr Durchmesser beträgt zwischen 10 und 15 µm, sie haben die Fähigkeit zu amöboider Bewegung und sind zum Teil in der Lage, sich Reste abgestorbener Zellen oder Fremdkörper einzuverleiben und enzymatisch aufzulösen (Phagozytose). Ihr Zellkern zeigt in reifem Zustand eine typische Segmentierung und ihr Zytoplasma enthält Granula, die bestimmte Enzyme enthalten und bei einer speziellen Färbung als eine Körnung mit unterschiedlichen Farbreaktionen sichtbar werden. Auf der selektiven Anfärbbarkeit beruht die Unterteilung in neutrophile, eosinophile und basophile Granulozyten.

Die *neutrophilen* Granulozyten phagozytieren Mikroorganismen und Gewebstrümmer am Ort einer Entzündung. Danach gehen sie zugrunde und bilden z. B. bei Wunden den Eiter. Die Abbauprodukte der phagozytierten Erreger stellen hochaktive Lockstoffe für die Leukozyten dar, sodass es dann rasch zu einer lokalen Ansammlung von weiteren Granulozyten kommt. Ein Teil der extrazellulären Erregerabbaustoffe wird an die Zelloberfläche der neutrophilen Granulozyten gebunden, wo sie einen Antigen-Antikörper-Komplex bilden können, der von Makrophagen aufgenommen wird. Auch die *eosinophilen* Granulozyten können Antigen-Antikörper-Komplexe phagozytieren; vor allem bei allergischen Reaktionen sind sie beteiligt. Dementsprechend ist ihre Zahl im Bindegewebe und im Blut bei Allergien erhöht. Die *basophilen* Granulozyten stellen den zahlenmäßig geringsten Anteil der Granulozyten dar. Sie enthalten in ihren Granula Heparin, Histamin und Serotonin. Diese Stoffe wirken auf die glatte Muskulatur der Gefäßwände und beeinflussen die Gerinnungs- und Fließeigenschaften des Blutes.

Die **Lymphozyten** entstehen beim Erwachsenen überwiegend in den lymphatischen Organen (Milz, Lymphknoten, Tonsillen, Thymus) und gelangen über die Lymphbahnen in das Blut. Sie sind häufig kleiner als die anderen Leukozyten und enthalten einen rundlichen Kern. Diese Zellen können sich zwar amöboid bewegen, haben aber keine Phagozytosefähigkeit und enthalten keine Granula. Lymphozyten synthetisieren als Plasmazellen Immunproteine (Globuline), die sie an das Blut abgeben, oder sie besitzen membranständige spezifische Antikörper (▶ Abschn. 5.1.2).

Die größten der weißen Blutkörperchen sind die **Monozyten**; ihr Durchmesser beträgt 15–20 μm. Sie entstehen im Knochenmark und halten sich nach ihrer Ausschleusung nur kurze Zeit im Blut auf. Sie durchwandern die Kapillarwände und bilden sich im Gewebe zu Makrophagen um, die Zelltrümmer und Fremdeiweiße phagozytieren.

■ Praxis

Werden im Blutbild deutlich erhöhte Leukozytenkonzentrationen gefunden, so ist dies ein unspezifischer, aber recht sicherer Hinweis auf ein entzündliches Geschehen im Organismus (z. B. schwerer Infekt, Blinddarmentzündung). Das Differentialblutbild, bei dem die einzelnen Populationen der Leukozyten bestimmt werden, kann nähere Aufschlüsse geben.

Thrombozyten   Die Thrombozyten sind keine echten Zellen. Sie entstehen im Knochenmark als Zytoplasmaabschnürungen von mehrkernigen Riesenzellen (*Megakaryozyten*) und werden als unregelmäßig geformte Plättchen in das Blut ausgeschwemmt (■ Abb. 5.1). Pro mm^3 sind ca. 250.000 Thrombozyten enthalten. Sie haben eine Lebensdauer von 5–10 Tagen und werden danach in der Milz abgebaut. Thrombozyten enthalten das Enzym Thrombokinase, das bei Verletzung eines Blutgefäßes durch ihren Zerfall freigesetzt wird und zusammen mit einer Vielzahl weiterer Faktoren die Blutgerinnung auslöst.

5.1.2 Immunabwehr

Die Fähigkeit, Infektionen von Mikroorganismen wie Bakterien, Viren, Pilzen abzuwehren und ihre Giftstoffe (Toxine) zu vernichten, bezeichnet man als die Immunität eines Lebewesens. Die Immunität setzt voraus, dass die in ihrem Dienste arbeitenden Abwehrsysteme fremdes Material von körpereigenem differenzieren und überall im Körper zum Einsatz kommen können. Man unterscheidet eine angeborene Immunität von einer erworbenen. Die angeborene ist genetisch festgelegt und hat sich im Laufe der Evolution entwickelt. So erkrankt ein Mensch z. B. nie an Rinderpest oder Maul- und Klauenseuche. Die erworbene Immunität dagegen hat eine Auseinandersetzung mit dem entsprechenden Mikroorganismus zur Voraussetzung. Das Ergebnis ist in der Regel eine andauernde Resistenz des Organismus gegen nachfolgende Infektionen mit dem gleichen Erreger.

Die Immunreaktion (■ Abb. 5.2)   Funktionell lässt sich das Abwehrsystem in einen **unspezifischen** und einen **spezifischen** Bereich einteilen. Die stammesgeschichtlich älteste unspezifische Abwehrreaktion besteht in der Phagozytosetätigkeit der Granulozyten und des Monozyten-Makrophagen-Systems sowie in der Tätigkeit der zur Lymphozytenfamilie gehörenden NK-Zellen (natural killer cells). Eingedrungene Fremdorganismen werden aufgefressen (phagozytiert) oder durch von den NK-Zellen abgeschiedene Wirksubstanzen vernichtet (z. B. entstehende Tumorzellen). So wird ein Großteil aller potenziellen Krankheiten auf diesem Wege in ihren Anfängen erfolgreich bekämpft, ohne dass es zu einer symptomatischen Erkrankung kommt.

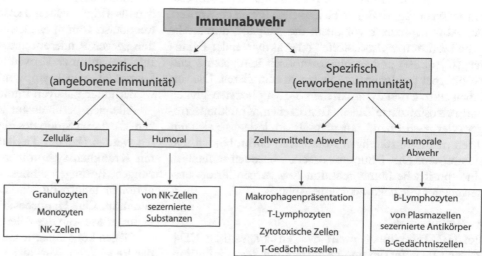

■ **Abb. 5.2**   Vereinfachte Darstellung des immunologischen Funktionsschemas; weitere Erklärung Text

5

Erst wenn diese unspezifischen Abwehrreaktionen zur Vernichtung von Krankheitserregern nicht mehr ausreichen, wird das spezifische Abwehrsystem aktiviert. Dabei geht das Immunsystem gezielt gegen bestimmte Antigene vor. Als **Antigen** bezeichnet man den Fremdstoff, gegen den ein spezifischer **Antikörper** zur Abwehr gebildet wird. Beide gehen eine Bindung ein, die als solche für den Organismus harmlos ist und abgebaut werden kann, vor allem aber eine Vermehrung der Antigene verhindert. Hauptakteure der spezifischen Abwehr sind die T-Lymphozyten und die B-Lymphozyten. Dabei erfolgen unterschiedliche Abwehrstrategien, die allerdings eng miteinander koordiniert sind: Die *humorale* Abwehr (durch in Körperflüssigkeiten zirkulierende Stoffe) obliegt den B-Lymphozyten, die *zellulär* vermittelte Abwehr ist spezifisch für die T-Lymphozyten. Dabei können die B-Lymphozyten Antigene selbst erkennen, da sie in ihrer Membran bereits einen unspezifischen Antikörper eingebaut haben; demgegenüber benötigen die T-Lymphozyten die Kooperation mit anderen Zellen, die ihnen das eingedrungene Antigen zunächst präsentieren müssen.

Man unterscheidet bei den **T-Lymphozyten** zwei funktionell unterschiedliche Gruppen:

1. Die Helfer T-Lymphozyten, die durch das Membranmolekül CD4 gekennzeichnet sind und
2. die zytotoxischen T-Lymphozyten (T-Killerzellen), die ebenso wie auch die T-Suppressorzellen durch das Membranmolekül CD8 ausgezeichnet sind.

Die T-Lymphozyten sind bei der Auslösung einer spezifischen Immunantwort von zentraler Bedeutung, da sie die **Antigenpräsentation** der Makrophagen entgegennehmen und die weiteren Immunreaktionen induzieren. Dabei phagozytieren die Makrophagen in unspezifischer Weise Antigene und präsentieren auf ihrer Membran zur Erkennung geeignete Bruchstücke davon naiven Vorstufen von T-Lymphozyten. Dies induziert eine Reifung, und so entwickeln sich Helfer- und zytotoxische T-Lymphozyten, die dann spezifisch auf das ursprünglich präsentierte Antigen geprägt sind. Die Helferzellen haben im Konzert der Abwehrprozesse vor allem die Aufgabe, durch Abgabe bestimmter „Lockstoffe" oder aktivierender Faktoren (Cytokine) andere phagozytotisch kompetente und Antikörper produzierende Zellen zu stimulieren. Die von ihnen aktivierten zytotoxischen T-Lymphozyten greifen dann virusinfizierte Zellen, Tumorzellen, Krankheitserreger oder auch Fremdtransplantate an, indem sie sich mit ihren membranständigen Rezeptoren daran binden und sie abtöten. Die T-Suppressorzellen beenden schließlich eine spezifische Immunreaktion bzw. sorgen für ein ausgewogenes Gleichgewicht ihres Ablaufs.

■ **Praxis**

Bei HIV-Infektionen greift das Virus spezifisch CD4-Zellen (T-Helfer) an und beeinträchtigt deren Funktion.

So wird die Kaskade der spezifischen Immunantwort langfristig unterbrochen, sodass Infektionen, die sonst beherrschbar wären, schwere Konsequenzen für die Betroffenen haben.

Die humoralen Antikörper werden von den **B-Lymphozyten** gebildet, indem diese sich nach Antigenkontakt zu Plasmazellen umformen und dann spezifische Antikörper ins Blut oder den interstitiellen Flüssigkeitsraum (humoral!) abgeben. Auch sie werden zusätzlich durch eine Interaktion mit den Helfer-T-Lymphozyten oder durch abgeschiedene Wirkstoffe der T-Lymphozyten aktiviert. Die humoralen Antikörper inaktivieren die eingedrungenen Antigene ebenfalls durch Bindung und markieren sie auf diese Weise. So können sie von Makrophagen erkannt und zerstört werden.

Bei jeder spezifischen Immunreaktion entstehen in der B- und T-Zellreihe sog. **Gedächtniszellen**, die für eine gezielte Immunreaktion des Körpers auf einen erneuten Kontakt mit dem gleichen Antigen verantwortlich sind. Diese Gedächtniszellen können auf eine erneute Infektion viel schneller reagieren als es bei einem Erstkontakt möglich ist.

Impfung   Um diese schnelle Reaktion bei u. U. lebensbedrohliche Erkrankungen verfügbar zu haben, kann ein Schutz des menschlichen Organismus durch Impfung erzielt werden. Man unterscheidet hierbei die aktive und die passive Immunisierung. Bei der *aktiven* Immunisierung wird durch Gabe von abgeschwächten Erregern oder Toxinen, die den Organismus nicht schädigen, eine Antikörperbildung hervorgerufen (Kinderlähmung, Tetanus, Hepatitis). Sie führt zu einer langfristigen Resistenz gegen diese Krankheiten aufgrund der Prägung der Gedächtniszellen. Eine *passive* Immunisierung wird durch Übertragung reiner Antikörper oder antikörperhaltiger menschlicher Seren erzielt. Sie ergibt einen sofortigen Schutz (z. B. bei vermuteter Exposition von Tetanuserregern, ohne dass eine aktive Immunisierung besteht), denn der Krankheitserreger kann direkt vernichtet werden. Werden als Träger jedoch Tierseren, z. B. Rinderserum, verwendet, so kommt es gleichzeitig zu einer Antikörperbildung gegen Rindereiweiße. Dies kann bei nachfolgenden Injektionen unter Verwendung des Serums der gleichen Spezies zu Schocksymptomen führen und ist wichtig bei wiederholten passiven Immunisierungen.

Allergien beruhen auf Antigen-Antikörper-Reaktionen, die durch Stoffe des täglichen Umgangs hervorgerufen werden (Pollen, Tierhaare, Waschmittel). Sie gehen mit Krankheitssymptomen wie Fieber, Schleimhautreizungen, Rötungen einher. Unbehandelt werden die Reaktionen langfristig stärker, da die Antikörperbildung zunimmt. Eine Hyposensibilisierung besteht in der Gabe kleinster Mengen des Allergens (= Antigen).

Gegen körpereigene Gewebe und Proteine werden in der Regel keine Antikörper gebildet. Nur selten kommt es zu sog. Autoimmunkrankheiten, bei denen das Immunsystem bestimmte Proteine des eigenen Körpers nicht als eigen erkennt und Antikörper dagegen bildet. Eine Reihe von Krankheiten des rheumatischen Formenkreises ist hier einzuordnen. Unter starker körperlicher oder psychischer Belastung kann es zu einer vorübergehenden Immunsuppression kommen, die sich in einer erhöhten Infektanfälligkeit äußert.

5.1.3 Lymphatische Organe

Die Aufgaben des Abwehrsystems sind an die lymphatischen Organe gebunden. Dazu gehören Thymus, Lymphknoten, Tonsillen und Milz. Das Grundgerüst aller lymphatischen Organe ist ein Maschenwerk, das entweder aus retikulärem Bindegewebe oder aus Epithelzellen bestehen kann. In diese Maschen sind Lymphozyten eingelagert. Sie bilden stellenweise rundliche Haufen, die Lymphfollikel. Diese können als Funktionseinheit der lymphatischen Organe angesehen werden. Lymphfollikel können einzeln als Solitärfollikel oder als Aggregationen praktisch überall im Organismus (z. B. im Darm) vorhanden sein und stellen in dieser Form vorübergehende Arten des Abwehrsystems dar.

Thymus   Der Thymus liegt hinter dem Brustbein in Höhe der 4. Rippe. Er ist besonders beim Neugeborenen und im Kindesalter gut entwickelt und kann zwischen 15 und 40 g wiegen. Nach der Pubertät bildet er sich zurück und wandelt sich großteils in einen Fettkörper um. Im Thymus gewinnen die Lymphozyten während der Embryonalzeit ihre Immunkompetenz. Sie wandern als undifferenzierte Zellen aus den blutbildenden Organen in den Thymus ein und bilden sich unter dem Einfluss hormonartiger Stoffe, die vom epithelialen Grundgerüst des Organs abgegeben werden, zu Lymphozyten um. Diese sind in der Lage, auf Antigene spezifisch immunkompetent zu reagieren. Von hier aus gelangen sie wieder in die Blutbahn und besiedeln als T-Lymphozyten die „thymusabhängigen" peripheren Immunorgane wie Lymphknoten, Milz oder Tonsillen. Hier teilen und vermehren sie sich weiter.

Tonsillen   Die Tonsillen bilden als Gaumenmandeln, Rachenmandel und Zungenmandel den lymphatischen Rachenring. Sie liegen unter der Schleimhaut und sind durch eine bindegewebige feine Kapsel vom darunterliegenden Gewebe abgegrenzt. Ihr Grundgerüst wird aus retikulärem Bindegewebe gebildet, in das Lymphfollikel eingelagert sind. Das Epithel der Oberfläche senkt sich in tiefen Krypten in die Tonsillen ein und lockert sich in diesem Bereich auf. So können Antigene, die mit der Atmung oder Nahrung in Mundhöhle und Rachen gelangen, schnell und direkt mit dem Immunsystem in den Tonsillen in Kontakt gebracht werden, das durch Antikörperbil-

dung für ihre Vernichtung sorgt. Massive Bakterieninvasionen werden mit einer hohen Vermehrungsrate der Lymphozyten beantwortet, was zu einer Vergrößerung der Tonsillen mit entsprechendem Schmerz der druckempfindlichen Kapsel führt.

Lymphknoten   Während des Stoffaustausches zwischen Blut und Zellen erfolgt auch ein ständiger Flüssigkeitsausstrom aus den Kapillaren. Diese Gewebsflüssigkeit wird zum Teil in feinen, blind beginnenden Lymphkapillaren gesammelt und über das nachfolgende Lymphgefäßsystem aus den entsprechenden Regionen abgeführt. Die größeren Lymphgefäße folgen dem venösen Schenkel des Kreislaufsystems und die Lymphe gelangt über den *Ductus thoracicus* schließlich in die obere Hohlvene und damit zurück ins Blut. Die Lymphknoten sind in das System der Lymphgefäße als Filter und Immunstationen eingebaut. Als regionale Lymphknoten sind sie meist der Körperregion zugeordnet, aus der sie ihre Zuflüsse erhalten. Bei Entzündungen in ihrem Einzugsgebiet schwellen sie an, werden schmerzhaft und gut tastbar. Lymphknoten haben einen Durchmesser von 0,2–2 cm und sind von einer Bindegewebskapsel umgeben, von der aus Septen in das Organ einstrahlen. Zwischen diesen spannt sich retikuläres Bindegewebe als Grundgerüst aus, in das zahlreiche Lymphfollikel eingelagert sind. Die Lymphe gelangt durch klappenbesetzte Lymphgefäße in den Lymphknoten hinein. Hier wird sie von Zellen, die dem Makrophagensystem angehören, kontrolliert, und antigene Stoffe werden ausgesondert. Gleichzeitig stimulieren sie die Antikörperbildung in den Lymphfollikeln. Über ein austretendes Lymphgefäß verlässt die Lymphe den Knoten wieder und wird zum nächsten Lymphknoten geleitet. Sie wird so bis zu ihrer Einmündung in den Blutkreislauf vielmals durch das Immunsystem überwacht. Bei Tumorerkrankungen weist die Besiedlung regionaler Lymphknoten auf die Gefahr einer Metastasierung hin, da nicht ausgeschlossen werden kann, dass Tumorzellen in den Kreislauf eingeschleust worden sind.

Milz   Die Milz befindet sich im linken hinteren Oberbauch in Höhe der 9.–11. Rippe. Beim Erwachsenen wiegt sie 150–200 g und ist bohnenartig geformt. Die Milz ist als Kontroll- und Filtrationsorgan des Blutes aufzufassen. Sie dient seiner immunologischen Überwachung und der Aussonderung überalterter Erythrozyten. Diesen Funktionen entsprechen ihre beiden Anteile: die weiße und die rote Milzpulpa.

Die rote Pulpa (80 %) ist aus einem Gerüst retikulären Bindegewebes aufgebaut, in dem ein kompliziertes Mikrozirkulationssystem verläuft. Hier müssen die Erythrozyten Engstellen überwinden, die nur noch einen Durchmesser von 0,5–3 μm aufweisen. Lassen ihre Membranen aufgrund von Überalterung die dabei unvermeidliche mechanische Verformung nicht mehr zu, können sie auf-

5

brechen und gehen zugrunde. Darüber hinaus werden die Erythrozyten von Milzmakrophagen auch direkt angegriffen, wenn sie aufgrund mangelnder Verformbarkeit zu lange in der roten Pulpa verweilen. Noch verwertbare Stoffe aus dem Erythrozytenabbau (Eisen des Hämoglobins) werden einer Wiederverwertung zugeführt.

Die weiße Milzpulpa ist dem Immunsystem zuzuordnen und besteht aus lymphatischem Gewebe. Dieses enthält vor allem T- und B-Lymphozyten. Gelangen Antigene auf dem Blutweg in diesen Bereich, werden hier Antikörper in Form von Immunglobulinen gebildet. Aus der Milz gelangt das Blut über die Milzvene in die Pfortader.

■ Praxis
Verletzungen der Milz, z. B. durch stumpfe Gewalteinwirkung, sind potenziell lebensbedrohlich, da Milzblutungen aufgrund des komplizierten Zirkulationssystems nicht spontan gestillt werden können. Daher erfolgt bei Milzrissen in der Regel eine chirurgische Entfernung (Splenektomie).

5.2 Herz-Kreislauf-System

 Lernziele

> In diesem Abschnitt lernen Sie die einzelnen Typen von Blutgefäßen mit ihren besonderen Funktionen und die funktionellen Teilkreisläufe mit ihren speziellen Aufgaben kennen. Das Herz als zentrales Pumporgan innerhalb des Kreislaufsystems soll in den Grundzügen seiner Arbeitsweise verstanden werden.

Das Leben des Menschen ist an ein ständiges Zirkulieren des Blutes in den Gefäßen des Kreislaufsystems gebunden. In den Blutkreislauf sind die Organsysteme eingebaut, einige von ihnen (Magen-Darm-Trakt, Lunge, Niere) besitzen Verbindungen zur Außenwelt und können damit als in den Körper eingestülpte Teile des Extrakorporalraums verstanden werden. Sie bieten unter erheblicher Oberflächenvergrößerung eine funktionelle Annäherung des Blutgefäßsystems an den Extrakorporalraum. Dadurch gestattet diese Austauschfläche die Aufnahme oder Abgabe von verschiedensten Stoffen zwischen Blut und Umwelt.

So erfolgt in den Lungen (Atmungssystem) die Aufnahme von Sauerstoff in das Blut und die Abgabe von Kohlendioxid. Über den Darm werden Wasser, Salze und Nährstoffe aufgenommen, in der Leber werden sie umgebaut, gespeichert und in geeigneter Form wieder in das Blut abgegeben (Verdauungssystem). In den Nieren (Ausscheidungssystem) werden Stoffwechselendprodukte als harnpflichtige Substanzen aus dem Blut abfiltriert und schließlich mit dem Urin ausgeschieden.

In lymphatischen Organen wird das Blut auf Antigene kontrolliert und gegebenenfalls erfolgt eine Antikörperproduktion (Abwehrsystem). Die endokrinen Drüsen schließlich geben Stoffwechselinformationen als Hormone in das Blut ab (Hormonsystem), die über das Kreislaufsystem zu ihren Zielorganen gelangen.

Die Funktion des Gehirns, die Bewegungsfähigkeit der Muskulatur und die Fortpflanzung als übergeordnete Lebenskriterien des Menschen sind an eine ausgewogene Zusammenarbeit der o. g. Organsysteme gebunden. Diese stehen damit letztlich im Dienste derjenigen Systeme, die dem Menschen Bewegung, die Auseinandersetzung mit der Umwelt, Denken und Handeln sowie die Arterhaltung erlauben.

Im Kreislaufsystem lassen sich drei Funktionsbereiche unterscheiden: die sog. Endstrombahn in der Peripherie mit den Kapillargebieten, in denen der Stoffaustausch erfolgt; das Herz im Zentrum, das durch seine Pumpleistung den Blutfluss zustande bringt, und schließlich, als Verbindung dieser beiden Bereiche, die zu- und abführenden Arterien und Venen.

5.2.1 Blutgefäße

Endstrombahn   Der Gas- und Stoffaustausch sowie die Wärmeabgabe zwischen Blut und Gewebe erfolgen im Bereich der Endstrombahn (◨ Abb. 5.3) in den kleinsten Blutgefäßen, den **Kapillaren**. Die Kapillarwand besteht aus einer dünnen Lage flacher Endothelzellen und einer Basalmembran (◨ Abb. 5.4). Der Stoffaustausch erfolgt grundsätzlich in beide Richtungen: aus dem Blut durch die Endothelzellen und die Basalmembran in das umgebende Gewebe und umgekehrt. Für den Flüssigkeits- und Stoffdurchtritt sind der Blutdruck, der Diffusionsdruck zwischen Blut und umgebendem Gewebe, die kolloidosmotischen Kräfte der Blutplasmaproteine sowie der osmotische Druck der Gewebsflüssigkeit von großer Bedeutung. Ist der Blutdruck in den Kapillaren höher als der osmotische Druck der Plasmaproteine, werden aus dem Blut Wasser und gelöste Stoffe in das Gewebe abgegeben. Ist umgekehrt der osmotische Druck der Plasmaproteine höher als der Blutdruck, strömt Flüssigkeit aus dem Gewebe in das Blut zurück. Aufgrund dieser Gesetzmäßigkeiten findet im arteriellen Kapillarschenkel ein Flüssigkeitsausstrom in das umgebende Gewebe statt, im venösen Kapillarbereich ein umgekehrter Einstrom in die Gefäße. Ist dieses Gleichgewicht zwischen Filtration und Resorption gestört, kann es zu Flüssigkeitsansammlungen im Interstitium kommen (interstitielles Ödem). Durch die Endothelzellen hindurch laufen auch aktive Transportvorgänge (z. B. Glukoseaufnahme im Gehirn) sowie Massentransporte in Vesikeln (z. B. Aufnahme bestimmter Nährstoffe aus dem Darm) ab.

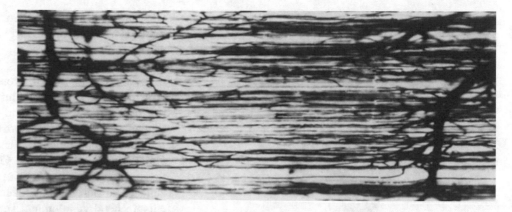

■ **Abb. 5.3** Tusche-injiziertes Kapillarbett in der Skelettmuskulatur. Links ist eine zuführende Arteriole, rechts eine abführende Venule zu erkennen. Vergr. vor Reprod. × 95

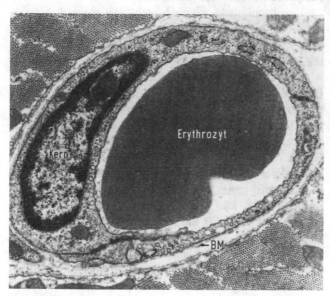

■ **Abb. 5.4** Blutkapillare (quer) aus der Skelettmuskulatur. Zwei Endothelzellen bilden ihre Wand, eine davon mit Kern; BM = Basalmembran. Elektronenmikroskopische Aufnahme, Vergr. vor Reprod. × 24.000

In einigen Organen (Nieren, Darmzotten) kann das Endothel stellenweise so dünn sein, dass Fensterungen zustande kommen, die nur noch aus einem einfachen oder doppelten Plasmalemm bestehen. Auch echte Poren (z. B. Glomerulus der Nieren, vgl. ■ Abb. 5.35) und interzelluläre Lücken (Leber, vgl. ■ Abb. 5.31) kommen vor. Bei solchen Endothelvarianten ist nur die Basalmembran die wesentliche Barriere für den Stoffdurchtritt. Sie bildet eine außerhalb der Zellen gelegene Schicht von Glykoproteiden (⌀ 30–60 nm), deren physikochemischer Zustand die Durchlässigkeit der Kapillaren bestimmt und die von den Endothelzellen beeinflusst wird. Andererseits gibt es im Gehirn auch besonders „dichte" Kapillaren, deren Endothel nur einen selektiven Stoffaustausch gestattet (sog. Blut-Hirn-Schranke).

Kapillaren haben einen Durchmesser von 4–9 µm, sodass ein Erythrozyt gerade passieren kann. Die Gesamtzahl der Kapillaren im menschlichen Körper wird

in einer Größenordnung von 5 bis zu 30 Milliarden geschätzt und sie sollen eine gemeinsame Querschnittsfläche von 3500 cm² haben. Die gesamte, theoretisch denkbare Austauschfläche aller Kapillaren wird mit ungefähr 1000 m² angegeben.

Die Kapillaren bilden im Bereich der Endstrombahn dreidimensionale Netze, die aus mehreren Arterien gespeist werden können (■ Abb. 5.3). Fällt einer der Zuflüsse aus, so ist dies für das entsprechende Organ oder Gewebe harmlos, weil die Versorgung seines Kapillargebietes über weitere Arterienäste gewährleistet ist. Man spricht von den **Netzarterien** eines Kapillargebietes und beschreibt damit sein Versorgungsmuster über vernetzte Zufuhrgefäße (■ Abb. 5.5). Hängt ein Kapillargebiet dagegen von einer einzigen Arterie ab, die keine Querverbindungen zu anderen Arterien führt, so bezeichnet man diese als funktionelle **Endarterie**. Hier führt ein Verschluss (z. B. bei Thrombose) zum Untergang des nachgeschalteten Kapillarversorgungsgebietes (■ Abb. 5.5), einem sog. Infarkt. Endarterien kommen z. B. im Herzen und im Gehirn vor, Netzarterien in der Skelettmuskulatur und in der Haut.

Durchblutungsregulation der Endstrombahn Die Durchblutung des Organismus ist nicht überall gleich. Obwohl das Blutfassungsvermögen des gesamten Kreislaufsystems theoretisch etwa 20 l umfasst, besitzt der Mensch nur 5–6 l Blut, sodass nie alle Gebiete maximal durchblutet werden können. Zwischen dem arteriellen Zufluss und dem venösen Abfluss eines Kapillargebietes bestehen so häufig Kurzschlussverbindungen, die arteriovenösen Anastomosen. Sie erlauben eine reduzierte Durchströmung der Kapillargebiete. Zusätzlich kann der Zugang zu Kapillargebieten durch eine Art Verschluss über präkapillare Sphinktere in den Arteriolen reduziert werden. Die Organdurchblutung reflektiert zwar häufig, aber nicht immer auch den Sauerstoffverbrauch, und die Organgröße nicht immer den Anteil an der Durchblutung. In Ruhe wird die gesamte Muskulatur (ca. 40 % der Körpermasse) von gut 20 % des Herzzeitvolumens durchblutet und verbraucht dabei auch etwa 20 % des gesamten Sauerstoffs.

5

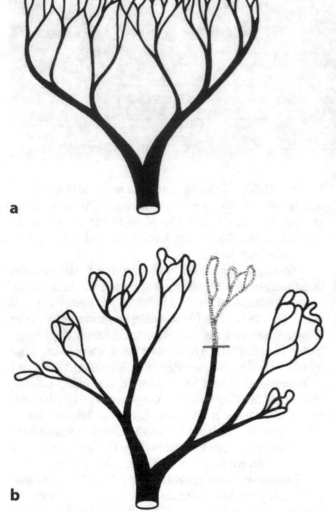

a

b

■ **Abb. 5.5** Aufzweigungsmuster der Arterien in der Endstrombahn: **a** bei Netzarterien und **b** bei Endarterien. Der Verschluss einer Endarterie bewirkt den Untergang des nachgeschalteten Versorgungsgebietes

Die Nieren, viel geringer in der Masse, nehmen etwa zu einem gleichen Prozentsatz (20 %) wie die Muskulatur an der Gesamtdurchblutung teil, verbrauchen dabei selbst jedoch nur ca. 7 % des vom Körper insgesamt ausgeschöpften Sauerstoffs; dies ist auf ihre spezifische und lebenswichtige Funktion als Ultrafilter zurückzuführen. Auf der anderen Seite erhält das Gehirn nur etwa 13 % der Gesamtdurchblutung, es extrahiert daraus jedoch 23 % des vom Körper verbrauchten Sauerstoffs, ist energetisch also höchst anspruchsvoll. Zwar werden die absoluten Durchblutungsraten im Gehirn und in den Nieren relativ konstant gehalten, vor allem in der Muskulatur ist sie jedoch starken Schwankungen unterworfen. Unter verstärkten Leistungsbedingungen kann sich die Durchblutung der gesamten Muskulatur um bis zum 20 fachen

erhöhen, dabei durchfließen sie 80 % des Blutes. Das Herzzeitvolumen vergrößert sich unter diesen Bedingungen etwa fünffach.

Arterien und Venen Im Kreislaufsystem sind die Kapillargebiete der Endstrombahn über Arterien und Venen mit dem Herzen verbunden. Diese Gefäße dienen ausschließlich dem Bluttransport und nicht dem Stoffaustausch. Grundsätzlich werden alle vom Herzen zu den Kapillargebieten führenden Gefäße als Arterien bezeichnet; am Übergang zu den Kapillaren nennt man sie **Arteriolen**. Die zum Herzen zurückführenden Gefäße heißen entsprechend **Venulen** und Venen.

Ihre Innenauskleidung besteht aus einem lückenlosen Endothel und die Wand aus drei Schichten, deren Bau je nach Gefäßabschnitt und Blutdruckbelastung unterschiedlich ist (■ Abb. 5.6). Die innerste Schicht wird als *Tunica intima* bezeichnet. Zu ihr gehören das Endothel und das darunter liegende Bindegewebe. Die mittlere Schicht heißt *Tunica media* und besteht aus glatter Muskulatur sowie aus kollagenen und elastischen Fasern. Sie fängt die Spannungen auf, die Pulswelle und Druck in der Gefäßwand verursachen, und reguliert in bestimmten Arterienabschnitten die Gefäßweite und damit den peripheren Widerstand, gegen den das Herz anpumpen muss. Die quantitative Zusammensetzung der Media ist typisch für die einzelnen Gefäßabschnitte im Kreislaufsystem und richtet sich nach der Beanspruchung. Die äußere Schicht, *Tunica adventitia*, dient als verschiebbare Einbauschicht in das umgebende Gewebe. Sie ist aus kollagenen Fasern und elastischen Netzen zusammengefügt. Darüber hinaus enthält sie gefäßwandeigene Blutgefäße, die Vasa vasorum. Diese können bis in das äußere Drittel der Media hineinreichen. Innenbereich und äußerer Bereich – vor allem dicker Arterienwände – haben somit einen unterschiedlichen Versorgungsmodus. Da Intima und Teile der Media wenig effektiv direkt aus dem Gefäßlumen versorgt werden, können sie als bradytrophe Gefäßwandanteile betrachtet werden. Diese Tatsache spielt bei krankhaften Gefäßveränderungen eine maßgebliche Rolle.

Im arteriellen Schenkel des Kreislaufsystems unterscheidet man aufgrund ihres Wandbaus die **elastischen** Arterien von den Arterien des **muskulären** Typs. Zum elastischen Typ gehören die großen Gefäße im herznahen Bereich, wie z. B. die Aorta oder die Aa. pulmonales. In der Media ist die glatte Muskulatur mit elastischen Membranen durchsetzt (■ Abb. 5.6), die untereinander in Verbindung stehen, jedoch Fenster für den Stoffdurchtritt freilassen. Die kollagenen Fasern sind hier spärlich und kommen erst in der Adventitia häufiger vor. Der große Anteil elastischen Materials steht im Zusammenhang mit der Windkesselfunktion der Arterien des elastischen Typs (► Abschn. 5.2.3). Die mittleren und kleinen Arterien im

Abb. 5.6 Unterschiedlicher Wandbau der menschlichen Aorta **a**, A. femoralis **b** und V. femoralis **c**. Vegr. vor Reprod. × 50

herzfernen Bereich zeigen einen überwiegend muskulären Wandbau. Die dicke Media besteht hauptsächlich aus zirkulär und schraubenförmig verlaufenden glatten Muskelzellen (◘ Abb. 5.6). Die dort enthaltene glatte Muskulatur verengt bei Kontraktion die arteriellen Gefäße (Vasokonstriktion), sodass durch Erhöhung des peripheren Widerstands der Blutdruck ansteigt. Zwischen Intima und Media ist eine Membrana elastica interna ausgeprägt und an der Grenze von Media und Adventitia eine Membrana elastica externa. Letztere ist häufig nur schwach entwickelt.

Auch die Bauweise der **Venenwand** unterscheidet sich in den verschiedenen Körperregionen. Grundsätzlich sind Venen insgesamt weitlumiger und dünnwandiger als die entsprechenden Arterien. Die Dreischichtung der Wand ist weniger stark ausgeprägt, die Media enthält mehr Kollagen und die Membrana elastica interna ist unvollständig (◘ Abb. 5.6). Die Membrana elastica externa fehlt sogar ganz und die Adventitia steht mit kräftigen kollagenen Faserbündeln direkt mit der Media in Verbindung. Die meisten Venen, mit Ausnahme der herznahen großen Venen, besitzen Venenklappen. Diese werden aus taschenartig in das Gefäßlumen vorspringenden Intimafalten gebildet. Die sich paarweise gegenüberstehenden Klappen öffnen sich bei herzwärts gerichtetem Blutstrom und verhindern durch Schluss den Rückfluss. So wirken sie wie Ventile, die den Blutstrom zum Herzen lenken und den Rückstrom entsprechend der Schwerkraft verhindern. Auf eine Venenklappe drückt nur die Blutflüssigkeitssäule, die dem Abstand zur nächsten Venenklappe entspricht. Der Rück-

strom wird vor allem in den Extremitäten durch die sog. Muskelpumpe unterstützt. Hierbei wird durch die Kontraktion der benachbarten Skelettmuskulatur auf die Venenwand ein Druck ausgeübt, der die Klappenarbeit fördert. Einem weiteren Mechanismus, der den venösen Rückstrom erleichtert, liegt die **arteriovenöse Koppelung** zugrunde. Darunter versteht man die Umschließung einer Arterie und zweier begleitender Venen durch eine straffe Bindegewebshülle (◘ Abb. 5.7). Der Arterienpuls wird hier als Druckwelle auf die benachbarte Wand der Venen übertragen und unterstützt so den Rückstrom des Blutes zum Herzen. Bei übermäßiger Dehnbarkeit der Venenwand kann es zu einer krankhaften Erweiterung besonders der oberflächlichen Beinvenen kommen. Gleichzeitig wird durch Insuffizienz des Klappenmechanismus der venöse Rückfluss des Blutes vermindert, was zu einer zusätzlichen Weitung der Venen (Krampfadern, Varizen) und zu lokalen Stoffaustauschstörungen in den vorgeschalteten Kapillargebieten der Haut führen kann.

❗ Unabhängig davon, ob die Gefäße sauerstoffreiches oder sauerstoffarmes Blut enthalten, gilt:
— Arterien führen immer vom Herzen weg und münden in eine Endstrombahn;
— Venen sammeln das Blut aus der Endstrombahn und führen zum Herzen.

Große Gefäßstämme des Körpers (◘ Abb. 5.8) Die Aorta verlässt das Herz aus der linken Kammer. Sie steigt als Aorta ascendens zunächst bis zum Aortenbogen auf,

5

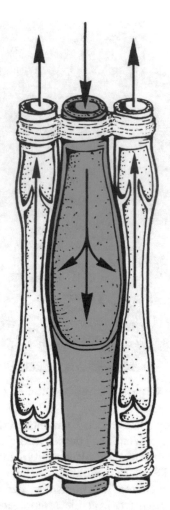

◻ Abb. 5.7 Schematische Darstellung der arteriovenösen Kopplung mit zentral liegender Arterie und außenliegenden Venen

verläuft dann schräg nach links und zieht links von der Wirbelsäule als Aorta thoracica abwärts bis zum Zwerchfell. Vom Aortenbogen entspringen:
— die A. subclavia sinistra für den linken Arm,
— die A. carotis communis sinistra für die linke Hals- und Kopfseite und
— der Truncus brachiocephalicus, der sich in die A. carotis communis dextra für die rechte Hals- und Kopfseite und die A. subclavia dextra für den rechten Arm teilt.

Die A. subclavia setzt sich in die A. axillaris fort und verläuft als A. brachialis am Oberarm. In der Ellenbeuge teilt sie sich in die A. radialis und die A. ulnaris, die im Bereich der Handinnenfläche im oberflächlichen und tiefen Hohlhandbogen wieder zusammengeschlossen werden. Von hier aus entspringen die Fingerarterien. Nach dem Durchtritt der Aorta durch das Zwerchfell – dann als Aorta abdominalis bezeichnet – entspringen von ihr als paarige Äste die Aa. renales (zu den Nieren, ◻ Abb. 5.32), die Aa. suprarenales (zu den Nebennieren) und die Keimdrüsen-

arterien. Als unpaare Äste verlassen die Aorta ventral: der Truncus coeliacus für Magen, Zwölffingerdarm, Leber, Milz und Bauchspeicheldrüse; die A. mesenterica superior für Dünndarm und einen Teil des Dickdarms sowie die A. mesenterica inferior für den Dickdarm. Im Bereich des 4. Lendenwirbels teilt sich die Aorta in die rechte und linke A. iliaca communis, die sich ihrerseits in die A. iliaca interna und in die A. iliaca externa gabelt. Die A. iliaca interna versorgt Beckeneingeweide (Harnblase, Geschlechtsorgane, Rektum) und die Beckengürtelmuskulatur. Die A. iliaca externa zieht zum Bein und verläuft als A. femoralis ventral und medial am Oberschenkel. Als A. poplitea tritt sie in der Kniekehle auf die Dorsalseite und gabelt sich in die A. tibialis anterior und in die A. tibialis posterior, die weiter zum Fuß ziehen.

Die Venen, die aus den unteren Extremitäten kommen, werden entsprechend zu den Arterien benannt (◻ Abb. 5.8). Von der V. femoralis fließt das Blut in die V. iliaca externa, die sich mit der V. iliaca interna zur V. iliaca communis zusammenschließt. Aus der Vereinigung der Vv. iliacae communes entsteht die V. cava inferior, die rechts von der Wirbelsäule verläuft, das Zwerchfell durchtritt und im rechten Vorhof des Herzens mündet. Die Venen aus den paarigen Baucheingeweiden, wie die Vv. renales, münden direkt in die V. cava inferior. Das Blut aus den unpaaren Bauchorganen, wie Magen, Dünndarm, Dickdarm, Milz und Pankreas, wird über die Pfortader – V. portae – zur Leber transportiert. Nach der Leberpassage wird es über die Lebervenen – die Vv. hepaticae – ebenfalls der V. cava inferior zugeführt. Aus den oberen Extremitäten und dem Kopfbereich wird das Blut über die V. subclavia und die V. jugularis abgeführt. Beide vereinigen sich im sog. Venenwinkel zur V. brachiocephalica. Diese treten zur V. cava superior zusammen, die in den rechten Vorhof von oben einmündet.

5.2.2 Funktionelle Teilkreisläufe

Funktionell können im Kreislaufsystem zwei Teilkreisläufe unterschieden werden:

Der **große Kreislauf** oder Körperkreislauf (◻ Abb. 5.9) nimmt von der Aorta seinen Ausgang und führt sauerstoffreiches Blut über die Arterienstämme und immer kleiner werdenden Arterien in die Endstrombahn der Kapillaren sowohl der oberen als auch der unteren Körperhälfte. Nach Stoffaustausch und Gaswechsel mit den Zellsystemen gelangt der sauerstoffarme Blutstrom durch den venösen Schenkel des Körperkreislaufs über die beiden Hohlvenen zurück zum Herzen.

Im großen Kreislauf kommt dem sog. **Pfortadersystem** eine besondere Bedeutung zu (◻ Abb. 5.9), bei dem es sich nicht um einen Kreislauf im engeren Sinn

◘ Abb. 5.8 Übersicht über das Arterien- (rot) und Venensystem (blau) des Körperkreislaufs (Beschreibung Text)

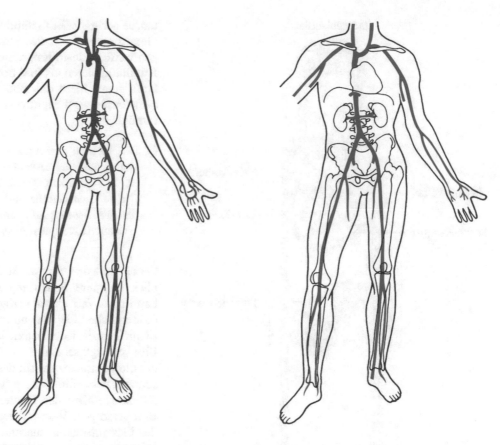

handelt. Dieses System besteht aus zwei hintereinander geschalteten Kapillargebieten im Bereich der Baucheingeweide, die durch die Pfortader miteinander verbunden sind. Hier werden in den Kapillaren des Magen-Darm-Traktes Nährstoffe in das Blut aufgenommen und über die Pfortader (V. *portae*) zur Leber transportiert wo das sauerstoffarme, aber nährstoffreiche Blut in die Endstrombahn der Leber übergeht. Die Nährstoffe werden dort gespeichert, entgiftet oder umgebaut und dann in für den Organismus geeigneter Form wieder in das Blut entlassen. Dieses gelangt über die Lebervenen und die untere Hohlvene wieder in den großen Kreislauf. Erst nach dieser Leberpassage sind die meisten Nährstoffe für die Zellsysteme des Organismus nutzbar.

Der **kleine Kreislauf**, auch Lungenkreislauf genannt (◘ Abb. 5.9), schließt sich dem großen Kreislauf an. Beide sind, einfach dargestellt, in Form einer Acht hintereinandergeschaltet, und das Herz liegt als Pumpe in ihrer Kreuzung. Im kleinen Kreislauf wird als einziges Organ die Lunge durchströmt. Das sauerstoffarme Blut gelangt vom Herzen über die Lungenarterien zu den Kapillaren im Bereich der Lungenbläschen, wo Sauerstoff aus der Atemluft vom Blut aufgenommen und Kohlendioxid abgegeben wird. Das nun wieder sauerstoffreiche Blut gelangt über die Lungenvenen zum Herzen zurück, von wo es erneut in den großen Kreislauf geschickt wird.

Regulation des Blutkreislaufs Der Blutdruck und die Fließgeschwindigkeit des Blutes werden durch Verengung der Gefäße (Vasokonstriktion) und Gefäßerweiterung (Vasodilatation) beeinflusst. Die glatte Muskulatur in den Arterienwänden wird von sympathischen Nervenfasern des vegetativen Nervensystems versorgt. Sympathikusreize bewirken eine Vasokonstriktion und bedingen auch eine Grundspannung der Gefäßwand, den Gefäßtonus. Verminderte sympathische Erregungen führen bei den meisten Gefäßen zu einer Vasodilatation. Eine Ausnahme sind u. a. die Herzkranzgefäße, die unter Sympathikuseinwirkung erweitert werden. Denn eine Vasokonstriktion der peripheren Arterien führt zu einer Widerstandserhöhung, sodass das Herz verstärkte Pumparbeit leisten muss; dadurch erhöht sich der Blutdruck. Demnach steigt der Sauerstoffbedarf des Herzmuskels, der über erweiterte Herzkranzgefäße sichergestellt werden kann. Das vegetative Kreislaufzentrum im verlängerten Mark erhält seine Informationen über die Druckverhältnisse aus Rezeptorfeldern im arteriellen Schenkel des Kreislaufsystems. Sie liegen in der Adventitia der Aorta und der inneren Halsschlagader am Sinus caroticus. Es handelt sich dabei um Rezeptoren, die auf Dehnung der Gefäßwand ansprechen.

▪ **Praxis**

Eine mechanische Reizung der Druckrezeptoren am Sinus caroticus durch einen Schlag auf die Halsschlagader

5

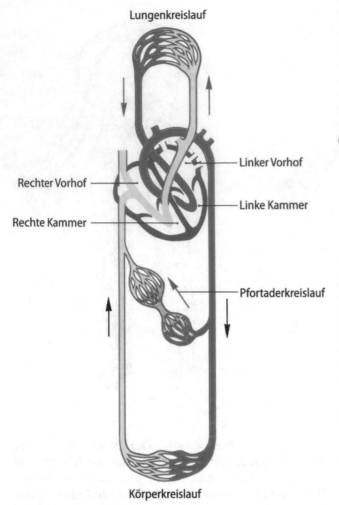

Lungenkreislauf

Linker Vorhof

Rechter Vorhof

Linke Kammer

Rechte Kammer

Pfortaderkreislauf

Körperkreislauf

◻ **Abb. 5.9**   Vereinfachte Darstellung des Blutkreislaufs; mit sauerstoffreichem Blut gefüllte Gefäße sind blau gezeichnet

simuliert einen übergroßen Anstieg des Blutdrucks. Reflektorisch kommt es zu einer massiven Vasodilatation mit Versacken des Blutvolumens, was in der Regel zur Bewusstlosigkeit führt.

Die Druckverhältnisse sind im Kreislaufsystem (Körperkreislauf) ganz unterschiedlich. In den großen Arterien herrscht ein mittlerer Druck von ca. 100 mmHg. Er fällt im Bereich der Arteriolen auf ca. 40 mmHg ab. Diese sind die eigentlichen peripheren Widerstandsregler und besitzen deshalb eine besonders dichte Nervenversorgung. Sie sind maßgebend für den Blutdruck der vorgeschalteten Arterien und steuern die Durchblutung der nachgeschalteten Kapillargebiete und damit der hiervon versorgten Organe. Der venöse Schenkel des Kreislaufs ist ein Niederdrucksystem. In den großen Venen beträgt der Druck nur noch 5 mmHg und weniger. In den Hohlvenen tritt durch die Herzaktion sogar ein Sog auf, der durch Lungenzug und den Klappenmechanismus des Herzens unterstützt wird. Die Strömungsgeschwindigkeit ist in der Aorta mit bis zu 50 m/s am größ-

ten. Je geringer der Gefäßdurchmesser und je größer der Gesamtquerschnitt des Strombetts durch Aufzweigungen werden, desto langsamer wird der Blutfluss. In den Kapillargebieten als funktioneller Endstrecke des Kreislaufsystems fließt das Blut mit ca. 0,5 mm/s am langsamsten; so wird ein intensiver Gas- und Stoffaustausch ermöglicht.

❗ Die Arterien und Arteriolen stellen das Hochdrucksystem des Blutkreislaufs dar, in dem sich jedoch nur ca. 15 % des zirkulierenden Blutvolumens befindet. Die venösen Gefäße umfassen das Niederdrucksystem, welches aufgrund seines großen Fassungsvermögens auch als kapazitatives System bezeichnet wird.

Vasa privata und Vasa publica   Systematisch und im Hinblick auf ihre Bedeutung für den Gesamtorganismus kann man Vasa privata (Eigengefäße) und Vasa publica („öffentliche" Gefäße) unterscheiden. Ein Vas privatum ist im Prinzip jedes arterielle Gefäß, das ein Organ mit Blut versorgt, sei es das Gehirn oder ein Muskel, und damit die Voraussetzung für dessen Existenz sichert. Um besonders bekannte Vasa privata handelt es sich bei den Koronargefäßen des Herzens, die den Herzmuskel mit Blut versorgen. Vasa publica stehen jedoch im Interesse des Gesamtorganismus und haben für einzelne Organe keinen unmittelbaren Nutzen. Dazu gehören die vier großen Gefäßstämme des Herzens und die V. portae.

5.2.3 Herz

In das Kreislaufsystem ist das Herz als muskuläres Hohlorgan eingebaut, das sich hinter dem Sternum der vorderen Brustwand anlagert und auf dem Zwerchfell liegt. Es befindet sich im vorderen Mediastinum; darunter versteht man den Bindegewebsraum, der sich zwischen Wirbelsäule und Brustbein erstreckt und seitlich von den Lungen begrenzt wird (◻ Abb. 5.10). Die Gestalt des Herzens ähnelt der eines bauchigen Kegels, dessen Grundfläche als Herzbasis bezeichnet wird. Sie zeigt im Körper nach rechts hinten oben. Die Spitze des Herzens zeigt entsprechend nach links vorne unten. Die Größe des Herzens entspricht etwa der geschlossenen Faust eines Menschen, kann aber durch Training erheblich gesteigert werden. Sein Durchschnittsgewicht liegt zwischen 250 und 300 g.

Das Herz arbeitet ähnlich wie eine Ventilpumpe und treibt das Blut durch den Kreislauf. Es pumpt bei einem Puls von 70 Schlägen/min ungefähr 100.000-mal am Tag und befördert dabei 7500 l Blut. Das menschliche Herz ist durch die Herzscheidewand (vgl. ◻ Abb. 5.12) in ein ‚rechtes Herz' für den Lungenkreislauf und ein ‚linkes Herz' für den Körperkreislauf morphologisch und funktionell vollständig unterteilt; das rechte Herz enthält sauerstoffarmes Blut, das linke enthält sauerstoffreiches Blut. Jeder Anteil besteht jeweils aus einem Vorhof (*Atrium*) und einer Kammer (*Ventrikel*) (◘ Abb. 5.9). Funktionell kann man die Vorhöfe dem Niederdrucksystem, die Kammern dem Hochdrucksystem zurechnen. Aufgrund der Bauweise des Herzens wird seine Vorderwand zum größten Teil von der rechten Kammer gebildet, die Hinterwand hauptsächlich von der linken Kammer und dem linken Vorhof (◘ Abb. 5.11).

Gefäßanschlüsse des Herzens (◘ Abb. 5.9 und 5.11; ◘ Tab. 5.3) Das sauerstoffarme Blut aus dem Körperkreislauf gelangt durch die Hohlvenen (**Vv. cavae superior und inferior**) in den rechten Vorhof und anschließend in die rechte Kammer. Aus dieser entspringt der **Truncus pulmonalis**, der sich in zwei Lungenarterien aufteilt und das Blut der Lunge zuführt. Aus beiden Lungenflügeln strömt das nun sauerstoffreiche Blut über jeweils zwei **Vv. pulmonales**

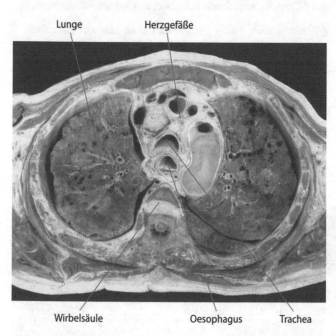

◘ **Abb. 5.10** Horizontalschnitt durch den Rumpf im Bereich des 3. Brustwirbels. (Präparat und Aufnahme von J. Koebke, Köln)

zum linken Vorhof des Herzens. Nach Übertritt in die linke Kammer verlässt es das Herz über die **Aorta** in den Körperkreislauf. Das Herz ist mit seiner Basis am Venenkreuz im Thorax aufgehängt. Das Venenkreuz besteht aus den vier horizontal verlaufenden Lungenvenen, die in den linken Vorhof münden und den beiden vertikal ausgerichteten Hohlvenen, die in den rechten Vorhof gelangen (◘ Abb. 5.11). Über diese Gefäße ist die Herzbasis kreuzweise und elastisch im Brustraum verankert.

Herzklappen Zwischen Vorhof und Kammer, in denen je nach Herzaktion höchst unterschiedliche Druckverhältnisse herrschen, sind – ähnlich wie Ventile – die **Segelklappen** eingebaut, rechts eine dreizipfelige, links eine zweizipfelige Klappe (◘ Abb. 5.12, 5.13, und 5.14). Die Segel entspringen als Endokardduplikaturen an einem bindegewebigen Ringsystem, dem Herzskelett, das Vorhof und Kammermuskulatur trennt. Sie öffnen kammerwärts und schließen vorhofwärts. Kammerwärts werden sie durch Sehnenfäden an der Spitze der Papillarmuskeln befestigt. Die Papillarmuskeln sind in die Kammer vorspringende Anteile ihrer Muskulatur, die die Segel während der Kammerkontraktion im Schluss halten und ein Zurückschlagen der Segel vorhofwärts verhindern (◘ Abb. 5.12 und 5.14). Je kräftiger die Kammermuskulatur arbeitet und dabei das Blutvolumen in der Kammer unter einen hohen Druck setzt, umso kräftiger werden auch die Papillarmuskeln als Teil der Kammermuskulatur kontrahieren, um den Klappenschluss zu gewährleisten.

Die **Taschenklappen** sind im Bereich des Blutausstroms in den Lungen- und Körperkreislauf eingebaut. Am Ursprung des Truncus pulmonalis liegt die Pulmonalklappe, am Ursprung der Aorta die Aortenklappe. Diese Klappen sind (ähnlich wie Venenklappen) Endokardduplikaturen. Sie bilden jeweils drei Taschen, deren Unterseite herzwärts gerichtet ist. Beim Überwiegen des Drucks im Gefäß werden die Taschen entfaltet; ihre Ränder legen sich eng aneinander, und das Ventil wird geschlossen. Beim Überwiegen des Drucks in der Kammer werden die Taschenränder voneinander entfernt und das Ventil wird geöffnet.

◘ **Abb. 5.11** Herz mit seinen großen Gefäßen von vorne und von hinten; Gefäße mit sauerstoffreichem Blut blau

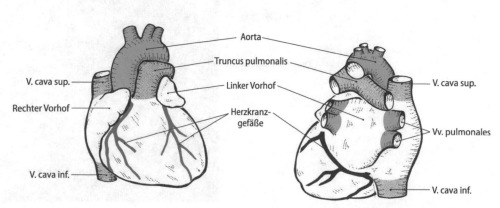

Die Segel- und Taschenklappen liegen in einer Ebene, der **Ventilebene** des Herzens. Sie entspricht der Lage des Herzskeletts; dieser strukturelle Begriff entspricht somit dem funktionellen Begriff der Ventilebene. Das Herzskelett (◘ Abb. 5.13) selbst kann auch als die gemeinsame Sehne des Vorhof- und Kammermyokards angesehen werden, gegen deren Widerstand die Herzmuskulatur arbeitet. Aufgrund der Lage von Segel- und Taschenklappen in einer gemeinsamen Ebene, wird der Blutstrom in der Kammer von der Einstrom- in die Ausstrombahn umgelenkt.

❶ Die Aorta entspringt aus der linken Kammer, der Truncus pulmonalis entspringt aus der rechten Kammer. Die beiden Hohlvenen münden in den rechten Vorhof, die Lungenvenen münden in den linken Vorhof.

Zwischen Vorhöfen und Kammern liegen Segelklappen, zwischen Kammern und Arterienstämmen liegen Taschenklappen.

◘ **Tab. 5.3** Gefäßanschlüsse des Herzens

Herzraum und dessen Anbindung an Teilkreislauf	Gefäß
Körperkreislauf → rechter Vorhof	Vv. cavae sup. und inf.
Rechte Kammer → Lungenkreislauf	Truncus pulmonalis
Lungenkreislauf → linker Vorhof	Vv. pulmonales
Linke Kammer → Körperkreislauf	Aorta

Herzmuskelgewebe Das Herzmuskelgewebe (Myokard) besteht aus netzartig verzweigten Einzelzellen, die in sog. *Disci intercalares* fest miteinander verbunden sind. Diese Zellkontakte erlauben u. a. die Übertragung elektrischer Reize über die Muskelzellzüge. Die Myokardiozyten besitzen wie die Skelettmuskulatur eine Querstreifung, die auch hier durch die hochgeordnete Lagerung der Myofilamente zustande kommt. Der Zellkern liegt jedoch stets im Zentrum der Zelle und Mehrkernigkeit kommt nur selten vor. Typisch für Herzmuskelzellen sind der hohe Mitochondriengehalt und das Vorkommen von Lipofuszingranula, die als Alterungspigment gedeutet werden. Das Herzmuskelgewebe erbringt Dauerleistungen; dementsprechend wird es durch ein engmaschiges Kapillarnetz versorgt. Zwar ist eine Hypertrophie der Einzelzellen unter erhöhter Belastung möglich, jedoch erfolgt nach Verletzung keine Regeneration, da die Herzmuskelzellen nicht mehr teilungsfähig sind. Eine Reparation kann nur durch bindegewebige Narbenbildung erfolgen, die dann als prospektive Schwächezonen angesehen werden muss.

❶ Als ein über den gesamten Lebenszeitraum aktives System arbeiten die Herzmuskelzellen ausschließlich oxidativ; deswegen besitzt das Myokard den größten Mitochondrienreichtum und die stärkste Kapillarisierung aller Gewebe.

Die Herzmuskulatur kann sich automatisch rhythmisch kontrahieren. Die Koordination und Anpassung der Kontraktion an erhöhte Arbeitsleistung wird hierbei über ein eigenes Zentrum der Erregungsbildung und ein eigenes Erregungsleitungssystem vollzogen. Dabei han-

◘ **Abb. 5.12** Ansicht des Herzens von vorne mit eröffneten Kammern; im rechten Ventrikel ist eine Segelklappe mit ihrem Halteapparat zu erkennen. (Präparat und Aufnahme von J. Koebke, Köln)

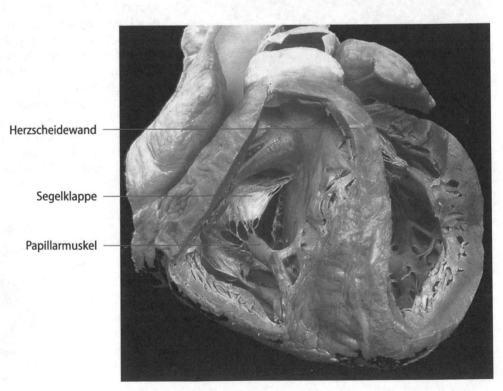

Herzscheidewand

Segelklappe

Papillarmuskel

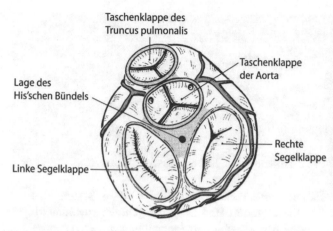

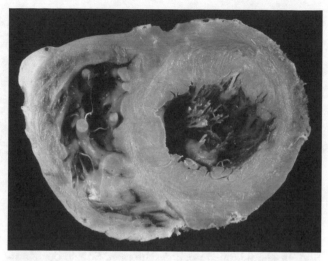

◘ Abb. 5.13 Aufsicht auf die Herzbasis (= Ventilebene) nach Entfernung der Vorhöfe und der großen Gefäße; beachte den Ursprung der Herzkranzarterien und die Lage des Herzskeletts (grau)

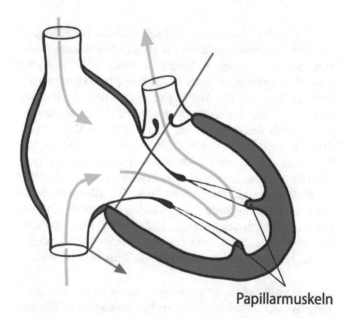

◘ Abb. 5.14 Darstellung der Strömungsrichtung des Blutes am Beispiel des rechten Herzens; die Ventilebene und ihre Verlagerung in der Systole sind blau markiert

◘ Abb. 5.15 Aufsicht auf einen Schnitt durch das Herz: Der linke Ventrikel besitzt eine dickere Wand als der rechte; in den Ventrikeln sind Teile der Papillarmuskeln zu erkennen. (Präparat und Aufnahme von J. Koebke, Köln)

delt es sich um spezifische Muskelzellen, die durch Sarkoplasmareichtum und Myofilamentarmut auffallen. Ihre Tätigkeit wird jedoch durch das vegetative Nervensystem beeinflusst und moduliert.

Die Herzwand Ähnlich wie in den Blutgefäßen ist die Herzwand aus drei Schichten aufgebaut; demnach kann man das Herz als einen hoch spezialisierten Teil des Gefäßsystems auffassen und seine Schichten können funktionell analog zu den Schichten der Gefäßwand betrachtet werden. Ihre innere Oberfläche wird in allen Herzräumen vom *Endokard* ausgekleidet. Dieses besteht aus einem Endothel, das einer feinfaserigen Bindegewebsschicht aufsitzt. Die mittlere Schicht – das *Myokard* – ist der dickste und

funktionell entscheidende Wandteil; es wird aus Herzmuskelgewebe gebildet, dessen Stärke entsprechend der im Kreislauf geforderten Arbeit variiert. Das Myokard der Vorhöfe ist dünn, da es keine nennenswerte Pumparbeit leistet. Das Myokard der Kammern ist kräftig ausgebildet; in der linken Kammer etwa dreimal so stark wie in der rechten Kammer, die das Blut mit geringerem Druck in den kleinen Kreislauf pumpt (◘ Abb. 5.15). Das *Epikard* umgibt als äußerste Schicht die Herzoberfläche. Im Bereich der großen Herzgefäße schlägt es sich um und bildet das bindegewebige *Perikard*, den sog. Herzbeutel, der das gesamte Herz und die Anfangsteile seiner großen Gefäße umschließt. Zwischen Epi- und Perikard befindet sich ein flüssigkeitsgefüllter Spaltraum, der als Verschiebeschicht während der Pumparbeit des Herzens Volumenänderungen ermöglicht.

Arbeitsweise des Herzens Die Herztätigkeit besteht in einer rhythmischen Abfolge von Anspannung und Entspannung des Myokards. So wird der Auswurf des Blutes, unterstützt durch den Klappenmechanismus, diskontinuierlich gestaltet. Wenn das jeweils in den Kammern enthaltene Blutvolumen unter einen erhöhten Druck gesetzt wird, der den Druck in den nachgeschalteten Arterienstämmen übersteigt, kann es ausgeworfen werden. Der stoßweise Auswurf wird in den „Windkesseln" der dem Herzen nahen elastischen Arterien ausgeglichen und in eine weitgehend kontinuierliche Strömung umgewandelt (s. u.). Man unterscheidet bei der Herzaktion in Bezug auf die Kammer die *Systole* von der *Diastole*. In der Systole kontrahiert sich die Kammermuskulatur, in der Diastole ist sie erschlafft. Rechtes und linkes Herz arbeiten synchron (◘ Tab. 5.4).

◻ Tab. 5.4   Übersicht über Druckverhältnisse (P = Druck) und Klappenaktion während eines Schlagzyklus des Herzens

Herzaktion	$P_{Vorhof} - P_{Kammer}$	Segelklappen	$P_{Kammer} - P_{Arterie}$	Taschenklappen
Systole/Anspannung	<	Geschlossen	< → ≤	Geschlossen
Systole/Austreibung	<	Geschlossen	≥ → >	Offen
Diastole/Entspannung	≤	Geschlossen	<	Geschlossen
Diastole/Füllung	>	Offen	<	Geschlossen

5

Zu Beginn der **Systole** steigt der Druck in der Kammer: Die Herzmuskulatur spannt sich an, verkürzt sich aber noch nicht. Das Kammervolumen bleibt in dieser isovolumetrischen **Anspannungsphase** unverändert und die Segel- und Taschenklappen noch geschlossen. Sobald der Kammerdruck jedoch den Blutdruck in der Aorta bzw. im Truncus pulmonalis erreicht hat bzw. eben überschreitet, werden die Taschenklappen geöffnet und das Blut unter weiterem Druckanstieg (Aorta 120 mmHg, Truncus pulmonalis 30 mmHg) in die Arterienstämme gepresst; dies ist die **Austreibungsphase.** Hierbei wird durch die Verkürzung der Kammermuskulatur von jeder Kammer eine Blutmenge von ca. 70 ml in die Arterien ausgeworfen (Schlagvolumen). Darauf sinkt der Kammerdruck wieder unter den Arteriendruck ab, sodass die Taschenklappen durch das darauf lastende Blut wieder geschlossen werden. Die beiden bei jedem Herzschlag entstehenden Herztöne können bestimmten Phasen der Diastole zugeschrieben werden. Der erste, etwas brummende Herzton entsteht durch die Kontraktion des Ventrikels in der Anspannungsphase, der zweite, hellere Herzton kommt durch den plötzlichen Schluss der Taschenklappen am Ende der Austreibungsphase zustande.

Es folgt die Entspannung der Herzmuskulatur, die **Diastole.** Zunächst sind dabei die Segelklappen für einen kurzen Moment noch geschlossen und das Kammervolumen ist unverändert (isovolumetrische Entspannung). In den Kammern verbleibt dabei ein Restvolumen von ca. 70 ml. Sinkt anschließend der Kammerdruck unter den Blutdruck im Vorhof ab, dann öffnen sich die Segelklappen und das Blut strömt vom Vorhof in die Kammer (Füllungszeit). Treibende Kräfte sind dabei die beginnende Kontraktion der Vorhofmuskulatur und vor allem der sog. **Ventilebenenmechanismus** (◻ Abb. 5.14). In der vorangegangenen Austreibungsphase wird die Ventilebene nämlich der Herzspitze angenähert, sodass unter Dehnung der Vorhöfe Blut aus den Venen in diese gesogen wird. Bei der Erschlaffung der Kammermuskulatur wandert die Ventilebene wieder aufwärts und ein Teil des Vorhofvolumens gelangt so bereits durch die geöffneten Segelklappen in die Kammer. Aufgrund dieses Mechanismus wirkt das Herz nicht nur als Druck-, sondern auch als Saugpumpe.

❶ Die rhythmische Herzaktion wird in Systole und Diastole unterteilt. Zur Systole gehören isovolumetrische Anspannung und Austreibung; zur Diastole gehören isovolumetrische Entspannung und Füllung. In den isovolumetrischen Phasen sind alle Klappen geschlossen.

Der bei jeder Herzaktion erfolgte stoßweise Auswurf des Schlagvolumens wird durch die **Windkesselfunktion** der herznahen Arterien in einen unvollständig gleichmäßigen Blutstrom in der Peripherie umgewandelt. Dabei wird die Wand der herznahen elastischen Arterien zunächst durch den Druck des ausgeworfenen Blutes gedehnt. Wenn die treibende Kraft vom Herzen nach Ende der Systole nicht mehr vorhanden ist, wird das in den gedehnten herznahen Arterien enthaltene Blut durch die elastischen Rückstellkräfte ihrer Wand weiterbefördert. Bei der **Blutdruckmessung** nach *Riva-Rocci* (RR) werden demnach ein systolischer Blutdruckwert (ca. 120 mmHg) und ein diastolischer Blutdruckwert (ca. 80 mmHg) festgestellt, wobei letzterer auf der Windkesselfunktion beruht.

Erregungsbildungs- und Leitungssystem Die Erregungen, die zur Kontraktion der Herzmuskulatur führen, werden in speziellen Zentren im Herzen selbst generiert und über ein System spezifischer Herzmuskelzellen, das Erregungsleitungssystem, über den gesamten Herzmuskel weitergeleitet (◻ Abb. 5.16). Das Zentrum der Erregungsbildung ist der **Sinusknoten,** ein Muskelzellgeflecht, das an der Mündung der oberen Hohlvene in den rechten Vorhof liegt. Bei körperlicher Ruhe geht vom Sinusknoten ein Eigenrhythmus von 60–70 Erregungen/min aus, der zunächst auf beide Vorhöfe übertragen wird und sie zur Kontraktion bringt. Diese Erregungen erreichen ein sekundäres Erregungsbildungszentrum am Boden des rechten Vorhofes, den Atrioventrikularknoten (**AV-Knoten**). Von hier aus durchbricht das Erregungsleitungssystem als **His'sches Bündel** das Herzskelett, das ansonsten Vorhöfe und Ventrikel elektrisch voneinander isoliert (vgl. ◻ Abb. 5.13), und führt in zwei Schenkeln beiderseits der Kammerscheidewand zur Basis der Papillarmuskeln und in das übrige Kammermyokard; die Aufzweigun-

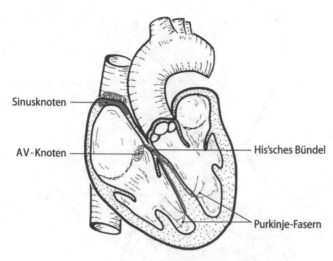

Abb. 5.16 Erregungsbildungs- und Erregungsleitungssystem des Herzens

gen der Schenkel werden als **Purkinje-Fasern** bezeichnet. Die ankommenden Erregungen lösen die rhythmische Kontraktion der Herzkammern aus. Grundsätzlich können von allen Teilen des Erregungsbildungs- und Leitungssystems Impulse gebildet werden. Die Erregungsfrequenz des Atrioventrikularknotens (AV-Knoten) beträgt jedoch nur 40 Erregungen/min (AV-Rhythmus), die des nachgeschalteten His-Bündels 20 Erregungen/min (Kammerrhythmus). So läuft in der Regel eine vom Sinusknoten als „Schrittmacher" vorgegebene Herzaktion ab und die nachfolgenden Zentren werden von ihm überlagert, sodass sie stumm bleiben.

Regulation der Herzarbeit Die Herztätigkeit ist hinsichtlich Schlagfrequenz (=Pulsfrequenz) und Schlagvolumen abhängig von der Körpertätigkeit. Unter Leistungsbedingungen erhöht sie sich, sodass insgesamt das Herzminutenvolumen (Schlagfrequenz × Schlagvolumen) ansteigt. Das Herzminutenvolumen kann von ca. 5 l/min unter körperlicher Belastung auf etwa das Fünffache ansteigen. Dabei wird zunächst ein Teil des Restvolumens in den Kammern für das Schlagvolumen genutzt, bevor die Herzfrequenz ansteigt. Die Anpassung der Herzarbeit an die funktionellen Erfordernisse wird durch das vegetative Nervensystem geregelt. Seine sympathischen Anteile steigern die Schlagfrequenz, die Erregungsausbreitung und die Kontraktionskraft, wie z. B. bei sportlicher Leistung, bei psychischer Erregung oder auch bei Hitzebelastung. Der parasympathische Anteil bewirkt dagegen eine Verlangsamung der Schlagfrequenz und Erregungsausbreitung und vermindert die Kontraktionskraft, wie z. B. bei körperlicher Ruhe und besonders im Schlaf.

Herzkranzgefäße Die Herzkranzgefäße (Koronarien) dienen ausschließlich der Versorgung des Herzmuskels; sie sind seine *Vasa privata*. Die linke und die rechte Herzkranzarterie entspringen hinter der Aortenklappe und verlaufen unter Abgabe mehrerer Äste in einer Rinne. Diese bilden die Grenze zwischen Vorhöfen und Kammer, an jeder Seite um das Herz herum (◻ Abb. 5.11 und 5.13). Von außen dringen sie in den Herzmuskel ein. Ihre Endstrecke bildet funktionelle Endarterien aus (vgl. ◻ Abb. 5.5), sodass bei einem Gefäßverschluss kein Kollateralkreislauf gebildet werden kann. Die Venen verlaufen ebenfalls überwiegend oberflächlich und münden in den rechten Vorhof. Der Herzmuskel erhält während der Systole vermindert und während der Diastole vermehrt Blut. Bei einer Verengung der Herzkranzgefäße, z. B. durch Arteriosklerose, sind diese nicht mehr in der Lage, sich zu erweitern und bei erhöhter Leistung die ausreichende Blutmenge zur Verfügung zu stellen. Stehen Sauerstoffbedarf und -angebot in einem krassen Missverhältnis, so kann es zum Untergang von Herzmuskelgewebe und schließlich zum Herzinfarkt kommen.

▪ **Praxis**
Das ausdauertrainierte Herz zeigt eine ausgewogene Hypertrophie von rechtem und linken Ventrikel, die über ein erhöhtes Volumen verfügen. Dadurch kann in Ruhe bei konstantem Herzminutenvolumen unter erhöhtem Schlagvolumen die Herzfrequenz niedriger sein (Bradykardie). Der kardioprotektive Effekt von Ausdauertraining liegt vor allem darin, dass bei niedriger Herzfrequenz in Ruhe die Diastolendauer zwischen den einzelnen Herzschlägen verlängert ist, sodass das Herz insgesamt längere Erholungsphasen mit entsprechend gesteigerter Koronardurchblutung besitzt.

5.3 Atmungssystem

Lernziele
Dieser Abschnitt beschreibt die Atemwege und die Lunge als Organ des Gaswechsels. Grundzüge der Sauerstoffaufnahme, die Atemmechanik sowie deren Regulation sollen verstanden werden. Von besonderer Bedeutung ist außerdem die Rolle der Atmung innerhalb der Aufrechterhaltung des Säure-Basen-Gleichgewichts.

Im kleinen Kreislauf durchfließt das Blut die Kapillargebiete der Lunge (vgl. ◻ Abb. 5.9). Hier wird Sauerstoff aufgenommen und Kohlendioxid an die Luft abgegeben: Es erfolgt der Gasaustausch des Blutes. Das Blut transportiert den Sauerstoff zu den Zellsystemen des Organismus, deren Energieproduktion in den Mitochondrien von der Sauerstoffzufuhr abhängt. Die Aufnahme des Sauerstoffs ins Blut bezeichnet man als äußere Atmung, die biologischen Oxidationsvorgänge in den Zellen selbst als innere Atmung. Das Kohlendioxid entsteht in den Geweben als Stoffwechselendprodukt.

Im Blut wird der Sauerstoff reversibel an das Hämoglobin der Erythrozyten gebunden und seine Abgabe an Zellen über Diffusion wird durch den Konzentrationsgradienten zwischen Sauerstoff im Blut und Sauerstoff in den Mitochondrien bestimmt. Kohlendioxid ist im Blut zu einem kleinen Teil physikalisch gelöst; es wird mehrheitlich jedoch als Bikarbonat im Plasma transportiert, dessen größter Teil über die Funktion der Carboanhydrase in den Erythrozyten entsteht.

Der Gasaustausch zwischen Blut und Luft erfordert eine größtmögliche Näherung von Blut und Luftraum, um die Diffusionsstrecke für Sauerstoff und Kohlendioxid gering zu halten. Zudem sind eine große Austauschfläche und eine ständige Erneuerung der Luft in diesen Bereichen notwendig. Diese Belüftung wird durch das Ein- und Ausatmen erreicht – ein Vorgang, dem die spezielle Atemmechanik zugrunde liegt. Sie erzeugt eine wechselnde Druckdifferenz zur Atmosphäre und beruht auf der Lungenstruktur, ihrem besonderen Einbau im Brustraum und auf der Arbeit von Atemmuskeln. In den Atemwegen entsteht so ein Luftstrom mit wechselnder Richtung, die Lungen werden ventiliert. Der eigentliche Gasaustausch findet in der blind endenden Endstrecke dieses luftgefüllten Systems statt, in den Lungenbläschen *(Alveolen)*, die von Kapillaren umsponnen sind und damit den Atemkammerraum für den Gaswechsel darstellen.

Unter den oberen Luftwegen versteht man die Nase mit Nasenhöhlen, Nebenhöhlen und Rachen (◘ Abb. 5.17). Sie reichen bis zum Kehlkopf und haben eine mehrfache Funktion: Durch die gut durchblutete Schleimhaut der Nasenhöhle wird die eingeatmete Luft angefeuchtet und erwärmt, der Schleimfilm bindet gleichzeitig Schmutzpartikel; außerdem wird durch den Geruchssinn die eingeatmete Luft auf mögliche, riechbare Schadstoffe kontrolliert. Die unteren Luftwege umfassen den Kehlkopf als in die Luftwege eingebautes stimmbildendes Organ, die Luftröhre, die Bronchien und deren Aufzweigungen in den Lungen. Sie liegen im Hals- und Rumpfbereich. Die Lungen füllen den Brustraum zu beiden Seiten des Mediastinums vollständig aus (◘ Abb. 5.10). Die Grenze zum Bauchraum bildet das Zwerchfell.

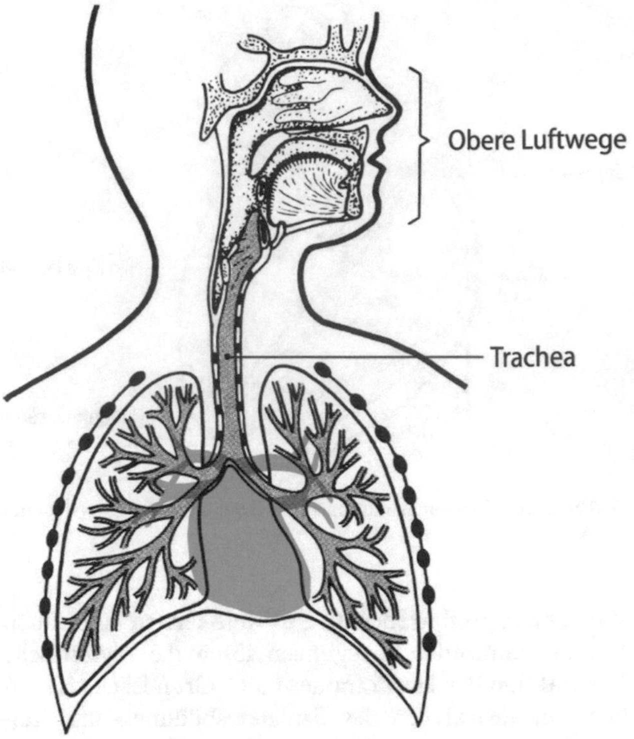

◘ **Abb. 5.17** Übersicht über die Atemwege: untere Atemwege mit Bronchialbaum grau, Herz- und Gefäßanschlüsse blau

5.3.1 Luftröhre und Bronchialsystem

Die Luftröhre *(Trachea)* ist ein biegsames Rohr, das je nach Kopfbewegung einen erheblichen Lagewechsel mitmachen kann. Im Halsbereich läuft sie vor der Speiseröhre abwärts und zieht im hinteren Mediastinum durch den oberen Brustraum. Vor dem 4. Brustwirbelkörper teilt sie sich in die zwei Hauptbronchien auf (◘ Abb. 5.17 und 5.18), die in die Lungenwurzel, den sog. Hilus, eintreten. Das Trachealrohr wird von 16–20 hufeisenförmigen hyalinen Knorpelspangen versteift, die hinten durch glatte Muskulatur und untereinander durch elastische und kollagene Fasern verspannt werden. Dieser spezifische Bau lässt u. a. eine erhebliche Längenänderung zu, wie z. B. beim Vor- oder Rückbeugen des Kopfes oder beim Schlucken; außerdem wird durch die Knorpelspangen ein Kollabieren der Trachea verhindert, sodass der Luftstrom immer ungehindert erfolgen kann. Innen wird die Trachea von einer Schleimhaut ausgekleidet, die mit einem **Flimmerepithel** bedeckt ist. Schleim aus Drüsen und intraepithelialen „Becherzellen" wird von den Flimmerhaaren *(Kinozilien)* dieses Epitheltyps wie auf einem Förderband Richtung Rachen transportiert. Dabei werden Staubpartikel und Fremdkörper mitgeführt. Wenn sich im oberen Abschnitt der unteren Atemwege eine gewisse Menge Schleim angesammelt hat, wird dieser abgehustet. Die Atemwege können sich somit in einem gewissen Umfang selbst reinigen. Da die Schleimhaut der Atemwege stets gut durchblutet ist, erfolgt gleichzeitig eine weitere Erwärmung und Anfeuchtung der Atemluft.

▪ **Praxis**

Bei einer Bronchitis ist die Schleimhaut der unteren Atemwege entzündet, die Funktion des Flimmerepithels kommt zum Erliegen. Dadurch sammeln sich größere Mengen Schleim in den Bronchien und der Trachea an,

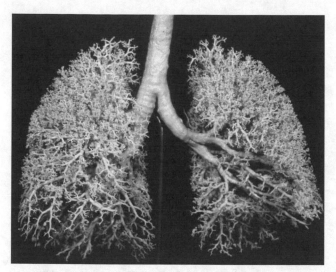

■ **Abb. 5.18** Ausgusspräparat der Luftröhre und des gesamten Bronchialbaums. (Präparat und Aufnahme von J. Koebke, Köln)

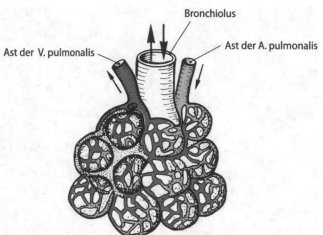

■ **Abb. 5.19** Atemkammerraum: Alveolen, z. T. aufgeschnitten; Gefäße mit sauerstoffreichem Blut blau; die Pfeile bezeichnen die Richtung des Luft- und Blutstroms

was die bekannte Symptomatik (verstärktes Husten, Rasselgeräusche bei der Ventilation) hervorruft.

Nach ihrem Eintritt in die Lunge teilen sich die Hauptbronchien etwa 20- bis 30 mal dichotom unter zunehmender Verringerung ihres Durchmessers und ihrer Wanddicke auf, wobei es immer weiter zu einer Reduzierung der Größe der Knorpelspangen kommt. Man spricht deshalb auch vom Bronchialbaum (■ Abb. 5.18).

Die kleinsten Enden des Bronchialbaums (Bronchioli) enthalten in ihrer Wand keinen Knorpel und auch keine Drüsen mehr. Sie weisen aber noch glatte Muskelzellen auf und sind mit Resten von Flimmerepithel ausgekleidet. Die Bronchialäste besitzen glatte Muskulatur; durch deren Kontraktion können sie verengt werden (Bronchokonstriktion), durch deren Erschlaffung können sie sich weiten (Bronchodilatation). Dieser Mechanismus der Regulation der Lumenweite unterliegt dem vegetativen Nervensystem (Sympathikus – Dilatation, Parasympathikus – Konstriktion). Asthmatiker haben neben anderen Fehlfunktionen des Bronchialsystems eine krampfartige Tonuserhöhung der Bronchialmuskulatur, was zu einem erhöhten Atemwiderstand führt.

5.3.2 Lungenalveolen

Das Ende der kleinsten Äste des Bronchialbaums bilden die *Bronchioli respiratorii*, an denen die blind endenden Alveolen hängen (■ Abb. 5.19). Die Lunge enthält etwa 300 Millionen Alveolen, die einen Durchmesser von ca. 250 µm haben. Dadurch entsteht eine alveoläre Oberfläche von ca. 55–70 m². Lungenalveolen bestehen aus sehr flachen Epithelzellen (vergleichbar dem Kapillarendothel), die einer schmalen Basalmembran aufsitzen. An

ihrer Außenseite werden sie von den Kapillarnetzen umsponnen, sodass hier Luftraum und Blutraum in engster Nachbarschaft liegen (■ Abb. 5.20 und 5.21). Der Diffusionsweg der Gase beträgt nur 0,5 µm. Die Diffusionsbarrieren, die hierbei vom Sauerstoffmolekül überwunden werden müssen, bestehen aus dem Alveolarepithel, der Basalmembran und den Endothelzellen der Kapillaren. Bevor der Sauerstoff an das Hämoglobin der Erythrozyten gebunden werden kann, muss er außerdem durch das Blutplasma diffundieren und die Erythrozytenmembran überwinden. Auf umgekehrtem Weg diffundiert das Kohlendioxid, um abgeatmet zu werden. Die Alveolen sind von elastischen Fasernetzen umgeben, die für die hohe Eigenelastizität des Lungengewebes verantwortlich sind. Häufig sind in den Alveolen Makrophagen anzutreffen. Diese phagozytieren mit der Atemluft eingedrungene Fremdkörper und wandern in das Bronchialsystem ab; schließlich werden sie ausgehustet.

🅐 Im Atemkammerraum der Lunge mit einer Oberfläche von ca. 60 Quadratmeter sind der Luftraum der Alveolen und der Blutraum der Kapillaren einander eng angenähert: Sauerstoff kann so über schmale Diffusionsbarrieren ins Blut aufgenommen und Kohlendioxid kann abgegeben werden.

5.3.3 Atemmechanik und -regulation

Die Atmung beruht auf Volumenänderungen des Brustkorbes, denen die Lunge folgen muss. Diese Mechanik ergibt sich aus dem besonderen Einbau der Lungen, die in die Pleurahöhlen links und rechts des Mediastinums eingebettet sind (■ Abb. 5.10 und 5.22). Die Pleurakuppeln über den oberen Lungenspitzen sind fest in den ers-

5

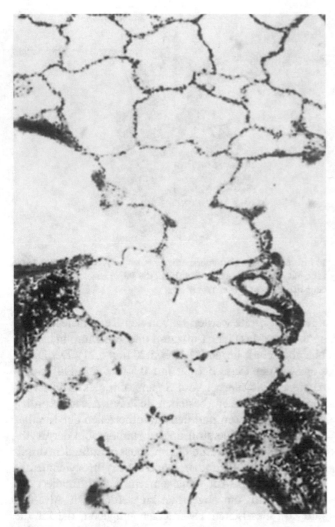

○ **Abb. 5.20**   Schnitt durch Lungenalveolen, deren Wand bei dieser Vergrößerung sehr dünn erscheint; die umspinnenden Kapillaren sind nicht zu erkennen. Vergr. vor Reprod. × 75

ten Rippenring eingespannt. Die Pleurahöhlen werden insgesamt von einer mehrschichtigen Konstruktion aus Pleurablättern gebildet, die sich teilweise an die Thoraxwand und das Zwerchfell anheften: Die **Pleura parietalis** bildet als wandständiges Pleurablatt die Außenwand der Pleurahöhle und wird, je nach ihrer Lage, differenziert bezeichnet; die *Pleura costalis* („Rippenfell") bedeckt die innere Thoraxwand; die *Pleura diaphragmatica* überzieht die Oberseite des Zwerchfells; die *Pleura mediastinalis* begrenzt beidseits die Wand zum Mediastinum. Am Lungenhilus ist die Pleura mediastinalis von den Lungengefäßen und Hauptbronchien unterbrochen und setzt sich kontinuierlich als **Pleura pulmonalis** auf der Lungenoberfläche selbst fort, als ob die Lungen vom Mediastinum her unter Mitnahme der Pleura in die Pleurahöhle eingestülpt wären. Damit wird die ursprüngliche Pleurahöhle von der Lunge ausgefüllt, wobei zwischen Pleura pulmonalis und Pleura parietalis nur noch ein schmaler Spaltraum (dieser ist letztlich die

ursprüngliche, von der Lunge verdrängte Pleurahöhle!) bestehen bleibt. Dieser Spaltraum (funktionell zwischen Thoraxwand/Zwerchfell/Mediastinum und der Lungenoberfläche) ist mit einer Flüssigkeit gefüllt. Da Flüssigkeiten weder dehnbar noch komprimierbar sind, muss das Volumen des Pleuraspaltes gleichbleiben. Deswegen folgt die Lunge bei den Atembewegungen den Volumenschwankungen des Brustkorbes. Im Bereich ihrer Umschlagstellen liegen die Anteile der Pleura parietalis bei Exspirationsstellung einander eng an. Hier entfalten sich durch Thorax- und Zwerchfellbewegung bei der Einatmung Räume, die als *Recessus* bezeichnet werden (○ Abb. 5.22); in diese Reserveräume gleitet das Lungengewebe bei tiefer Einatmung hinein. Die funktionell wichtigsten sind der Recessus costodiaphragmaticus und der linke Recessus costomediastinalis. Bei Eindringen von Luft (als Gasgemisch im Gegensatz zur Flüssigkeit dehnbar und komprimierbar!) in den Pleuraspalt (*Pneumothorax*) ist dessen Funktion für die Atmung nicht mehr gegeben und die Lunge zieht sich aufgrund ihrer Eigenelastizität zusammen. Bei der **Einatmung** kontrahieren das Zwerchfell sowie die Mm. intercostales externi und die Mm. scaleni. Das Thoraxvolumen vergrößert sich dadurch nach vorne, seitlich und unten. Die Lunge dehnt sich ebenfalls aus und wegen des gegenüber dem Atmosphärendruck geringeren Lungeninnendrucks strömt Luft hinein. Beim Übergang von Einatmung zur Ausatmung sind Lungeninnendruck und Atmosphärendruck gleich, bis durch Einleitung der Ausatmung das Lungenvolumen unter Druck gesetzt wird (Lungeninnendruck > Atmosphärendruck) und die Luft wieder herausströmt. Die Ausatmung ist bei Ruheatmung passiv, da die inspiratorischen Muskeln erschlaffen. Sie erfolgt durch den elastischen Zug des Lungengewebes und des Brustkorbes, wobei auch die Schwerkraft eine gewisse Rolle spielt. Bei körperlicher Arbeit werden inspiratorisch die Atemhilfsmuskeln (Mm. pectoralis major und minor, serratus anterior, sternocleidomastoideus) eingesetzt. Ein Feststellen des Schultergürtels durch Aufstützen der Arme ermöglicht ihre Wirkung und kann häufig bei Atemnot beobachtet werden. Der verstärkten Ausatmung dienen die Mm. intercostales interni. Wesentlich wirksamer sind jedoch alle Bauchmuskeln, die die Rippen herunterziehen und den Bauchraum komprimieren, sodass die Eingeweide gegen das Zwerchfell nach oben drücken.

Atemgrößen   In Ruhe enthält die Lunge etwas 2–3 Liter Luft. Davon werden bei jedem Atemzug ca. 500 ml (Atemzugvolumen) 15-mal pro Minute (Atemfrequenz) gewechselt; daraus ergibt sich in Ruhe ein Atemminutenvolumen von ca. 7,5 Litern. Bei starker Ausatmung können zusätzlich 1500 ml ausgeatmet werden (exspiratorisches Reservevolumen); es verbleiben ungefähr noch 1200 ml für die Ventilation nicht nutzbares Residualvo-

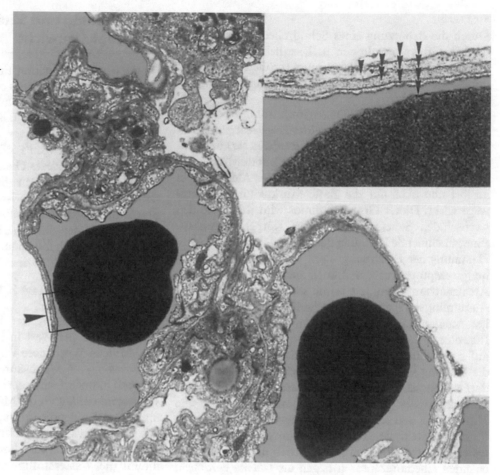

⬛ Abb. 5.21   Zwei Kapillaren mit
Erythrozyten im Grenzbereich
zwischen zwei Alveolen; der
Luftraum ist hell, der Blutraum ist
blau dargestellt. In der Ausschnitts-
vergrößerung der mit einem Pfeil
markierten Stelle erkennt man die
Diffusionsbarrieren der Atemgase:
1) Alveolarepithel, 2) Basalmembran, 3) Kapillarendothel, 4)
Erythrozytenmembran. Elektronenmikroskopische Aufnahme,
Vergr. vor Reprod. × 13.000 und
63.000

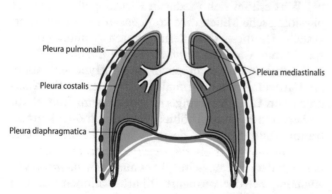

⬛ Abb. 5.22   Lunge und Zwerchfell in eingeatmetem (blau) und aus-
geatmetem (grau) Zustand; beachte die Eröffnung der Komplementär-
räume bei der Einatmung und die Anteile der Pleura parietalis

lumen in der Lunge. Bei maximaler Einatmung wird das
inspiratorische Reservevolumen von ca. 2500 ml in An-
spruch genommen. Insgesamt können also maximal
ca. 5 l Luft pro Atemzug in die Lunge aufgenommen
werden (**Vitalkapazität**). Wenn hierzu das Residualvolu-
men gerechnet wird, kommt man auf ca. 6 l Totalkapa-
zität. Während alle Teilgrößen der Vitalkapazität mit
einem Spirometer bestimmt werden können, kann die

Residualkapazität nur unter Verwendung der bekannten
Vitalkapazität mit Verdünnungsmethoden durch Einatmung von nicht resorbierbaren Gasen bestimmt werden.

❶ Atemzugvolmen 500 ml + insp. Reservevolumen 2500 ml
    + exsp. Reservevolmen 1500 ml = Vitalkapazität; für die
    Totalkapazität kommt das Residualvomlumen (1200 ml)
    hinzu.

Die Vitalkapazität ist von Alter, Geschlecht, Körpergröße und Trainingszustand abhängig. Das pro Atemzug eingeatmete Volumen gelangt jedoch nicht in vollem Umfang in den Atemkammerraum, sondern der
Anteil, der die oberen und unteren Luftwege ein-
nimmt (sog. **Totraum**, ca. 150 ml), ist für den Gasaustausch nicht nutzbar; er wird bei jedem Atemzug ohne
physiologischen Wert ventiliert. Deshalb ist es innerhalb bestimmter Grenzen ökonomischer, das Atemzugvolumen zu steigern und nicht die Atemfrequenz.
So wird bei vermehrtem Ventilationsbedarf das Atemminutenvolumen (ähnlich wie das Herzminutenvolumen) zunächst durch eine Steigerung des Atemzugvo-
lumens unter Inanspruchnahme der Reservevolumina
erhöht und erst nachfolgend wird die Atemfrequenz
erhöht.

5

■ **Praxis**

Durch die Benutzung eines Schnorchels beim Tauchen wird das Totraumvolumen u. U. erheblich vergrößert, sodass tiefer geatmet werden muss (größeres AZV), um den Atemkammerraum hinreichend zu ventilieren.

Regulation der Atmung Das Atemzentrum, von dem aus Atemfrequenz, -tiefe und -rhythmus gesteuert werden, liegt im verlängerten Mark (*Medulla oblongata)* des Zentralnervensystems. Von hier geht ein Grundrhythmus der Erregungsbildung aus, der die Arbeit der Atemmuskeln auslöst und auch auf die glatte Muskulatur der Atemwege wirkt. Dieser Grundrhythmus wird jedoch an den wechselnden Sauerstoffbedarf des Körpers angepasst. Eine zunehmende Dehnung der Lunge führt z. B. zu einer Hemmung der Einatmung – ein Vorgang, der von Dehnungsrezeptoren in der Lunge gemessen und an das Atemzentrum vermittelt wird, sodass automatisch die Ausatmung erfolgen kann. Körperliche Arbeit ist ein starker Atemantrieb. Es ist anzunehmen, dass von lokalen Rezeptoren in der Skelettmuskulatur direkt Erregungen auf das Atemzentrum wirken, sodass bei Muskelarbeit die Atmung sehr schnell an den erhöhten Sauerstoffbedarf angepasst werden kann. Außerdem muss eine Mitinnervation des Atemzentrums durch die motorische Hirnrinde in Betracht gezogen werden.

Zudem stellt die Kohlendioxidkonzentration des Blutes einen entscheidenden Atemantrieb dar. Die entsprechenden Chemorezeptoren liegen als *Glomus caroticum* an der Gabelung der großen Halsschlagadern und als *Glomus aorticum* im Aortenbogen. Darüber hinaus kann der Kohlendioxidgehalt des Blutes im Atemzentrum direkt gemessen werden. Tritt eine Anreicherung von CO_2 im Blut auf, so wirken die gleichzeitig auftretenden H^+-Ionen auf Chemorezeptoren im Liquorraum des Gehirns. Auch wenn Sauerstoffmangel per se einen Atemantrieb darstellt, tritt seine Bedeutung aufgrund der zeitlichen Verzögerung als Atemreiz weit hinter der des CO_2 im Blut zurück. Es ist also primär nicht der Sauerstoffmangel, sondern das sich durch den Stoffwechsel anreichernde Kohlendioxid, das den Atemreiz bewirkt.

■ **Praxis**

Die Rolle des CO_2 ist beim apnoischen Streckentauchen zu beachten: Ein übermäßig starkes Hyperventilieren vor dem Abtauchen führt weniger zu einer Sauerstoffanreicherung im Blut als vielmehr zu einer Abatmung von Kohlendioxid; der Tauchgang beginnt also mit einer unphysiologisch niedrigen CO_2-Konzentration. Da diese relativ weniger ansteigt als der Sauerstoffgehalt im Blut abnimmt, kann es nicht rechtzeitig über einen Atemantrieb zum Gefühl der Atemnot kommen, die zum Einatmen veranlassen würde. Der gleichzeitige Sauerstoffmangel im Gehirn birgt jedoch die Gefahr einer Bewusstlosigkeit unter Wasser.

5.3.4 Atmung und Säure-Basen-Gleichgewicht

Da die meisten zellulären Funktionen im menschlichen Körper nur innerhalb eines bestimmten physiologischen Milieus ablaufen (extrazellulär um pH 7,4), kann eine Veränderung des Säure-Basen-Gleichgewichts folgenreich sein. Der Mensch verfügt mit der Atmung (neben Nieren und vielfältigen Puffersystemen) über einen potenten Regulator dieses Gleichgewichts.

Bei energieliefernden Stoffwechselvorgängen entsteht Kohlendioxid. Das Kohlendioxid liegt jedoch im Blut kaum physikalisch gelöst vor. Es verbindet sich mit Wasser zu Kohlensäure, die, beschleunigt durch die Carboanhydrase, nach folgender Formel zu Bikarbonat und Wasserstoffionen dissoziiert:

$$CO_2 + H_2 0 \rightleftharpoons H_2CO_3 \rightleftharpoons HCO_3^- + H^+.$$

Durch die Erhöhung der Wasserstoffionenkonzentration sinkt der pH-Wert in Richtung eines sauren (aziden) Milieus. Wenn diese Veränderung durch Stoffwechselprozesse (z. B. Milchsäureproduktion im arbeitenden Muskel) induziert wird, spricht man von einer *metabolischen Azidose*. Durch die Möglichkeit vermehrter Abatmung von Kohlendioxid durch Hyperventilation, kann das Gleichgewicht innerhalb oben dargestellter Formel wieder nach links verschoben werden. Entsprechend nimmt die Wasserstoffionenkonzentration ab und der pH-Wert erhöht sich wieder in Richtung alkalisch; das physiologische Milieu wird kompensatorisch wiederhergestellt. Da diese Veränderung durch Atmung erfolgt, spricht man von einer *respiratorischen Alkalose*.

Umgekehrt ist es möglich, durch Hypoventilation, im Extremfall durch Anhalten des Atems, die Abatmung von CO_2 zu verringern, sodass es im Blut akkumuliert und zu einer erhöhten Wasserstoffionenkonzentration (und Senkung des pH-Wertes) führt. Dieser Mechanismus wird als *respiratorische Azidose* bezeichnet. Auf der anderen Seite gibt es auch eine *metabolische Alkalose*, bei der vermehrt Bikarbonationen aus den Nieren ins Blut ausgeschüttet werden.

** Achtung**

*Hyper*ventilation führt über vermehrte Abatmung von CO_2 zu einer respiratorischen *Alkalose* ($[H^+]\downarrow$, pH↑)
*Hypo*ventilation führt über vermindert Abatmung von CO_2 zu einer respiratorischen *Azidose* ($[H^+]\uparrow$, pH↓)

5.4 Verdauungssystem

🎯 Lernziele

Dieser Abschnitt beschreibt, wie aufgenommene Nahrung in eine für den Körper verwertbare Form aufbereitet wird und welche Rollen dabei die unterschiedlichen Abschnitte des Verdauungstraktes spielen. Sie sollen Begriffe wie Digestion und Resorption unterscheiden lernen und verstehen, welche Aufgaben die Anhangsdrüsen des Darms besitzen.

Die Funktion jedes lebenden Organismus ist an den Stoffwechsel gebunden. Er nimmt Nährstoffe als Energieträger aus seiner Umwelt auf und scheidet unverwertbare oder schädliche Stoffe aus. Um jedoch für die Zellsysteme des Organismus nutzbar zu werden, müssen die energieliefernden Nährstoffe zerkleinert und in resorbierbare Spaltprodukte zerlegt werden. Nur so können sie in das Blut gelangen, in eine für den Organismus verwertbare Form umgewandelt und zu den Zellen transportiert werden. Im Stoffwechsel der Zellen werden sie dann entweder der Energiegewinnung zugeführt, oder sie gehen in den Aufbau körpereigener Substanzen ein (Anabolismus). Im Gegensatz zu einer positiven Energiebilanz, kommt es bei Mangelernährung oder nicht angemessener, übergroßer Beanspruchung zu einem katabolen Zustand (dem Abbau körpereigener Substanzen), der langfristig nicht mit dem Leben vereinbar ist. Katabole und anabole Prozesse sollten also stets in einem ausgewogenen Gleichgewicht vorherrschen.

Die dem Verdauungssystem in seiner Ganzheit zukommenden Aufgaben sind vielfältig. Der Begriff „Verdauung" wird umgangssprachlich meist fälschlicherweise für die Beschreibung der Ausscheidung („... hatte heute eine gute Verdauung") verwendet. Die Prozesse, die letztlich zu diesem Endergebnis führen, finden in unterschiedlichen Regionen des Verdauungstrakts statt. Daraus ergibt sich, dass der sukzessive Transport der aufgenommenen Nahrung eine Zentralaufgabe des Systems darstellt. Das Bauprinzip der Verdauungswege ist daher mit einem Schlauch vergleichbar, in welchem diese Vorgänge schrittweise und nacheinander ablaufen. Die einzelnen, im gesamten Verdauungssystem ablaufenden Prozesse sind:

❗ Ingestion: Aufnahme von Mahlzeiten als Grundlage der Nährstoffe;

1. Digestion: Verdauung der Nahrung durch Aufspaltung in resorbierbare Bestandteile;
2. Resorption: Aufnahme dieser Bestandteile ins Blut;
3. Defäkation: Ausscheidung von unverwertbaren Nahrungsbestandteilen.

Die Aufnahme der Nahrung, ihre mechanische Zerkleinerung und Umwandlung in einen halbflüssigen Brei erfolgt in der Mundhöhle. Sekrete der Speicheldrüsen bewirken erste digestive Spaltungsvorgänge. Die enthaltene Amylase degradiert bei entsprechender Durchmengung Stärke bereits in ihre Zuckerbestandteile. Außerdem wird in der Mundhöhle durch Geschmack und Geruchssinneszellen die Qualität der Nahrung getestet und überwacht. Durch das Schlucken gelangt sie porti-

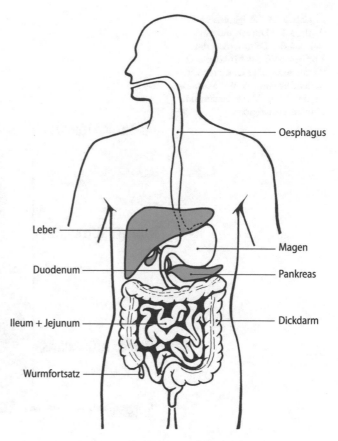

Oesphagus

Leber

Magen

Duodenum

Pankreas

Ileum + Jejunum

Dickdarm

Wurmfortsatz

◻ **Abb. 5.23** Übersicht des Verdauungssystems; die großen Darmdrüsen sind blau eingezeichnet

onsweise in die Speiseröhre (*Oesophagus*) und schließlich in den Magen. Hier kommt es durch Einwirkung von Enzymen und Säure zu einer Verflüssigung und Desinfektion des Nahrungsbreis; es entsteht der Chymus. Im Dünndarm erfolgt der Hauptanteil der enzymatischen Spaltung und die Resorption der geeigneten Nährstoffe. Hier münden auch die beiden großen Bauchdrüsen Leber und Pankreas, deren Sekrete für die Digestion eine wichtige Rolle spielen. Im Enddarm werden schließlich noch Wasser und Elektrolyte resorbiert. Die unverdaulichen Nahrungsreste werden eingedickt, um als Kot der Ausscheidung zugeführt zu werden (◻ Abb. 5.23).

Wandbau des Verdauungstrakts Alle Abschnitte der Verdauungswege (◻ Abb. 5.24), von der Speiseröhre bis zum Enddarm, haben im Grunde einen gleichen Wandbau. Besondere Ausprägungen spiegeln die spezifischen Funktionen der unterschiedlichen Abschnitte wider. Die Sekretion von Schleim und Enzymen sowie die Resorption von Wasser und Spaltprodukten sind an die innere Schicht des Verdauungsrohres, die **Mukosa** gebunden. Diese Schleimhaut steht in unmittelbarem Kontakt mit dem Nahrungsbrei, kann eine erhebliche Oberflächenvergrößerung aufweisen und besitzt eine eigene Muskulatur (*Muscularis*

5

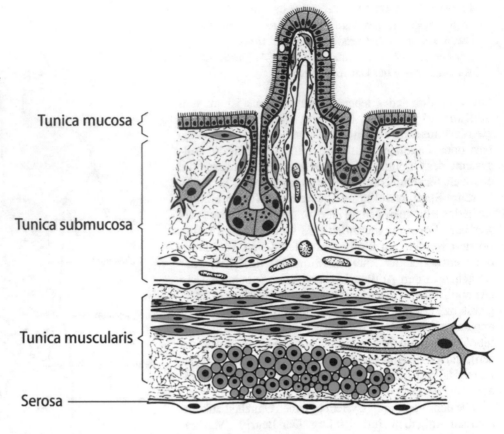

☐ **Abb. 5.24** Allgemeiner Aufbau der Darmwand am Beispiel des Dünndarms: Die Epithelzellen der Mukosa und die intramuralen Ganglienzellen in der Submukosa und Muscularis sind grau, Muskelzellen sind blau hervorgehoben

Tunica mucosa {

Tunica submucosa {

Tunica muscularis {

Serosa ————

mucosae). Die Oberfläche der Mukosa ist mit einem Epithel überzogen, in dessen Verband schleimproduzierende Drüsenzellen eingelagert sind. Sie produzieren zähflüssige Substanzen, die das Verdauungsrohr gleitfähig machen. Das übrige Epithel dient der Resorption und ist mit engmaschigen Kapillarnetzen unterlegt. Hier erfolgt die Aufnahme der aus der Nahrung gewonnenen Spaltprodukte in das Blut. Unter der Mukosa befindet sich eine gefäßreiche Bindegewebsschicht, die **Submukosa**. Hier können Drüsenkomplexe eingelagert sein, die ihre Sekrete in das Lumen der Verdauungswege entlassen; ebenso findet man Nervenzellen des vegetativen Nervensystems für die Schleimhautmotorik. Der dickste Teil der Wand des Verdauungsrohrs ist die **Muscularis**, die aus einer inneren, zirkulären Schicht glatter Muskelzellen und einer äußeren, in Längsrichtung verlaufenden Schicht besteht. Diese Muskelhülle dient durch peristaltische Kontraktionen dem gerichteten Transport des Nahrungsbreis. Zwischen Ring- und Längsmuskulatur liegen vegetative Nervenzellen für die Peristaltik. Der gesamte Magen-Darm-Kanal wird vom Bauchfell *(Peritoneum)* überdeckt. Dieser Überzug, eine seröse Haut, macht die Darmschlingen gegeneinander gleitfähig und ermöglicht so Bewegungen und Volumenänderungen. Darüber hinaus bildet das Bauchfell Duplikaturen aus, die als Mesenterium den Verdauungstrakt an der dorsalen Bauchwand aufhängen und als Nerven- und Gefäßstraßen dienen.

Mundhöhle und Schlund *(Pharynx)* rechnet man zum Bereich des Kopfdarms. Auf ihre Struktur wird hier nicht näher eingegangen. Speiseröhre und Magen umfassen den Vorderdarm. Der Dünndarm mit seinen Abschnitten Duodenum, Jejunum und Ileum stellt den eigentlichen Mitteldarm dar. Daran schließt sich der Enddarm an, der aus dem Dickdarm mit den Teilen Colon und Rektum besteht (vgl. ☐ Abb. 5.23).

🛈 Hauptfunktionen der unterschiedlichen Abschnitte des Verdauungstraktes:
— Mundhöhle, Pharynx und Oesophagus: Ingestion und Weitertransport;
— Magen und Duodenum: Digestion, teilweise Resorption;
— Jejunum und Ileum: Resorption, teilweise noch Digestion;
— Colon: Wasserresorption, im Endabschnitt Defäkation.

5.4.1 Speiseröhre und Magen

Die Speiseröhre *(Oesophagus)* verläuft im Brustbereich hinter der Trachea (☐ Abb. 5.10). Sie durchzieht den Brustraum bis zum Zwerchfell, durch das sie kurz vor ihrer Einmündung in den Magen hindurchtritt. Die Be-

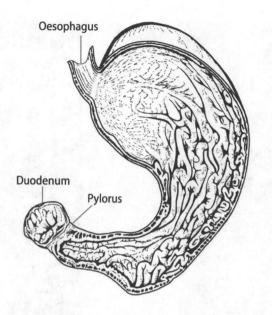

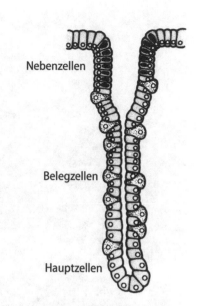

Abb. 5.25 Magen (aufgeschnitten), daneben ist eine
Drüse aus der Magenschleimhaut dargestellt

Oesophagus

Duodenum

Pylorus

Nebenzellen

Belegzellen

Hauptzellen

förderung der Bissen in der Speiseröhre erfolgt durch ringförmige Muskelkontraktionen, die Peristaltik. Diese ist stets magenwärts gerichtet und kann bei entsprechender Körperhaltung auch gegen die Schwerkraft erfolgen.

Der **Magen** ist ein etwa birnenförmiges, gekrümmtes Hohlorgan (■ Abb. 5.25), in dem die Nahrung längere Zeit verweilt, dabei chemisch vorverdaut und durchmischt wird. Sein Volumen beträgt bei mittlerer Füllung etwa 1200–1600 ml. Er liegt im linken oberen Teil der Bauchhöhle unter dem Zwerchfell. Am Ausgang zum Dünndarm befindet sich der Magenpförtner *(Pylorus)*, ein ringförmiger Schließmuskel, der fraktioniert Mageninhalt in den Dünndarm entlässt. Die Mukosa des Magens ist in überwiegend längsverlaufende, grobe Falten aufgeworfen. Diese wiederum sind in bcctartige Felder, auf denen kleine Leisten und Grübchen sichtbar sind, gegliedert. Insgesamt wird so eine erhebliche Vergrößerung der Magenoberfläche erreicht. Das Epithel der Mukosa produziert einen neutralen Schleim, der durch seinen hohen Proteingehalt Säuren und Basen binden kann. Er schützt die innere Oberfläche des Magens vor seinen eigenen Verdauungsenzymen sowie vor mechanischer und thermischer Schädigung. Das Epithel zieht in röhrenartigen Einsenkungen bis zur Muscularis mucosae hinab und bildet in dieser Form die Magendrüsen (■ Abb. 5.25). Diese produzieren den sauren Magensaft, von dem pro Stunde bereits nüchtern etwa 8–15 ml gebildet werden. Die Epithelzellen der Magendrüsen unterscheidet man nach ihren verschiedenen Funktionen in Nebenzellen, Hauptzellen und Belegzellen.

Die chemischen Verdauungsvorgänge im Magen dienen hauptsächlich der Eiweißspaltung durch Pepsine, das in den Hauptzellen als inaktive Vorstufe (Pepsinogen) gebildet und durch die in den Belegzellen gebildete Salzsäure aktiviert wird. Diese sorgt für ein sehr saures Milieu im Magen (pH 1,5–2), wodurch gleichzeitig mit

der Nahrung aufgenommene Keime abgetötet werden. Die Nebenzellen der Magendrüsen produzieren Schleim, der die Magenoberfläche vor Selbstverdauung schützt; sie bilden außerdem den sog. „intrinsic factor", der die Aufnahme von Vitamin B_{12} ermöglicht. Letzteres spielt für die Blutbildung eine wesentliche Rolle. Im Pylorusbereich findet man in großer Zahl Anhäufungen von Lymphozyten. Mit der Nahrung eingeschleuste Antigene können so direkt vernichtet werden.

In der kräftig ausgeprägten Muscularis lassen sich drei Schichten mit unterschiedlichem Faserverlauf feststellen. In der äußeren ist die Muskulatur längs ausgerichtet, die mittlere und kräftigste weist einen zirkulären Faserverlauf auf und die innerste Schicht besteht aus schrägen Faserzügen. Peristaltische Kontraktionen entstehen bei gefülltem Magen etwa alle 3 min und laufen in ca. 20 s über den Magen zum Pförtner. Die Magenentleerung wird durch die Druckverhältnisse zwischen Magen und Dünndarm beeinflusst.

■ **Praxis**

Wenn die Nebenzellen der Magenschleimhaut nicht genügend schützenden Schleim produzieren, kann die Salzsäure die Schleimhaut angreifen, und Magengeschwüre *(Ulzera)* können entstehen. Zu den Ursachen hierfür gehören die gehäufte Einnahme entzündungshemmender Tabletten, Stress oder ein Bakterium *(Helicobacter pylori)*.

5.4.2 Dünndarm

Der wichtigste Abschnitt für die Verdauungsvorgänge ist der weitgehend keimfreie Dünndarm, der je nach Kontraktionszustand eine Länge von 3–6 m haben kann. Er wird in **Duodenum**, **Jejunum** und **Ileum** unter-

5

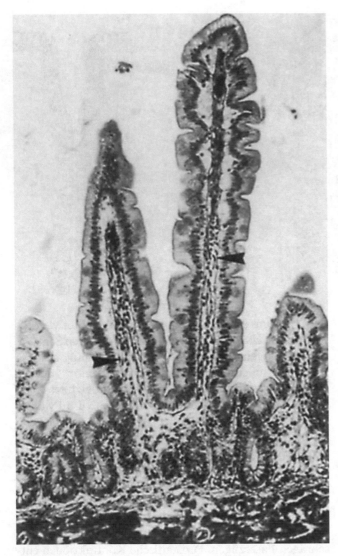

◘ **Abb. 5.26**   Zotten aus dem Dünndarm; zentral sind die Gefäße zu erkennen (Pfeil), in welche die Nährstoffe aufgenommen werden, Vergr. vor Reprod. × 110

Mikrovilli

Basalmembran

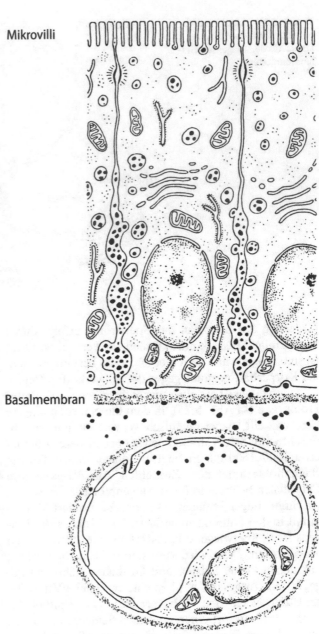

◘ **Abb. 5.27**   Halbschematische Darstellung der Stoffaufnahme durch das Darmepithel in Blutkapillaren (nach elektronenmikroskopischen Befunden)

teilt. Ins Duodenum münden Leber und Pankreas als Darmdrüsen ein (▶ Abschn. 5.4.4 und 5.4.5). Außerdem sezerniert das Duodenum einen bikarbonatreichen Schleim, der das saure Milieu des aus dem Magen kommenden Breis neutralisiert. Im Dünndarm wird die Nahrung vollends in resorbierbare Bestandteile gespalten. Die wichtigsten Teile für die Resorption sind das ca. 25–30 cm lange Duodenum und der Anfang des Jejunums. Die Schleimhaut ist im Duodenum stark gefaltet. Durch Ausprägung von auf den Falten stehenden Zotten (◘ Abb. 5.26) und röhrenförmig eingesenkten Krypten wird die Oberfläche der Mukosa erheblich vergrößert. Dies wird durch die Mikrovilli (◘ Abb. 5.27) der einzelnen Darmepithelzellen noch verstärkt, sodass die gesamte resorbierende Oberfläche des Dünndarms mehr als 100 m² beträgt. Die Muscularis des Dünndarms sorgt durch ihre Kontraktion für die Durchmi-

schung des zu resorbierenden Nahrungsbreis. Außerdem wird über Teile der Muscularis mucosae die sog. Zottenpumpe bedient. Diese bringt die Oberfläche der Darmzotten mit immer neuen Teilen des Nahrungsbreis in Kontakt. Beide Bewegungsmechanismen werden von vegetativen Nervenzellen in der Darmwand gesteuert.

Als Funktionseinheit der Resorption kann die **Darmzotte** betrachtet werden (◘ Abb. 5.26). Im Zottenbindegewebe liegt unter dem Epithel ein Kapillarnetz, das von einer oder mehreren Arteriolen versorgt wird, die ungeteilt bis zur Zottenspitze verlaufen. Eine zentrale Venule führt das Blut zurück. Vor allem Aminosäuren, Peptide und Kohlenhydrate gelangen von hier aus in das Blut. In den Zotten verläuft auch ein zentrales Lymphgefäß, in das Triglyzeride aufgenommen werden; sie gelangen über den Umweg der Lymphe in das Blut. Die Aufnahme von Stoffen aus dem Darm ist ausschließlich eine Leistung der resorbierenden Epithelzellen und geschieht hauptsächlich durch aktiven Membrantransport, aber auch durch Diffusionsvorgänge und Vesikeltransport. Nachfolgend müssen die aufgenommenen Spaltprodukte noch die teilweise lückenhaften Endothelien der Blut- und Lymphkapillaren überwinden (◨ Abb. 5.27). Allerdings ist die Resorptionsfähigkeit nicht für alle Nährstoffe gleich groß oder unbegrenzt. So können Proteine bei einem Überangebot in der Nahrung zum Teil unverwertet ausgeschieden werden. Deren intestinale Resorptionsrate ist auf ca. 2,5 g pro kg Körpergewicht pro Tag beschränkt.

Das Darmepithel dient nicht nur der Resorption, sondern auch der Sekretion. Die Abgabe von Schleim in den Darm erfolgt durch spezialisierte Epithelzellen (Becherzellen) oder Drüsen in der Submukosa. Alle Darmepithelzellen sind kurzlebig. Vor allem in den Darmkrypten erfolgen Zellteilungen. Sie erzeugen einen Zellschub, der zu den Zottenspitzen verläuft, von wo die überalterten Zellen abgestoßen werden. So gehen beim Menschen pro Tag ca. 250 g Darmepithelzellen zugrunde. Es ist davon auszugehen, dass die dabei freiwerdenden Enzyme beim Verdauungsvorgang mitwirken.

Die ausgeprägte Oberflächenvergrößerung der Mukosa nimmt in den nachfolgenden Abschnitten des Dünndarms kontinuierlich ab, da die Resorptionsleistungen quantitativ geringer werden und sich vorwiegend auf Wasser beschränken. Die Falten verstreichen bereits im Jejunum und die Zotten werden niedriger. Dagegen fallen in der Submukosa zunehmend Ansammlungen von Lymphozyten auf, die im Ileum zur Entstehung regelrechter Lymphatischer Organe, den ‚Peyer'schen Plaques' führen. Als Teil des Immunsystems werden hier Antikörper gegen Infektionen gebildet, die aus dem Dickdarm aufsteigen.

5.4.3 Dickdarm

Das Ileum mündet in den Dickdarm wenige Zentimeter hinter dessen blind beginnendem Anfangsteil; am Übergang befindet sich eine Klappe, die den Rückfluss von Dickdarminhalt ins Ileum verhindern soll. Dieser Anfangsteil wird als Blinddarm (*Caecum*) bezeichnet und ist am Transport des Darminhalts nicht aktiv beteiligt. Auch hier findet sich als Anhängsel – Wurmfortsatz (*Appendix vermiformis*) genannt – ein lymphatisches Organ (vgl. ◨ Abb. 5.23). Dieses spielt während der Ausprägung des Immunsystems eine wichtige Rolle und wird deshalb auch als Darmtonsille bezeichnet. Der Wurmfortsatz bildet ein Reservoir für probiotische Darmbakterien. Nach Ver-

nichtung der Darmflora, durch zum Beispiel Durchfallerkrankungen oder Antibiotikabehandlungen, können die in diesem Anhängsel überlebenden Bakterien den Dickdarm neu besiedeln. Das im Allgemeinen als Blinddarmentzündung (*Appendizitis*) bezeichnete Geschehen betrifft somit nicht den Blinddarm selbst, sondern dessen Wurmfortsatz.

Der etwa 1,5 m lange Dickdarm (*Colon*) wird gemäß seines Verlaufs im Bauchraum in einen aufsteigenden, einen quer verlaufenden, einen absteigenden und einen gekrümmten Anteil eingeteilt, an den sich als letzter und ausführender Abschnitt der Mastdarm anschließt (vgl. ◨ Abb. 5.23).

Im Dickdarm werden durch Flüssigkeitsresorption die unverdaubaren Nahrungsreste eingedickt. Diese setzen sich vorwiegend aus Nahrungsfasern (früher Ballaststoffe) zusammen. Nahrungsfasern sind schwer verdauliche Kohlenhydrate sowie einige andere organische Verbindungen. Die tägliche Wasserresorption beträgt ca. 1500 ml, Nährstoffe werden hier nicht mehr aufgenommen. Die Nahrungsfasern passieren den Dünndarm unverändert. Im Dickdarm werden sie von der Darmflora, dem intestinalen Mikrobiom besiedelt. Diese besteht aus vielfachen Arten von Bakterien (die bekannteste *E. coli*). Sie produzieren Vitamine, z. B. Biotin, Folsäure, Nikotinsäure und Vitamin K. Eine Vernichtung der Darmflora, z. B. durch bestimmte Antibiotika, kann somit zu Vitaminmangelzuständen führen. Aufgenommene Nahrungsfasern werden vom intestinalen Mikrobiom fermentiert und bilden so kurzkettige Fettsäuren. Diese weisen eine Vielzahl wichtiger Funktionen auf. Dazu zählen systemische metabolische Effekte, die Förderung antientzündlicher Prozesse, eine Beteiligung an der Funktion der Darmbarriere sowie einer Senkung des intestinalen pH-Wertes. Der gesenkte pH-Wert bildet zum einen das optimale Milieu zur Vermehrung der günstigen Bifidobakterien und gleichzeitig hemmt er das Wachstum von pathogenen Keimen. Entsprechend ihrer eingeschränkten Funktion weist die Mukosa des Dickdarms keine Darmzotten mehr auf. Die Oberfläche wird ausschließlich durch eingesenkte Krypten vergrößert, deren Epithelverband dicht mit schleimproduzierenden Becherzellen besiedelt ist. Das Rektum als letzter Abschnitt des Dickdarms dient der Defäkation. Es endet in einer erweiterten Ampulle, die bei Füllung über Dehnungsrezeptoren Stuhldrang signalisiert. Über das komplexe Schließmuskelsystem kann in der Regel kontrolliert die Stuhlabgabe erfolgen.

5.4.4 Pankreas

Die Bauchspeicheldrüse *(Pankreas)* liegt hinter dem Magen. Sie hat eine längliche Keilform und der Pankreaskopf wird von einer Schlinge des Duodenums umfasst,

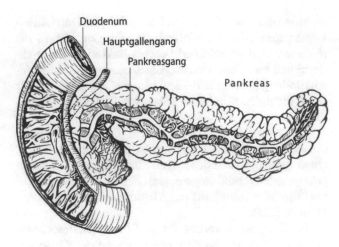

○ **Abb. 5.28**   Pankreas (teilweise eröffnet) und seine Verbindung zum Duodenum

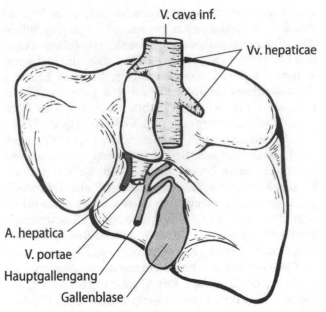

○ **Abb. 5.29**   Leber von hinten

während Pankreaskörper und Pankreasschwanz quer an der hinteren Bauchwand entlang bis zur Milz reichen. Das Pankreas besteht aus Drüsenepithelzellen, die den Bauchspeichel bilden, der in den Pankreasgang abgegeben wird. Dieser mündet in das Duodenum (○ Abb. 5.28). Der Bauchspeichel zeichnet sich durch einen hohen Bikarbonatgehalt aus, der das im Duodenum herrschende, aus dem Magen stammende saure Milieu neutralisiert. Erst dadurch können die meisten enzymatischen Spaltungsprozesse im Nahrungsbrei ablaufen. Darüber hinaus enthält der Bauchspeichel Lipasen für die Fettverdauung, Proteasen für die Spaltung von Proteinen sowie u. a. Amylasen zum Kohlenhydratabbau. Alle Proteasen werden in Form inaktiver Vorstufen in das Duodenum abgegeben und dort erst durch weitere Enzyme seiner Mukosa aktiviert, da es sonst zu einer Selbstverdauung des Pankreas kommen würde.

Im Epithelverband des Pankreas befinden sich außerdem Zellgruppen, die als Hormondrüsen arbeiten. Sie sind nicht an das Ausführungsgangsystem angeschlossen. Man nennt sie nach ihrem Entdecker „Langerhans'sche Inseln" und rechnet sie zum System der endokrinen Organe (▸ Abschn. 5.6.1).

5.4.5 Leber

Beim erwachsenen Menschen hat die Leber (*Hepar*) ein Gewicht von ca. 1500 g. Der rechte Leberlappen bildet die Hauptmasse und liegt im rechten Oberbauch (vgl. ○ Abb. 5.23). Die linke Leberhälfte zieht schräg nach links und lässt sich in weitere Teile untergliedern. Die obere Fläche der Leber legt sich dem Zwerchfell an und ist zum Teil damit verwachsen. Ihre untere Seite ist den Baucheingeweiden zugekehrt. Hier liegt auch der Bereich der Leberpforte, wo die Pfortader und die A. hepatica in das Organ eintreten und die Gallenwege sowie die

V. hepatica herausziehen (○ Abb. 5.29). Ähnlich wie das Pankreas als Verdauungsdrüse an den Darm angeschlossen ist, besitzt auch die Leber eine Funktion als Drüse. Sie produziert die **Galle** und ist über die Gallenwege direkt mit dem Duodenum verbunden. So kann auch sie als Anhangsdrüse des Darms aufgefasst werden – allerdings nur in dieser Teilfunktion. Pro Tag werden von der Leber ca. 500 ml Galle gebildet. Über die Galle werden primär wasserunlösliche Schadstoffe von der Leber ausgeschieden. Sie enthält Lezithin, Cholesterin, Fettsäuren, Salze und Gallensäuren, sowie Bilirubin als den typischen gelb-grünlichen Gallenfarbstoff. In der **Gallenblase**, die der Rückseite der Leber anhängt, wird die Galle gespeichert und eingedickt. Die Endstrecke des Ausführungsgangsystems, der Hauptgallengang, mündet gemeinsam mit dem Pankreasgang in das Duodenum ein (○ Abb. 5.28 und 5.29). Hier zerteilt die Galle Fette in kleinste Tröpfchen, die dann von der Lipase des Pankreas abgebaut werden können.

Ihre Funktion als Stoffwechselorgan erfüllt die Leber jedoch erst durch ihren Einbau in den Pfortaderkreislauf. Die im Darm resorbierten Nährstoffe und Zwischenprodukte gelangen in die Pfortader und von dort zur Leber (vgl. ○ Abb. 5.9). Hier werden die Nährstoffe verstoffwechselt. Kohlenhydrate werden gespeichert oder freigesetzt; die Leber ist neben der Muskulatur der größte Glykogenspeicher (Glycogen = Speicherform der Kohlenhydrate). Bestandteile von Fetten und Proteinen werden um- oder abgebaut, körperfremde Stoffe wie Medikamente oder Gifte werden inaktiviert. Die Leber ist das zentrale Organ des Alkoholabbaus. Auch Plasmaproteine und Gerinnungsfaktoren werden hier gebildet. Ebenso werden Stoffwechselendprodukte, z. B. Harnstoff aus dem Prote-

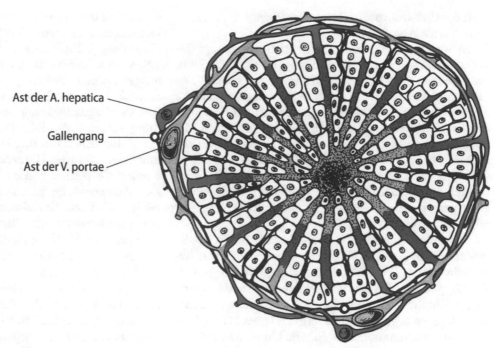

Abb. 5.30 Schematische Darstellung eines Leberläppchens: Arterielles Blut blau, Blut aus der Pfortader grau gezeichnet, beides mischt sich in den Sinus und gelangt in die Zentralvene, die Gallenwege sind schwarz hervorgehoben

Ast der A. hepatica

Gallengang

Ast der V. portae

instoffwechsel, produziert. Die Vielfalt der Stoffwechselfunktionen setzt einen langsamen Blutstrom und einen direkten Kontakt des Blutplasmas mit den Leberzellen voraus. Die Leber hat deshalb ein besonderes Bauprinzip; sie ist aus Leberläppchen zusammengesetzt.

Jedes **Leberläppchen** (◻ Abb. 5.30) besteht aus Leberepithelzellen und Blutgefäßen, die hier aufgrund ihrer Weite *Sinusoide* genannt werden. Ein Läppchen hat die Form eines länglichen Polyeders mit unregelmäßigen Kanten und Flächen. Der Durchmesser beträgt etwa 1 mm. Es ist von zartem Bindegewebe umgeben. Wo mehrere Läppchen aneinanderstoßen, liegen bindegewebige Zwickel, die man als periportale Felder bezeichnet. In ihnen verlaufen stets ein Ast der Pfortader, ein Ast der A. hepatica und ein Gallen-gang. Von der bindegewebigen Umrandung des Läppchens ausgehend, sind die Leberepithelzellen als Balken und Platten auf das Zentrum gerichtet, sodass sich eine sternartige Anordnung ergibt. Dazwischen liegen die Bluträume der Sinusoide. Die Sinusoide sind durch ein lückenhaftes Endothel begrenzt, sodass das Blutplasma über den Disse'schen Raum direkt mit den Leberepithelzellen in Berührung kommt (◻ Abb. 5.31). Alle Sinusoide münden in die Zentralvene, die in der Mitte des Läppchens liegt; Zentralvenen vereinigen sich schließlich zu den Lebervenen, die in die untere Hohlvene münden.

Von den Anteilen der Pfortader und Leberarterie im periportalen Feld wird das Blut gemeinsam in die Lebersinusoide entlassen. Die Sinusoide werden so aus dem großen Kreislauf über die A. hepatica (als Vas privatum der Leber) mit sauerstoffreichem Blut gespeist und erhalten gleichzeitig aus der Pfortader (als Vas publicum) das nährstoffreiche, jedoch sauerstoffarme Blut des Ma-

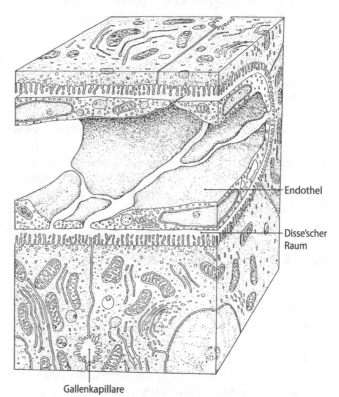

Endothel

Disse'scher Raum

Gallenkapillare

Abb. 5.31 Halbschematische Darstellung von Leberzellen (angeschnitten) und einem Blutsinus nach elektronenmikroskopischen Aufnahmen; zwischen den Sinusendothelzellen bleiben Lücken zum Disse'schen Raum frei; die Gallenkapillaren besitzen keine eigene Wand

gen-Darm-Traktes. Die Weite der Sinusoide bewirkt eine Verlangsamung des Blutstroms, sodass der Kontakt zwischen Leberepithelzellen und Blutplasma hinreichend lange stattfinden kann. Im einzelnen Leberläppchen ver-

5

läuft der Blutstrom also stets von der Peripherie zum Zentrum hin (◘ Abb. 5.30).

In umgekehrter, zentrifugaler Richtung erfolgt dagegen die Abgabe der Gallenflüssigkeit (◘ Abb. 5.30), die nicht mit dem Blutstrom in Berührung kommt. Die Leberepithelzellen geben sie in Gallenkapillaren ab, die als röhrenförmige Erweiterungen des Interzellularraumes im Epithelverband aufzufassen sind (◘ Abb. 5.31). Sie besitzen keine eigene Wand und münden in die Gallengänge der periportalen Felder. Diese schließen sich in größeren Gängen zusammen, die sich schließlich zum rechten und linken Lebergang vereinigen. Beide bilden einen gemeinsamen Lebergang, der aus dem Organ austritt und zur Gallenblase führt.

Die doppelte Funktion der Leber als Stoffwechselorgan und Drüse führt zu einem charakteristischen Arbeitsrhythmus. Die Gallenbildung beginnt morgens in der Läppchen-peripherie und schreitet zentralwärts fort; sie erreicht ihr Maximum abends. Die Glykogenspeicherung dagegen beginnt nachmittags und abends im Läppchenzentrum, nimmt zur Peripherie hin zu und erreicht ihr Maximum morgens. Dieser Zirkadianrhythmus der Leberzellen kann an tagesrhythmischen Schwankungen ihrer Enzymaktivität abgelesen werden.

▪ **Praxis**

Die Leber ist neben der Skelettmuskulatur das regenerationsfähigste Organ. Schädigungen (z. B. durch chronischen Alkoholgenus oder aufgrund einer Hepatitis) können am vermehrten Auftreten von Leberenzymen (Transaminasen) im Blut erkannt werden. Bei einem massiven Untergang von Leberzellen können Gallebestandteile ins Blut gelangen (Gelbsucht). Das Endstadium der Leberschädigung ist die Leberzirrhose mit irreversibler bindegewebiger Durchbauung.

5.5 Ausscheidungssystem

🔄 **Lernziele**

In diesem Abschnitt lernen Sie die Niere als lebenswichtiges Ausscheidungsorgan kennen. Diese Funktion soll als ein ausgewogenes Zusammenspiel von unspezifischer Filtration des Blutes, spezifischer Rückresorption verwertbarer Stoffe und Ausscheidung harnpflichtiger Substanzen verstanden werden. Außerdem sollen die Regulationsfunktionen der Niere für Blutdruck sowie Wasser- und Salzhaushalt erkannt werden.

Im Körperkreislauf durchfließt das Blut die beiden **Nieren**. Sie sind die wichtigsten Ausscheidungsorgane für Abbauprodukte des Proteinstoffwechsels, Salze und Flüssigkeit. Darüber hinaus werden auch Fremdstoffe und ihre Metaboliten durch die Nieren aus dem Organismus entfernt. Sie leisten mit unspezifischer Filtration, jedoch spezifischen Resorptionsprozessen einen wichtigen Beitrag zur Aufrechterhaltung eines ausgewogenen Elektrolythaushalts. Außerdem nehmen sie über das Renin-Angiotensin-System an der Kreislaufregulation teil und bilden das für die Bildung der roten Blutkörperchen wichtige Erythropoietin. Entsprechend ist ihre Durchblutung konstant und macht ca. 20 % des Herzzeitvolumens in Ruhe aus. So werden sie täglich von ca. 1500 l Blut durchströmt. Die Ausscheidung geschieht in zwei Schritten: Zunächst wird das Blutplasma filtriert und es entsteht der **Primärharn** (Ultrafiltration). Er enthält die im Blut gelösten Stoffe in gleicher Konzentration wie das Plasma mit Ausnahme der Proteine. Anschließend wird der Primärharn auf 1 % seines Volumens verringert und konzentriert. Dabei werden vor allem Glukose und Wasser rückgeführt. Aus 150 l Primärharn/ Tag entstehen so 1,5 l **Sekundärharn**, der über die ableitenden Harnwege ausgeschieden wird.

5.5.1 Bau der Nieren

Die bohnenförmigen Nieren des Erwachsenen wiegen zwischen 120 und 300 g. Sie liegen an der rückseitigen Leibeswand beidseits der Lendenwirbelsäule dicht unter dem Zwerchfell und werden teilweise von der 12. Rippe überdeckt. Sie werden von einer derben Bindegewebskapsel überzogen und sind in ein Fettlager eingebettet. Die Nierenarterien entspringen aus der Bauchaorta auf der Höhe des 2. Lendenwirbels und treten beidseits in den Nierenhilus ein. Sie werden von den Nierenvenen begleitet, die, aus den Nieren kommend, zur unteren Hohlvene ziehen. Im Nierenhilus verlässt der Harnleiter das Organ (◘ Abb. 5.32).

In einer Niere wird das Nierenhohlsystem, bestehend aus Nierenkelchen und Nierenbecken, vom eigentlichen Nierengewebe unterschieden (◘ Abb. 5.33). Das Nierengewebe wird in **Mark** und **Rinde** gegliedert, die jedoch nur unscharf voneinander getrennt sind. Die Rinde reicht teilweise weit in das Mark hinein, wie auch das Mark mit Markstrahlen weit in die Rinde vordringt. Das Nierenmark ragt mit den Nierenpapillen kegelförmig in das Hohlsystem der Nierenkelche. Hier verlässt der Harn das Nierengewebe und gelangt in die ableitenden Harnwege. Die menschliche Niere enthält 12–18 Nierenkelche, die in das Nierenbecken einmünden. Das Nierenbecken verjüngt sich zum Harnleiter (*Ureter*), der den Harn der Blase zuführt. Über die Harnröhre (*Urethra*) wird er, in der Regel willkürlich kontrolliert, nach außen abgegeben.

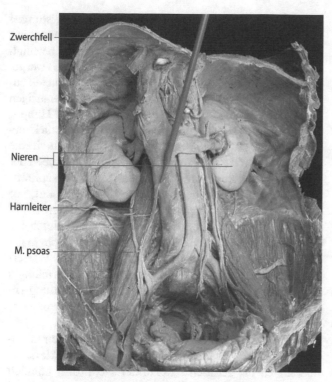

Zwerchfell

Nieren

Harnleiter

M. psoas

Abb. 5.32 Lage der Nieren an der hinteren Leibeswand; der Stift liegt auf der unteren Hohlvene, daneben verläuft die Aorta (Präparat und Aufnahme von J. Koebke, Köln)

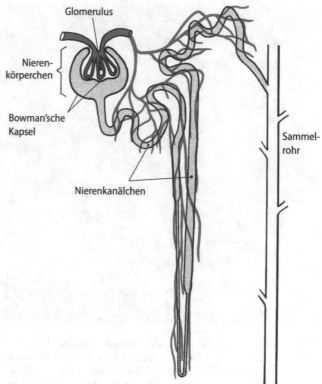

Glomerulus

Nieren-
körperchen

Bowman'sche
Kapsel

Sammel-
rohr

Nierenkanälchen

Abb. 5.34 Schema eines Nephrons

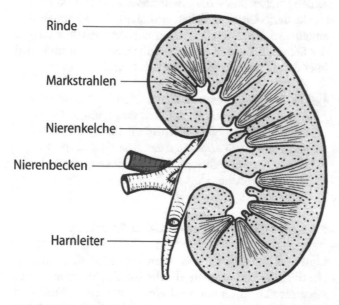

Rinde

Markstrahlen

Nierenkelche

Nierenbecken

Harnleiter

Abb. 5.33 Vereinfachte Darstellung eines Schnittbildes durch die Niere: die Nierenarterie ist blau, die Nierenvene hell dargestellt

5.5.2 Nephron

Die Funktionseinheit der Niere ist das Nephron (**Abb. 5.34**). Jede Niere enthält davon über 1 Million. Ein Nephron hat stets zwei Anteile: den Blutraum sowie das harnableitende und -konzentrierende System. Dazwischen befinden sich die Strukturen des **Ultrafilters**.

Der Blutraum besteht aus dem sog. *Glomerulus*, einem Knäuel von etwa 30 Kapillarschlingen, die eine Endothelauskleidung mit Poren besitzen, außen aber von einer Basalmembran umgeben werden. Das Glomerulus wird von der *Bowman'schen Kapsel* umschlossen. Bowman'sche Kapsel und Glomerulus werden gemeinsam als **Nierenkörperchen** bezeichnet. Diese haben einen Durchmesser von ca. 0,2 mm und liegen in der Rinde, der sie ihre typische gewebliche Textur geben. Die Bowman'sche Kapsel hat ein inneres und ein äußeres Blatt. Sie ist mit einem eingedellten Ballon vergleichbar, in dessen Einmuldung das Glomerulus an seinem Gefäßpol hineinragt. Dabei legen sich die Epithelzellen des inneren Kapselblattes der Basalmembran der Glomeruluskapillaren eng an. Man bezeichnet sie aufgrund ihrer füßchenförmigen Fortsätze, mit denen sie der Basalmembran aufsitzen, als *Podozyten*. Zwischen den einzelnen Füßchen befindet sich eine feine „Schlitzmembran". Der Ultrafilter besteht also aus den Endothelzellen der Kapillaren und ihren Poren, der Basalmembran und der Schlitzmembran zwischen den Podozyten (**Abb. 5.35**).

Der vom äußeren Blatt der Bowman'schen Kapsel umschlossene Raum bildet den Anfangsteil des harnableitenden Systems. Die Glomeruluskapillaren werden von einer zuführenden Arteriole (*Vas afferens*) gespeist und sie vereinigen sich wieder zu einer abführenden Arteriole (*Vas efferens*). Diese zweigt sich nochmals kapillar auf und ihre Endstrombahn begleitet die Nierenkanälchen.

5

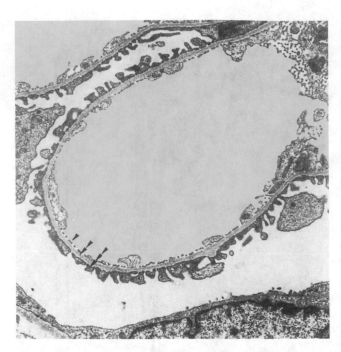

◘ Abb. 5.35 Ausschnitt aus einem Nierenkörperchen. Der Blutraum der Glomeruluskapillaren ist rot hervorgehoben, der Raum des Primärharns hell; die Ultrafiltration (kleine Pfeile) erfolgt über 1) Kapillarendothel, 2) Basalmembran, 3) Podozyten. Am unteren Bildrand ist das äußere Blatt der Bowman'schen Kapsel angeschnitten. Elektronenmikroskopische Aufnahme, Vergr. vor Reprod. × 11.000

Damit aus dem Blut der Kapillaren Flüssigkeit durch den Ultrafilter in die Bowman'sche Kapsel gepresst werden kann, muss ein Druckgefälle bestehen. Der effektive Filtrationsdruck ergibt sich, wenn vom Blutdruck in den Kapillaren der kolloidosmotische Druck des Blutplasmas und der hydrostatische Druck der Kapsel abgezogen werden. Er beträgt ca. 15 mmHg und wird durch Verengung der zuleitenden Blutgefäße konstant gehalten, auch wenn allgemeine Blutdruckschwankungen im arteriellen Kreislaufschenkel auftreten. So kann die Ultrafiltration ungestört konstant vonstattengehen. Sie ist ein passiver und substanzunspezifischer Vorgang, der nur von der Größe der Poren des Filters abhängt. Wasser und kleinmolekulare Stoffe wie Harnsäure, Harnstoff, Salze, Glukose, Aminosäuren und Vitamin C werden aus dem Blut abgepresst, während Blutkörperchen und die großen Proteinmoleküle zurückgehalten werden.

An ihrem Harnpol geht die Bowman'sche Kapsel des Nierenkörperchens in das **Nierenkanälchen** über (◘ Abb. 5.34). Dies ist ein langes Röhrensystem, über dessen Epithelauskleidung Substanzen durch **Resorption** zurückgewonnen werden. Im Gegensatz zur Ultrafiltration ist diese Rückresorption weitgehend substanzspezifisch. Sie betrifft vor allem Wasser, Glukose, Aminosäuren, Bikarbonat, Natriumchlorid und Kalium. Diese Stoffe gelangen durch das Zytoplasma der Epithelzellen hindurch in das Blut der das Nierenkanälchen umgebenden Kapillaren. Die besondere Anordnung der Nierenkanälchen er-

möglicht die ausgedehnten Rückresorptionsleistungen nach dem Gegenstromverstärkerprinzip, aber auch aktive, energieverbrauchende Zellprozesse sind daran beteiligt. Das Nierenkanälchen besteht im Wesentlichen aus zwei gewundenen Anteilen und einer dazwischen geschalteten zunächst ab- und dann wieder aufsteigenden schleifenartigen Verbindung. Diese Abschnitte werden auch als Haupt-, Überleitungs- (Henle'sche Schleife) und Mittelstück bezeichnet (vgl. ◘ Abb. 5.34). Das Mittelstück ist durch eine Verbindung an ein Sammelrohr angeschlossen. Neben der Rückresorption finden im Kanälchensystem des Nephrons auch in geringen Mengen Sekretionsleistungen statt, vor allem von Kreatinin, Hippursäure und Kalium werden abgegeben. Die Regulation des Wasserhaushalts durch die Nieren unterliegt dem Einfluss des in der Hypophyse gebildeten antidiuretischen Hormons (ADH). Bei Wassermangelzuständen durch Flüssigkeitsverlust (übermäßiges Schwitzen, Durchfälle) wird die ADH-Ausschüttung gesteigert, was die renale Wasserausscheidung vermindert; der Harn wird konzentrierter.

Die einzelnen Abschnitte der Nephrone liegen in unterschiedlichen Anteilen des Nierengewebes. Im Mark befinden sich die geraden Anteile der Nephrone, nämlich Überleitungsstücke und Sammelrohre, deren weitgehend parallele Anordnung den Eindruck der Markstrahlen hervorruft. In der Nierenrinde sind vorwiegend die Nierenkörperchen sowie die gewundenen Haupt- und Mittelstücke der Nierenkanälchen enthalten. Die Sammelrohre enden an den Spitzen der Nierenpapillen; aus ihnen tropft der Sekundärharn in das Nierenbecken hinein und wird über den Harnleiter der Blase zugeführt.

❗ Die Nieren werden täglich von 1500 l Blut durchströmt. Daraus entstehen durch unspezifische Ultrafiltration in den Nierenkörperchen ca. 150 l Primärharn, der durch substanzspezifische Rückresorption in den Nierenkanälchen auf 1,5 l Sekundärharn (= Urin) konzentriert wird.

5.5.3 Der juxtaglomeruläre Apparat

Unter diesem Begriff fasst man verschiedene Zellbereiche der Niere zusammen, die der lokalen Regulation der Nierenfunktion dienen und eine systemische Funktion für die Erhaltung der Homöostase des Blutplasmas und die Blutdruckregulation haben. Sie befinden sich im Bereich des Nierenkörperchens.

In der Wand der Vasa afferentia, nahe dem Glomerulus, liegen epitheloide Zellen, die auch als Polkissen bezeichnet werden. Sie werden bei Abfall des systemischen Blutdrucks oder bei Abnahme der renalen Durchblutung stimuliert, das Enzym *Renin* zu produzieren und in das Blut abzugeben. Hier bewirkt es über Zwischenstufen die Bildung von *Angiotensin II*. Dieser Stoff ruft eine Kontraktion der glatten Muskulatur in den Arteriolen hervor und beeinflusst so den Blutdruck. Gleichzeitig stimuliert er die Aldosteronproduktion in der Nebennierenrinde. Dies führt zu einer verstärkten Natriumrückresorption in den Nierenkanälchen und damit zu einer Verminderung der Salz- und Wasserausscheidung.

Am Gefäßpol eines Nierenkörperchens findet man in der Gefäßgabel zwischen den Arteriolen (◘ Abb. 5.34) einen Teil des Mittelstücks, das durch besonders gestaltete Zellen *(Macula densa)* seiner Wand auffällt. Es handelt sich hier um ein tubuloglomeruläres Rückkoppelungssystem. Die Zellen sind an der Ermittlung der Natriumkonzentration des Harns beteiligt, ähnlich wie es für die sog. Mesangiumzellen angenommen wird, die zwischen den Glomeruluskapillaren, den Arteriolen und der Macula densa angeordnet sind. Wenn die Messung der Macula densa eine zu hohe Kochsalzkonzentration im Tubulus ergibt, wird die afferente Glomerulusarteriole zur Konstriktion veranlasst, was die proximalen Tubulusanteile entlasten soll, sodass genügend NaCl resorbiert werden kann.

5.6 Regulation der Organfunktionen

 Lernziele

In diesem Abschnitt werden das Hormonsystem und das vegetative Nervensystem in den Grundzügen ihrer Funktionsweisen beschrieben. Sie sollen das Prinzip der Hormonspezifität und den Antagonismus des vegetativen Nervensystems verstehen lernen und dabei Gemeinsamkeiten und Unterschiede beider Systeme erkennen.

Das Leistungsvermögen des Menschen ist an die koordinierte Arbeit seiner Organsysteme gebunden. Koordination und Funktionsanpassung der Organsysteme stehen unter dem Einfluss des Hormonsystems und des vegetativen Nervensystems. Sie sorgen dafür, dass die Organfunktionen sich in einem ausgeglichenen Funktionszustand befinden und schnell und wirksam den äußeren Notwendigkeiten angeglichen werden. Beim Menschen ist diese Anpassungsfähigkeit hoch entwickelt. Er kann in Hitze, Kälte und Hungerzustand geistige und körperliche Höchstleistungen vollbringen, was auf eine fein abgestufte Regulation im Zusammenspiel der inneren Organe schließen lässt. Während beim Hormonsystem diese Regulation über den Blutweg erfolgt, ist die Tätigkeit des vegetativen Nervensystems zunächst an Nervenbahnen gebunden. Ein weiterer prinzipieller Unterschied zwischen beiden Systemen ist darin zu sehen, dass Hormone Zellfunktionen stimulieren und die Größenordnung dieser Stimulation direkt von der Hormonmenge abhängt. Andererseits besteht das vegetative Nervensystem aus zwei antagonistisch wirkenden Partnern (Sympathikus

und Parasympathikus), wobei die Dominanz eines dieser Partner den Organismus auf eine bestimmte Funktionslage einstellt (Leistung vs. Erholung).

5.6.1 Hormonsystem

Im Blut werden Hormone als Botenstoffe durch den Organismus transportiert, die für ein geordnetes Zusammenwirken der Stoffwechselfunktionen sorgen. Man unterscheidet die Gruppe der Peptid- und Glykoproteinhormone von der Gruppe der Steroidhormone; außerdem gibt es Hormone, die sich vom Tyrosin ableiten.

Hormone wirken auf ihre Zielzellen über Rezeptoren. Diese können an die Zellmembran gebunden sein oder im Zytoplasma liegen. Die Rezeptoren sind hormonspezifisch. Zellen ohne passende Rezeptoren werden von einer speziellen Hormonwirkung nicht betroffen. Meistens besitzt eine Zelle Rezeptoren für verschiedene Hormone, sodass ihre Stoffwechselleistung von mehreren beeinflusst und gesteuert werden kann. Grundsätzlich neue Zellfunktionen können Hormone jedoch nicht hervorrufen, denn diese sind genetisch determiniert. Vielmehr antworten Zellen unter Hormoneinwirkung nur mit einem Anstieg oder Abfall der Geschwindigkeit einer festgelegten Reaktion, werden also mehr oder weniger stimuliert. Die Empfindlichkeit einer Zelle gegenüber einem bestimmten Hormon hängt von der Zahl ihrer verfügbaren Rezeptoren ab. Je größer die Zahl, umso mehr Hormonmoleküle werden gebunden und umso stärker ist ihr physiologischer Effekt. Das Hormon wird jedoch mit der Bindung an den Rezeptor aus dem Verkehr gezogen und inaktiviert. Deshalb müssen stets neue Hormone gebildet werden. Diese Aufgabe wird von den **endokrinen Organen** geleistet. Darunter sind Drüsen zu verstehen, die Hormone synthetisieren und diese direkt in das Blut befördern. Dementsprechend bestehen endokrine Organe immer aus Drüsenepithelzellen, die von dünnwandigen Blutkapillaren umsponnen werden. Die wichtigsten Hormondrüsen sind:

- die Hypophyse,
- die Schilddrüse,
- die Nebenschilddrüse,
- die Nebennieren,
- die Keimdrüsen und
- das Inselorgan des Pankreas (◘ Abb. 5.36).

❗ Im Gegensatz zu *exo*krinen Drüsen, die ihr Produkt über einen Ausführungsgang an eine *äußere* Oberfläche abgeben (z. B. Schweißdrüsen), sezernieren *endo*krine Drüsen ihre Hormone an die *innere* Oberfläche des Blutgefäßsystems.

Oberste Instanz der Steuerung aller Hormone ist das Hirngebiet des **Hypothalamus**. Dieses steht mit der Hy-

5

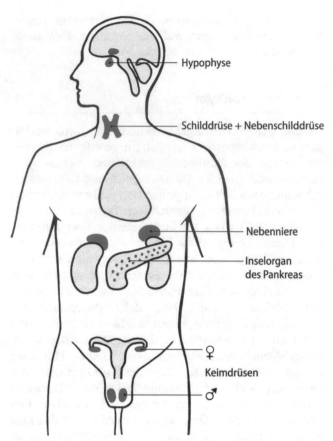

▣ Abb. 5.36 Übersicht des Hormonsystems

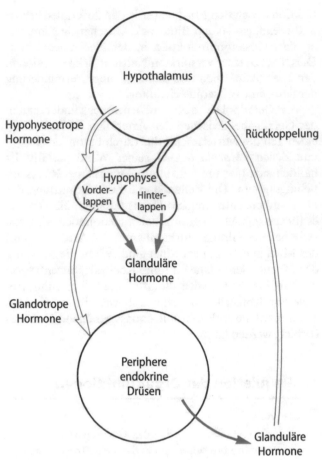

▣ Abb. 5.37 Funktionelles Organisationsschema des Hormonsystems

pophyse in einem engen Funktionszusammenhang. In der Hierarchie der Hormondrüsen nimmt die Hypophyse nämlich die Stellung einer übergeordneten Organisationszentrale ein, von der aus die Hormonproduktion der peripheren endokrinen Drüsen bestimmt wird (▣ Abb. 5.37). So können auch die Hormone funktionell klassifiziert werden:

1. Die *hypophyseotropen* Hormone werden auf dem Wege der Neurosekretion von Nervenzellen im Hypothalamus gebildet. Man bezeichnet sie als Releasing- oder Inhibiting-Hormone. Sie fördern oder hemmen die Freisetzung von Hypophysenhormonen.
2. Die *glandotropen* Hormone entstehen in der Hypophyse und wirken auf die Hormonproduktion der peripheren endokrinen Drüsen.
3. Die *glandulären* Hormone entstehen hauptsächlich in den peripheren endokrinen Drüsen und wirken direkt auf ihre Zielzellen. Gleichzeitig entsteht durch ihre Konzentration im Blut eine Rückmeldung an den Hypothalamus und damit ein Regelkreissystem.

Die **Hypophyse** wiegt nur ca. 1 g und liegt im Bereich der Schädelbasis. Sie besteht aus zwei funktionell und entwicklungsgeschichtlich verschiedenen Anteilen: dem Vorderlappen (Adenohypophyse) und dem Hinterlap-

pen (Neurohypophyse). Beide sind durch den Hypophysenstiel mit dem Hypothalamusgebiet verbunden. Der Vorderlappen enthält Epithelzellstränge und weite Blutkapillaren. Hier werden glandotrope und glanduläre Hormone gebildet. Zu den glandotropen Hormonen rechnet man das **ACTH** (adrenokortikotropes Hormon), das auf die Hormonproduktion der Nebennierenrinde einwirkt, sowie das **TSH** (Thyreoidea stimulierendes Hormon), das die Hormonproduktion in der Schilddrüse stimuliert. Dazu kommen die sog. gonadotropen Hormone, die auf die Hormonproduktion der Keimdrüsen einwirken, wie das **FSH** (Follikel stimulierendes Hormon) und das **LH** (Luteinisierendes Hormon), sowie das Prolaktin, das die Milchproduktion nach der Schwangerschaft beeinflusst. Zu den glandulären Hormonen des Vorderlappens rechnet man das Wachstumshormon **HGH** (human growth hormone), das vor allem beim Längenwachstum der Knochen und beim Muskelwachstum eine wichtige Rolle spielt. Der Hypophysenhinterlappen ist funktionell ein Auffangdepot für die Hormone Oxytocin und Adiuretin. Beide Hormone werden durch Neurosekretion in den Nervenzellen des Hypothalamus gebildet und über den Hypophysenstiel dem Hypophysenhinterlappen zugeleitet. Hier werden sie gespeichert und bei Bedarf an zahlreich vorhandene Blutkapillaren abgegeben. Das Oxytocin wirkt auf die glatte Muskulatur, z. B. des Uterus, und das Adiuretin steigert den Blutdruck und intensiviert die Wasserrückresorption in den Nierenkanälchen.

Die **peripheren Hormondrüsen** stehen unter der Kontrolle der Hypophyse, von deren glandotropen Hormonen sie zur Bildung ihrer spezifischen glandulären Hormone angeregt werden. Diese beeinflussen – wie auch die glandulären Hormone der Hypophyse – die Organfunktionen in zielgerichteter Weise.

Schilddrüse *(Glandula thyreoidea)* Die Schilddrüse liegt unterhalb des Kehlkopfes vor der Trachea. Sie besteht aus zwei durch eine Brücke verbundenen Lappen und wiegt zwischen 25 und 60 g. Als einzige endokrine Drüse ist sie in der Lage, ihr Hormon in größeren Mengen zu speichern. Sie besteht aus Drüsenepithelzellen, die Hohlräume umgeben, in die sie ihr Hormon, das **Thyroxin**, abgeben. Hier wird es gestapelt und durch Wasserentzug eingedickt. Bei Bedarf wird seine Speicherform wieder von den Zellen aufgenommen und das darin enthaltene Hormon in geeigneter Form an Blutkapillaren abgegeben. Der Auslöser hierfür ist das Absinken des Thyroxinspiegels im Blutplasma. Dies wird im Hypothalamus registriert, der darauf ein Releasing-Hormon freisetzt, das den Hypophysenvorderlappen zur Abgabe von TSH veranlasst. Dadurch wird die Schilddrüse stimuliert, Thyroxin in das Blut auszuschütten. Das Thyroxin bewirkt im Organismus eine ausgewogene Energiebilanz und passt den Stoffwechsel dem ständig variierenden Bedarf an. Mit Ausnahme des Gehirns und der Milz wirkt das Thyroxin auf alle Zellsysteme des Körpers und kann auch die Tätigkeit anderer Hormondrüsen stimulieren. So fördert es z. B. die Abgabe des Wachstumshormons HGH und beeinflusst damit maßgeblich das Wachstum während der Entwicklung. Auch der Kohlenhydratstoffwechsel wird über Thyroxinwirkung durch eine Steigerung der Glukagonfreisetzung im Pankreas intensiviert. Die Tätigkeit von Nebennierenrinde und Keimdrüsen wird vom Thyroxinspiegel beeinflusst. Zudem produziert die Schilddrüse das **Kalzitonin**, welches den Kalziumspiegel im Blut senkt, indem die Kalziumausscheidung durch die Niere gefördert wird. Kalzium wird vermehrt in den Knochen aufgenommen, gleichzeitig wird die Osteoklastentätigkeit durch Kalzitonin gehemmt. Somit fördert Kalzitonin die Mineralisierung der Knochen.

Nebenschilddrüsen *(Glandulae parathyreoideae)* Die vier Nebenschilddrüsen, auch Epithelkörperchen genannt, liegen auf der Rückseite der Schilddrüse und werden von der gleichen Organkapsel umgeben. Sie sind klein, etwa linsenartig geformt und produzieren das **Parathormon** als Antagonisten des Kalzitonin. Das Parathormon bewirkt die Freisetzung von Kalzium aus den Knochen in das Blut und stimuliert seine Rückresorption durch die Nierenkanälchen. Darüber hinaus fördert das Parathormon in den Zellen der Niere die Synthese von Calcitriol – der aktiven Form des Vitamin D – aus seinen Vorstufen. Dies führt zu einem erhöhten Transport des Nahrungskalzium aus dem Darm in das Blut. Wenn das Gleichgewicht zwischen Parathormon und Vitamin D gestört ist, kommt es zu Erkrankungen.

■ Praxis
Kalzitonin und Parathormon wirken antagonistisch auf die Knochenmineralisierung. Im Alter kommt es (östrogenbedingt) zu Osteopenie oder Osteoporose, weil die Osteoklastentätigkeit die Osteoblastenaktivität übertrifft. Ausreichende Zufuhr von Nahrungskalzium und Vitamin D sowie Sonnenexposition (Sonnenlicht aktiviert Vitamin D) sind deshalb empfehlenswert.

Inselorgan des Pankreas Im Pankreas liegen verstreut endokrine Drüsennester, die sog. Langerhans'schen Inseln. Diese bestehen aus Epithelzellen, die dicht von Blutkapillaren umgeben sind und die zwei antagonistisch wirkende Hormone produzieren: das **Insulin** und das **Glukagon**. Insulin ist ein Speicherhormon, das dafür sorgt, dass im Organismus Energiereserven angelegt werden können. Es wirkt auf die Zellen der Leber, die Muskulatur und das Fettgewebe. Unter seiner Wirkung wird dem Blut Glukose entzogen und in Form von Glykogen in die Leberzellen und die Muskulatur eingebaut. Fettsäuren werden als Triglyzeride im Fettgewebe gespeichert und Aminosäuren als Proteine in die Muskelfasern eingelagert. Sinkt der Blutzuckerspiegel unter einen bestimmten Normbereich, wird vermehrt Glukagon produziert, das – antagonistisch zum Insulin – Glykogen aus den Depots freisetzt, sodass der Blutzuckerspiegel wieder steigt. Das Glukagon wird in den A-Zellen, die etwa 20 % der Langerhans'schen Inseln ausmachen, das Insulin in den mengenmäßig überwiegenden B-Zellen hergestellt.

■ Praxis
Insulinmangel bzw. gestörte Insulinfunktion führen zum Diabetes mellitus (Zuckerkrankheit) einer krankhaften Erhöhung des Blutzuckerspiegels; zwei Typen müssen unterschieden werden:
- Beim Diabetes mellitus Typ I produzieren die B-Zellen des Pankreas zu wenig Insulin. Insulin muss von außen zugeführt werden, um den Blutzuckerspiegel zu normalisieren.
- Beim Diabetes mellitus Typ II sind bei normaler Insulinproduktion zu wenig Insulinrezeptoren an den Zielzellen (u. a. Muskulatur) vorhanden, sodass das Insulin nicht wirken kann. Ein wichtiges Gegenmittel ist körperliche Aktivität, die eine Vermehrung von Insulinrezeptoren in der Muskulatur bewirkt.

5

Nebennieren *(Glandulae suprarenales)* Die Nebennieren sitzen dem oberen Pol der Nieren kappenartig auf. Jede Nebenniere enthält zwei nach Entstehung und Funktion verschiedenartige endokrine Teilorgane: die Nebennierenrinde und das Nebennierenmark.

Die **Nebennierenrinde** besteht aus drei Schichten unterschiedlich angeordneter Epithelzellen, die jedoch alle Hormone der Steroidgruppe bilden. Die äußerste *Zona glomerulosa* liegt unter der Organkapsel und produziert die **Mineralokortikoide**. Das wichtigste dieser Hormone ist das Aldosteron. Sein Zielorgan ist das ableitende Kanälchensystem der Nephrone, dort werden die Kaliumausscheidung und die Natriumrückgewinnung gefördert. Dadurch wird die Osmolarität des Blutplasmas und das innere Milieu der Zellsysteme maßgeblich beeinflusst. Die mittlere Zone der Nebennierenrinde, die *Zona fasciculata*, bildet die **Glukokortikoide**, vor allem das Kortisol und das Kortikosteron. Wie das Glukagon sind auch diese als Insulin-antagonisten aufzufassen, da sie den Blutzuckerspiegel erhöhen. Dies kommt durch einen verstärkten Glykogenabbau in der Leber und eine verminderte Aufnahme von Glukose in die Körperzellen zustande. In der Leber wird die Neubildung von Glykogen aus Aminosäuren angeregt (Gluconeogenese). Eine weitere Funktion dieser Hormone ist ihre Wirkung auf die Immunabwehr im Sinne einer Hemmung des lymphozytären Systems. Die innere Zone der Nebennierenrinde, die *Zona reticularis*, bildet **Androgene**, d. h. männliche Sexualhormone, und zwar in beiden Geschlechtern gleichermaßen. Das Testosteron fördert zusammen mit dem Wachstumshormon HGH des Hypophysenvorderlappens den Proteinstoffwechsel und Muskelaufbau während des Wachstums.

Das **Nebennierenmark** ist zwar ein endokrines Organ, es hat aber aufgrund seines zellulären Ursprungs und seiner Funktion eine große Verwandtschaft mit dem vegetativen Nervensystem. Hier werden die beiden Hormone Adrenalin (80 %) und Noradrenalin (20 %) gebildet, die auch als **Katecholamine** bezeichnet werden. Während das Adrenalin ausschließlich über die Blutbahn wirkt, wird das Noradrenalin darüber hinaus auch als Transmittersubstanz in den Nervenfasern des Sympathikus hergestellt und über seine Synapsen ausgeschleust. Die Ausschüttung von Adrenalin und Noradrenalin aus dem Nebennierenmark in das Blut erfolgt unter Stressbedingungen. Die Wirkungen der beiden Hormone betreffen dabei den ganzen Organismus im Sinne einer erhöhten Energiebereitstellung. Das Adrenalin aktiviert die Freisetzung von Fettsäuren aus den Fettdepots und die Ausschüttung von Glukose aus den Glykogenspeichern der Leber. Auch die Blutgerinnung wird erhöht. Dem Noradrenalin kommt dabei die Wirkung einer über das Blut transportierten Transmitterreserve zu, die unterstützend in die Erregungsaktionen des Sympathikus eingreift. Diese bestehen hauptsächlich aus einer blutgefäßverengenden Wirkung in bestimmten Gefäßgebieten.

Keimdrüsen Die Aufgabe der Keimdrüsen (*Gonaden*) besteht in der Produktion befruchtungsfähiger Keimzellen. Beim Mann vollzieht sich dieser Vorgang in den Hoden und wird Spermatogenese genannt. Dabei entstehen die Spermatozoen. Bei der Frau reifen die Eizellen in den Eierstöcken. Die Reifung steht in beiden Geschlechtern unter der Kontrolle der Sexualhormone, die in den Hoden und den Eierstöcken selbst gebildet werden. Das männliche Sexualhormon ist das Testosteron, die weiblichen Sexualhormone sind das Östrogen und das Progesteron. Während die Spermatogenese beim Mann ein kontinuierlicher Vorgang ist, unterliegt die Eireifung der Frau einem hormonellen Zyklus. Dieser bedingt den sich stets wiederholenden Auf- und Abbau der Gebärmutterschleimhaut: den Menstruationszyklus.

Die **Hoden** *(Testes)* sind paarige, etwa pflaumengroße Organe. Sie liegen in einer Hauttasche, dem Skrotum, und sind von einer derben Bindegewebshülle umgeben. Von hier aus strahlen zarte Septen in das Organ ein und unterteilen es in ca. 250 Läppchen. In jedem Läppchen liegen zwei bis drei stark gewundene, blind endende Hodenkanälchen, die in die ableitenden Geschlechtswege (Nebenhoden, Samenleiter, Spritzgänge und Harn-Samen-Röhre) einmünden. Die Wand der Hodenkanälchen wird aus zwei Zellarten aufgebaut: den Sertolizellen und den reifenden Spermatozyten. Die Sertolizellen haben ernährende Funktionen und umgeben mit ihrem Zytoplasma mantelartig die verschiedenen Reifungsstadien der Spermatozyten. Der Hoden eines geschlechtsreifen Mannes kann pro Tag ca. 200 Millionen Spermatozyten produzieren. Zwischen den Hodenkanälchen liegt der endokrine Anteil des Organs, die Leydig'schen Zwischenzellen. Diese Zellhaufen sind von Blutkapillaren umgeben und bilden das männliche Sexualhormon **Testosteron**. Die Freisetzung von Testosteron und die Spermatogenese werden vom Hypothalamus über Releasing-Hormone gesteuert, die in der Hypophyse die Produktion von FSH und LH auslösen. Das FSH fördert direkt die Spermatogenese in den Hodenkanälchen, das LH regt die Leydig'schen Zwischenzellen zur Bildung von Testosteron an, das seinerseits die Spermatozytenreifung fördert. Gleichzeitig entsteht ein bestimmter Testosteronspiegel im Blut, der im Sinne eines Rückkoppelungsmechanismus bei Absinken fördernd, bei Anstieg hemmend auf den Hypothalamus wirkt. Chemisch gehört das Testosteron in die Gruppe der Steroide. Neben seiner Wirkung auf die Spermatogenese beeinflusst es die Geschlechtsdifferenzierung in der Embryonalzeit und die Geschlechtsreifung in der Pubertät. Im männlichen Geschlecht stehen sekundäre Geschlechtsmerkmale und Wachstum unter seinem Einfluss.

Die **Eierstöcke** *(Ovarien)* gleichen in Form und Größe einer Mandel und liegen auf Höhe der Teilung von Aa. iliaca interna und externa im Becken. Sie sind mit Bändern zwischen Uterus und Beckenwand aufgehängt. Im Eierstock kann eine Mark- und eine Rindenzone unterschieden werden. Im Mark verlaufen in dichtem Bindegewebe Gefäße. Die Rinde enthält etwa 400.000 prospektive Eizellen, die Primärfollikel. Hiervon gehen jedoch die meisten zugrunde und nur ein Teil von ihnen gelangt zur Reifung. Dabei entwickeln sich die Primärfollikel zu Sekundärfollikeln und werden von Follikelepithelzellen umgeben. Diese bilden den flüssigen Liquor folliculi. Nach und nach wird die Eizelle von einem wachsenden flüssigkeitsgefüllten Raum umgeben, an dessen Wand sie auf einem Hügel von Follikelepithelzellen angeheftet ist. Dieser nun reife Follikel wird Tertiärfollikel genannt und kann mehrere Monate in diesem Stadium verweilen. In den Ovarien jüngerer Frauen sind stets mehrere dieser Tertiärfollikel vorhanden. Während seiner Reifung umgibt sich der Follikel unter Einfluss von LH mit einem Mantel hormonproduzierender Zellen: der *Theca folliculi.* Die Thekazellen sind die eigentlichen endokrinen Anteile des Ovars; sie entsprechen funktionell den Leydig'schen Zwischenzellen des Hodens. Durch die Theca folliculi wird das weibliche Sexualhormon **Östrogen** gebildet. Wachstum und Reifung des Follikels selbst stehen unter dem Einfluss des FSH. Östrogenspiegel im Blut und Eireifung sind somit abhängig von den Gonadotropinen der Hypophyse, deren Freisetzung wiederum von den Releasing-Hormonen des Hypothalamus bestimmt wird. Um die Zeit des Follikelsprunges, bei dem die reife Eizelle das Ovar verlässt und in die ableitenden Geschlechtswege (Eileiter, Uterus) befördert wird, machen die im Ovar verbleibenden endokrinen Zellen der Theca folliculi einen Funktionswandel durch und bilden als *Corpus luteum* (Gelbkörper) das zweite weibliche Sexualhormon **Progesteron**. Auch dieser Vorgang wird durch das LH der Hypophyse gesteuert. Beide Sexualhormone werden so in einem zyklischen Wechsel an das Blut abgegeben. Durch ihre Konzentration wird eine Rückmeldung an den Hypothalamus gegeben und ein Regelkreissystem erstellt.

Das Hauptzielgebiet der weiblichen Sexualhormone ist die Gebärmutterschleimhaut, die unter ihrer Wirkung auf den Empfang der Eizelle vorbereitet wird. Wenn es nicht zur Befruchtung und Einnistung einer reifen Eizelle kommt, wird die Gebärmutterschleimhaut im Rahmen der Menstruationsblutung abgestoßen und ein neuer Zyklus beginnt. Da das Fettgewebe bei der Frau einen wichtigen Östrogenspeicher darstellt, kann der weibliche Hormonhaushalt bei drastischer Fettabnahme gestört sein, was sich symptomatisch in einer Amenorrhoe zeigt.

■ **Praxis**

Therapeutisch nicht angezeigte Zufuhr von Hormonen kann das System schwer beeinträchtigen. Langfristige Verabreichung von Testosteronderivaten (Doping mit Anabolika) führt beim Mann zu einer Störung des Regelkreises mit der Folge, dass die testikuläre Testosteronproduktion zum Erliegen kommen kann; Spätfolge ist Unfruchtbarkeit. Bei der Frau induziert Anabolikakonsum u. a. die Vorgänge, die die männliche Geschlechtsreifung induzieren; Folge ist eine Virilisierung mit vielfältigen Symptomen (u. a. Bartwuchs, tiefe Stimme).

5.6.2 Vegetatives Nervensystem

Das vegetative Nervensystem steuert die Intensität von Stoffwechsel, Verdauung, Sekretion, Kreislauf und Fortpflanzung, aber auch den Wasserhaushalt und die Wärme-regulation. Damit besitzt es ähnliche Aufgaben wie das Hormonsystem, es verfügt aber über andere Wirkmechanismen. Seine Tätigkeit entzieht sich dem Bewusstsein und kann deshalb durch den Willen nicht beeinflusst werden. Es arbeitet unwillkürlich und autonom. Spezifische Wirkstoffe, die Transmitter, werden von seinen Nervenzellen gebildet, durch seine Axone in die Nähe des Erfolgsorgans transportiert und dort in das Interstitium abgegeben.

Die Transmitter des vegetativen Nervensystems bewirken an ihren Zielorganen eine Förderung oder Hemmung der spezifischen Zellfunktionen. Auf diese Weise sorgt das vegetative Nervensystem bei ausgewogener Funktionslage für eine Konstanz des inneren Milieus, die für alle Organleistungen von entscheidender Bedeutung ist. Störungen in diesem Bereich mindern die Leistungsfähigkeit des Organismus und gewinnen häufig einen Krankheitswert. Während Hormone über die systemische Zirkulation überall im Körper vorhanden sind (aber nur an spezifischen Systemen wirken), erfolgt die Wirkung des vegetativen Nervensystems relativ gezielt, da sie durch die Axone an Leitungsbahnen gebunden ist, die zu einem bestimmten Zielgebiet führen. Das vegetative Nervensystem wirkt durch seine Transmitter entweder fördernd oder hemmend auf die Funktionen der Organe. Daraus ergibt sich, dass es morphologisch und funktionell antagonistisch aufgebaut sein muss. Die beiden unterschiedlichen Anteile sind der *Parasympathikus* und der *Sympathikus* (◻ Abb. 5.38).

Die übergeordneten Zentren des vegetativen Nervensystems liegen (wie auch für das Hormonsystem) im Hypothalamus, in der Formatio reticularis des Hirnstamms und in den Seitenhörnern des Rückenmarks. Die vegetativen Ganglienzellen des Sympathikus liegen dort in den Segmenten des Thorakal- und Lumbalmarks, die des Parasympathikus im Sakralmark. Darü-

5

ber hinaus repräsentiert der X. Hirnnerv *(N. vagus)* einen großen Anteil des Parasympathikus. Die Axone dieser vegetativen Nervenzellen erreichen nicht direkt ihr Erfolgsorgan, sondern werden peripher auf ein zweites Neuron umgeschaltet, sodass man von einer *prä*ganglionären Strecke (vom Zentrum zu den peripheren Ganglien) und einer *post*ganglionären Strecke (vom peripheren Ganglion zum Erfolgsorgan) spricht. In beiden Systemen des vegetativen Nervensystems ist Azetylcho-

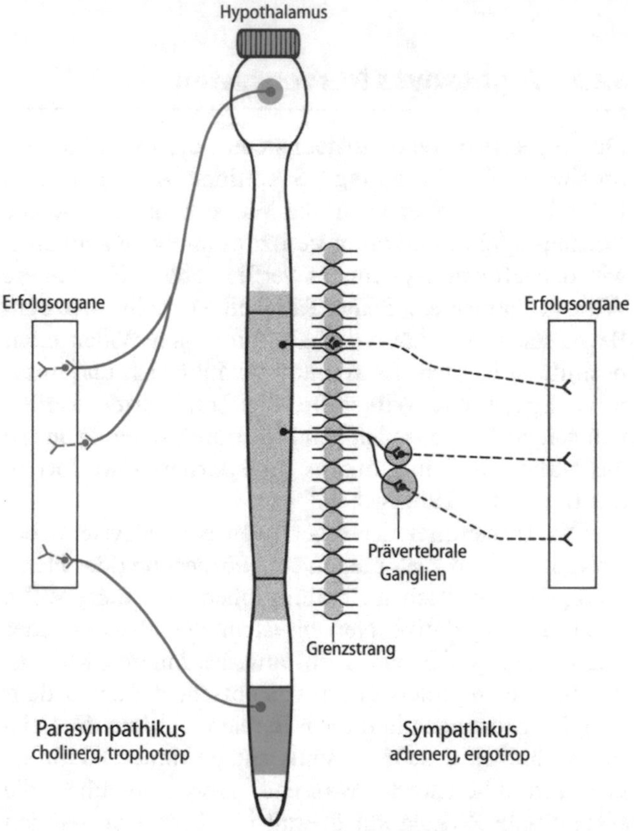

Abb. 5.38 Organisationsschema des vegetativen Nervensystems: Sympathische Anteile sind grau dargestellt, parasympathische blau; die postganglionäre Strecke ist gestrichelt

lin der präganglionäre Überträgerstoff. Lokalisation der peripheren Ganglien und postganglionärer Überträgerstoff sind bei Sympathikus und Parasympathikus hingegen unterschiedlich.

Die peripheren Ganglien des **Sympathikus** liegen prävertebral oder paravertebral. So bildet der *Plexus solaris* eine Anhäufung von Ganglienzellen, die vor der Wirbelsäule (prävertebral) liegen; der sympathische *Grenzstrang* verläuft als eine Ganglienkette beidseits der Wirbelsäule (paravertebral). Die postganglionäre Endstrecke des Sympathikus zum Erfolgsorgan ist relativ lang; Überträgerstoff ist das **Noradrenalin**, weswegen der Sympathikus auch als das adrenerge System bezeichnet wird. Die peripheren Ganglien des **Parasympathikus** liegen hingegen organnah oder intramural, d. h. in der Wand ihrer Erfolgsorgane; dazu zählen z. B. der Plexus myentericus und Plexus submucosus der Darmwand (vgl. Abb. 5.24). Die postganglionäre Endstrecke beim Parasympathikus ist entsprechend kurz; Überträgerstoff ist das **Azetylcholin**, deshalb bezeichnet man den Parasympathikus auch als das cholinerge System des vegetativen Nervensystems. Somit sind cholinerge und adrenerge Nervenfasern netzartig im Interstitium der Organe eingelagert und entfalten dort die unterschiedliche Wirkung von Parasympathikus und Sympathikus.

Die **Wirkungsweise** von sympathischem und parasympathischem Anteil des vegetativen Nervensystems ist antagonistisch (Tab. 5.5). Der Sympathikus arbeitet leistungsbezogen. Eine plötzliche, maximale Aktivierung des Sympathikus ermöglicht so z. B. Fluchtreaktionen ("fight or flight"). Er passt den Organismus schnell an wechselnde Belastung an, indem Energieumsatz, Blutdruck, Herzfrequenz gesteigert, Verdauungsvorgänge dagegen gehemmt werden. Diese Reaktionslage des Organismus bezeichnet man auch als **ergotrop**. Der Parasympathikus dagegen dient der Erholung des Körpers, indem unter seinem Einfluss die Leistungsreserven wieder aufgebaut werden; außerdem steht er im Dienste der Arterhaltung und damit der Fortpflanzung (Tab. 5.5). In die Muskulatur und Leber wird Glykogen eingelagert, Verdauung und

Tab. 5.5 Ausgewählte Funktionen von Sympathikus und Parasympathikus

Zielorgan	Sympathikus	Parasympathikus
Auge	Pupillenerweiterung	Pupillenverengung
Herz	Beschleunigung der Herzfrequenz, erhöhte Kontraktionskraft	Verlangsamung der Herzfrequenz, verminderte Kontraktionskraft
Lunge	Erweiterung der Bronchien	Verengung der Bronchien
Verdauungstrakt	Verminderte Sekretion und Peristaltik, aber: Defäkation	Vermehrte Sekretion und Peristaltik
Männliche Sexualorgane	Ejakulation	Erektion

Drüsentätigkeit werden aktiviert, Blutdruck und Herzfrequenz gesenkt. Der Parasympathikus arbeitet somit **trophotrop**. Am Tage überwiegt der Einfluss des Sympathikus; dabei wird der Organismus auf Leistung eingestellt, während der Nachtruhe in der Regel der Parasympathikus.

Übersteigerte Anforderungen, etwa in Gefahrensituationen oder auch bei extremer psychischer Belastung, werden als Stress bezeichnet. Obwohl in solchen Situationen Höchstleistungen vollbracht werden können, muss danach eine parasympathische Erholungsphase erfolgen, da sonst organische Schädigungen aufgrund einer dauer-

haften Störung der Homöostase die Folge sein können. Das individuelle Leistungsvermögen ist vom Erreichen einer maximalen Reaktionslage im ergotropen Bereich wie auch von einer maximalen Erholungstätigkeit im trophotropen Bereich abhängig. In bestimmten Situationen eines Übertrainings ist keine hinreichende Erholungsfähigkeit mehr gegeben, da der Sympathikus zu stark überwiegt; mangelnde Regeneration kann jedoch zu keinem positiven Trainingseffekt führen, sodass in solchen Situationen trotz intensiven Trainings eine Leistungsverschlechterung eintreten kann.

Serviceteil

© Der/die Herausgeber bzw. der/die Autor(en), exklusiv lizenziert durch
Springer-Verlag GmbH, DE, ein Teil von Springer Nature 2021
P. Zimmer, H.-J. Appell, *Funktionelle Anatomie*, https://doi.org/10.1007/978-3-662-61482-2

Glossar häufig verwendeter Begriffe und Abkürzungen

A

A. - Abkürzung für Arteria = Arterie

Aa. - Abkürzung für Arteriae = Arterien

Abdomen - Bauch

Abduktion - Abspreizen

Adaptation - Anpassung

Adduktion - Heranführen

Agonist - Hauptbewegungsmuskel

akzessorisch - zusätzlich

Aminosäure - Baustein der Eiweiße

amorph - unstrukturiert

Amphiarthrose - echtes, jedoch kaum bewegliches Gelenk

anabol - zum Aufbaustoffwechsel gehörend

Angulus - Winkel

Antagonist - Gegenspieler

anterior - vorne

Anteversion - Bewegung (des Armes oder Beines) nach vorn

Antigen - Substanz, die eine Abwehrreaktion des Immunsystems auslöst

Antikörper - Abwehrstoff des Immunsystems

Anulus - Ring

Aponeurose - flächenhafte Sehne

Arcus - Bogen

Art. - Abkürzung für Articulatio = Gelenk

ascendens - aufsteigend

ATP - Adenosintriphosphat, energie-reiche Phosphatverbindung

Atrium - Vorhof

B

biceps, Syn: bizeps - zweiköpfig

Brachium - (Ober-) Arm

bradytroph - stoffwechselträge

brevis - kurz

Bursa - Schleimbeutel

C

Calcaneus - Fersenbein

Capitulum - Köpfchen

Caput - Kopf

Carpus, Syn: Karpus - Handwurzel

Cavitas - Höhlung

cavus - hohl

Cerebellum, - Kleinhirn

Syn: Zerebellum Cerebrum, - Gehirn (spez. Großhirn)

Syn: Zerebrum cervical, Syn: - im Bereich der Halswirbelsäule zervikal

Chondrozyt - Knorpelzelle

Clavicula, - Schlüsselbein

Syn: Klavikula collateral, - beidseitig gelegen, nebenständig

Syn: kollateral Collum - Hals

communis - gemeinsam

Condylus - Gelenkknorren

Corpus - Körper

Cortex, Syn: Kortex - Rinde

Costa - Rippe

Crista - Leiste

Crus - Schenkel

D

descendens - absteigend

dexter - rechts

Diarthrose - Echtes Gelenk

Dichotom - Aufzweigungsmuster in jeweils zwei Äste

Differenzierung - Vorgang, der zur Spezialisierung von Zellen führt

Diffusion - Wanderung von Stoffen aufgrund eines Konzentrationsgefälles

Digiti - Finger, Zehen

Dilatation - Erweiterung

Discus - Scheibe

distal - vom Körper entfernt (an Extremitäten)

dorsal - zum Rücken hin

E

Elevation - Heben des Armes über die Horizontale

endokrin - nach innen (in das Blut) absondernd

Endothel - Innere Auskleidung der Blutgefäße

Endozytose - Aufnahme von Stoffen in das Zellinnere

Epicondylus - seitlicher Vorsprung am Knochenende

Epithel - äußere (z. B. Haut, Darm) Oberflächen auskleidende Zellschicht

Erythrozyt - rotes Blutkörperchen

Eversion - Heben des äußeren Fußrandes

exokrin - nach außen absondernd

Exozytose - Abgabe von Stoffen aus Zellen

Exspiration - Ausatmung

Extension - Streckung

externus - außen

Exzitation - Erregung

F

Facies - Fläche

Faszie - bindegewebige Umhüllung von

Faszikel - Muskelbündel

Femur - Oberschenkelknochen

Fibrille - Faser mikroskopischer Größenordnung

fibrös - faserig

Fibrozyt - Bindegewebszelle

Fibula - Wadenbein

Filament - fadenförmige Organisationsform hintereinander gereihter Moleküle

Flexion - Beugung

Foramen - Loch

Fossa - Grube

frontal - parallel zur Stirnebene

G

Genese - Entstehung

Genu - Knie

globulär - kugelförmig

Glukose - monomeres Zuckermolekül

Glykogen - Makromolekül aus Kette von Einfachzucker

Glykokalix - Bestandteil der Zellmembran, der die Spezifität der Zellen bedingt

Granulum - Körnchen

Gyrus - Windung

H

Hämoglobin - roter Blutfarbstoff mit der Fähigkeit zur Sauerstoffbindung

Hallux - Großzehe

Hilus - gemeinsamer Ein- und Austritts-bereich von Gefäßen, Nerven und Ausführungsgängen bei Organen

horizontal - flach, entsprechend dem Horizont

Humerus - Oberarmknochen

humoral - durch Flüssigkeit vermittelt

hyper - als Vorsilbe: mehr

Hyperplasie - Organwachstum durch Vermehrung der Zellen

Hypertrophie - Organwachstum durch Vergrößerung der Zellen

hypo - als Vorsilbe: unterhalb (weniger)

I

Incisura - Einkerbung

inferior - unterhalb

infra - unterhalb

Inhibition - Hemmung

Innervation - nervöse Erregung von Erfolgsorganen des Nervensystems

Inspiration - Einatmung

Insuffizienz - unzureichende Funktion

inter - zwischen

intermedius - dazwischenliegend

internus - innen

Interstitium - Raum zwischen den Zellen

intra - innerhalb

Inversion - Heben des inneren Fußrandes

K

Kapillare - Haargefäß, feinstes Blutgefäß

Karpus, Syn: Carpus - Handwurzel

katabol - zum Abbaustoffwechsel gehörend

Kinästhesie - Empfindung von Bewegungen des Körpers und seiner Teile gegeneinander

Kinozilien - Flimmerhaare an bestimmten Epithelzellen

Klavikula, Syn: Clavicula - Schlüsselbein

Kollateral, Syn: collateral - beidseitig gelegen, nebenständig

konkav - nach innen gewölbt

Konstriktion - Verengung

konvex - nach außen gewölbt

Kortex, Syn: Cortex - Rinde

L

lateral - zur Seite hin, seitlich

Leukozyt - weißes Blutkörperchen

Lig. - Abkürzung für Ligamentum = Band

Ligg. - Abkürzung für Ligamenta = Bänder

longissimus - sehr lang, längster

longitudinal - längs

longus - lang

lumbal - im Bereich der Lendenwirbelsäule

Luxation - Ausrenkung

M

M. - Abkürzung für Musculus = Muskel

major - größer

Malleolus - Knöchel

Margo - Kante

medial - zur Mitte hin

median - in der Mitte

Mediastinum - Mittelfell, Raum zwischen den Pleurahöhlen

Meniscus, Syn: Meniskus - Mondknorpel, Meniskus

Mesenterium - Gekröse, Doppelblatt des Peritoneums zur Befestigung des Dünn-darms an der hinteren Bauchwand

Metacarpus - Mittelhand

Metatarsus - Mittelfuß

Mikrovilli - kleine Fortsätze von Epithelzellen zur Oberflächenvergrößerung

minor - kleiner

Mm. - Abkürzung für Musculi = Muskeln

µm - Mikrometer, 10^{-3}mm

Monomer - Untereinheit

Mucosa, Syn: Mukosa - Schleimhaut

Mukopolysaccharid - hochmolekulare Zucker-Eiweißverbindung

Mukosa, Syn: Mucosa - Schleimhaut

Myokard - Herzmuskulatur

Myoglobin - roter Muskelfarbstoff mit der Fähigkeit zur Sauerstoffbindung

N

N. - Abkürzung für Nervus = Nerv

Nm - Nanometer, 10^{-6}mm

O

obliquus - schräg

Os - Knochen

Os coxae - Hüftbein

Os ilium - Darmbein

Os ischii - Sitzbein

Osmose - Wasserverschiebung zum Zwecke des Ausgleichs eines Konzentrationsgefälles

Os naviculare - Kahnbein

Os pubis - Schambein

Os sacrum - Kreuzbein

Osteoklast - beim Knochenabbau beteiligte Zelle

Osteozyt - Knochenzelle

Q

quadriceps, syn: quadrizeps - vierköpfig

P

palmar - handflächenwärts

para - neben, daneben

parietal - wandständig

Pars - Teil

Patella - Kniescheibe

Perikaryon - der um den Kern liegende Anteil einer Nervenzelle

Periost - Knochenhaut

Peritoneum - Bauchfell

Permeabilität - Durchlässigkeit

Pes - Fuß

Phagozytose - Aufnahme von Partikeln durch darauf spezialisierte Zellen

Phalanx - Finger- oder Zehenglied

plantar - zur Fußsohle hin

Pleura - Brustfell, Lungenfell

Podozyt - „Füßchenzelle" des inneren Blattes der Bowmanschen Kapsel in der Niere

Pollex - Daumen

Polymerisation - Zusammenlagerung von Monomeren

Polypeptid - hochmolekulare proteinähnliche Verbindung von zahlreichen Aminosäuren

Polysaccharid - Mehrfachzucker

posterior - hinten

Proc. - Abkürzung für Processus = Fortsatz

profundus - tief

Pronation - Einwärtsdrehung der Hand

Propriozeptoren - mechanische Rezeptoren des Bewegungsapparates

Protein - Eiweiß, hochmolekulare Verbindung von Aminosäuren

Proteoglykan - Bestandteil der Interzellularsubstanz des Bindegewebes aus Mukopolysacchariden und Eiweiß

proximal - näher zum Körper gelegen (an Extremitäten)

R

Radius - Speiche

Ramus - Ast

rectus - gerade

Resistenz - Widerstandsfähigkeit

Resorption - Aufnahme von Wasser und gelösten Stoffen durch Zellen

Retikulum - Netzwerk

Retinaculum - Bandzug zur Fixierung von Sehnen

Retroversion - Bewegung (des Armes oder Beines) nach hinten

Rotation - Drehung

S

sacral - im Bereich des Kreuzbeins

sagittal - in Richtung der Tiefenachse verlaufend

sakral - im Bereich des Kreuzbeins

Sarkolemm - Membran der Muskelfaser

Scapula, syn: Skapula - Schulterblatt

Segment - Abschnitt

Sekretion - Absonderung von Stoffen durch Zellen

sinister - links

Sinusoid - weites, kapillarähnliches Blutgefäß ohne geschlossene Wand

somatotopisch - der relativen Lage der Körperteile entsprechend angeordnet

Skapula, syn: Scapula - Schulterblatt

Spina - Grat, Stachel

spinal - das Rückenmark (Wirbelsäule) betreffend

Spongiosa - Gerüst von Knochenbälkchen

SR - sarkoplasmatisches Rektikulum

Sternum - Brustbein

Sulcus - Furche, Rinne

superficialis - oberflächlich

superior - oberhalb

Supination - Auswärtsdrehung der Hand

supplementär - ergänzend

supra - oberhalb

Sura - Wade

Symphyse - Knorpelhaft zwischen den Schambeinen

Synarthrose - unechtes Gelenk, Haft

Synchondrose - Knorpelhaft

Syndesmose - Bandhaft

Synostose - Knochenhaft

Synovia - Gleitflüssigkeit, u. a. in Gelenken

T

taktil - den Tastsinn betreffend

Talus - Sprungbein

Tarsus - Fußwurzel

teres - rund

thorakal - im Bereich der Brustwirbelsäule

Thorax - Brustkorb

Thrombozyt - Blutplättchen

Tibia - Schienbein

Tonus - Spannung

Trajektorien - Linien größter Druck- und Zugbeanspruchung im Knochen

Transmitter - Überträger

transversal - quer

triceps, syn: trizeps - dreiköpfig

Trochanter - Rollhügel, kräftiger Höcker

Trochlea - Rolle

Truncus - Stamm

Tuber - Höcker

Tuberculum - Höckerchen

Tuberositas - Rauhigkeit

Tubulus - kleine Röhre

U

Ulna - Elle

V

V. - Abkürzung für Vena = Vene

valgus - krumm, abgeknickt mit nach außen offenem Winkel

varus - krumm, abgeknickt mit nach medial offenem Winkel

Vas - allg. Gefäß

ventral - zum Bauch hin

Ventrikel - Kammer

Vertebra - Wirbel

Vesikel - Bläschen

Vv. - Abkürzung für Venae = Venen

Z

zervikal, Syn: cervical - im Bereich der Halswirbelsäule

Zerebellum, Syn: Cerebellum - Kleinhirn

Zerebrum, Syn: Cerebrum - Gehirn (spez. Großhirn)

Stichwortverzeichnis

Printed in the United States
by Baker & Taylor Publisher Services